Profibus现场总线控制系统的设计与开发

（第2版）

梁　涛　杨　彬　岳大为　编著

国防工业出版社

·北京·

内容简介

本书以计算机网络、通信、开放系统互联参考模型等知识为基础，在第1版的基础上较为全面地介绍了 Profibus 现场总线技术的特点、规范、在过程仪表系统中的应用，主要包括 DP 和 PA 通信协议控制芯片、接口电路设计及协议软件设计，并通过实际项目的开发，详细且全面地论述了过程控制总线技术的开发应用全过程。

本书突出了与实际开发相关的内容，书中附录部分提供了大量与实际开发有关的宝贵技术资料。部分内容为首次公开，具有很高的技术参考价值。

本书可作为高等院校计算机、工业自动化与仪表类专业本科生、研究生教学和毕业设计的参考书，也可以作为从事现场总线系统设计与应用开发的技术人员的培训教材。

图书在版编目（CIP）数据

Profibus 现场总线控制系统的设计与开发/梁涛，杨彬，岳大为编著.
—2 版. —北京：国防工业出版社，2013.6

ISBN 978-7-118-08759-8

Ⅰ. ①P… Ⅱ. ①梁… ②杨… ③岳… Ⅲ. ①总线－自动控制系统－系统设计②总线－自动控制系统－系统开发 Ⅳ. ①TP336

中国版本图书馆 CIP 数据核字（2013）第 100543 号

※

国防工业出版社 出版发行

（北京市海淀区紫竹院南路 23 号 邮政编码 100048）
北京奥鑫印刷厂印刷
新华书店经售

*

开本 787×1092 1/16 印张 21½ 字数 489 千字
2013 年 6 月第 2 版第 1 次印刷 印数 1—3000 册 定价 59.90 元

（本书如有印装错误，我社负责调换）

国防书店：（010）88540777 发行邮购：（010）88540776
发行传真：（010）88540755 发行业务：（010）88540717

前　言

Profibus（Process Fieldbus 的缩写）总线是由西门子等公司组织开发的一种国际化的、开放的、不依赖于设备生产商的现场总线标准。它采用现场总线技术将诸如可编程序控制器、传感器、操作员终端、变频器和软启动器等现场智能设备连接起来，是分布式控制系统减少现场 I/O 接口和布线数量，将控制功能下载到现场设备的理想解决方案。Profibus 是全球范围内唯一能够以标准方式应用于制造业、流程业及混合自动化领域并贯穿整个工艺过程的单一现场总线技术，它不仅可以无缝集成 HART 设备、保护用户的长期投资，而且可以安全地用于危险区域，同时在驱动技术和故障安全技术等领域有独特优势。Profibus 解决了企业生产现场设备之间的数字通信问题，为实现企业生产过程的自动化、智能化提供了保障，并将企业生产现场的信息纵向集成到企业管理层，为实现企业信息化和管控一体化创造了必要条件。

Profibus 先后成为德国和欧洲的现场总线标准（DIN19245 和 EN50170），并成为国际现场总线标准（IEC61158-Type3）。Profibus 规范目前也成为我国机械行业标准（JB/T10308.3—2001），2006 年又成为我国第一个现场总线国家标准即 GB/T 20540—2006。

全书共分为 7 章，系统介绍了 Profibus 协议规范，着重说明如何利用 Profibus 现场总线进行具体工程应用、如何设计组态一个基于 Profibus 的现场总线的控制系统，以及 Profibus-DP 智能从站接口的软硬件开发，Profibus-PA 接口设备开发，并且以具体实例加以说明。

第 1、2、3、5 章由梁涛编写，第 4 章由岳大为编写，第 6 章由张军伟编写，第 7 章由杨彬编写。参加本书的编写的还有尹成万、朱恒飞等人，最后由赵艳红统稿完成。

本书在编写过程中参考了大量中、外书籍资料，编者在此向各位文献资料作者深表感谢。由于时间仓促及作者水平所限，书中难免有不当之处，敬请各位指正。

编　者

2012 年 12 月

第1版前言

Profibus（Process Fieldbus 的缩写）总线是由 Siemens 等公司组织开发的一种国际化的、开放的、不依赖于设备生产商的现场总线标准。它采用现场总线技术将诸如可编程序控制器、传感器、操作员终端、变频器和软启动器等现场智能设备连接起来，是分布式控制系统减少现场 I/O 接口和布线数量，将控制功能下载到现场设备的理想解决方案。Profibus 是全球范围内唯一能够以标准方式应用于包括制造业、流程业及混合自动化领域并贯穿整个工艺过程的单一现场总线技术，它不仅可以无缝集成 HART 设备，保护用户的长期投资，而且可以安全地用于危险区域，同时在驱动技术和故障安全技术等领域有独特优势。Profibus 解决了企业生产现场设备之间的数字通信问题，为实现企业生产过程的自动化、智能化提供了保障，并将企业生产现场的信息纵向集成到企业管理层，为实现企业信息化和管控一体化创造了必要条件。

Profibus 先后成为德国和欧洲的现场总线标准（DIN19245 和 EN50170），并成为国际现场总线标准 IEC61158-Type3。Profibus 规范目前也成为我国机械行业标准 JB/T10308.3—2001，2006 年又成为我国第一个现场总线国家标准 GB/T 20540—2006。

全书共分为 8 章，系统介绍了 Profibus 协议规范，着重说明如何利用 Profibus 现场总线进行具体工程应用，如何设计一个基于 Profibus 的现场总线的控制系统，以及 Profibus-DP 智能从站接口的软硬件开发，并且以具体实例加以说明。

第 1 章主要介绍几种主流总线，如现场总线、基金会总线（FF）、过程现场总线（Profibus）、高速可寻址的远程传感器（HART）通信协议、控制局域网络（CAN）及局部操作网络（LonWorks）等现场总线的发展及应用，重点介绍了 Profibus 总线的概况。第 2 章比较详细地介绍了 Profibus 协议结构，按物理层、数据链路层和应用层对 Profibus 协议规范做了详尽的论述，并分别介绍了 Profibus-DP，PA，FMS 技术特点功能及应用等。第 3 章重点介绍了 Profibus-DP 协议的规范和应用。第 4 章，第 5 章介绍有一定代表性的西门子 PLC 可编程控制器作为主站连接到 Profibus 现场总线的综合自动化系统的集成编程方法，并介绍 Profibus 总线组态、编程的方法及系统功能函数（SFC）的调用方法。第 6 章介绍利用 Profibus 总线网卡将工业计算机连入 Profibus 总线的方法，在此平台上介绍现场总线控制系统软件的框架结构，包括 WinCC 监控组态软件、OPC 通信服务器、实时数据库、远程监控组态及其应用。第 7 章介绍利用 Profibus 协议芯片开发、设计 Profibus-DP 智能、非智能从站的一般方法，并给出一个简单的实例。第 8 章主要介绍 Profibus 现场总线集成技术。

第 1、8 章由孙鹤旭、云利军编写，第 2、5、6 章由梁涛编写，第 3、4 章由牛春刚、王铮编写，第 7 章由槐博超、宋利杰编写。参加本书编写的还有马爱龙、张浩等同志。

本书在编写过程中参考了大量中、外书籍资料，编者在此向各位文献资料作者深表感谢。由于时间仓促及作者水平所限，书中难免有不当之处，敬请各位指正。

编　者

目　录

第1章 绪 论

1.1 现场总线的概念及特点

信息技术的飞速发展导致了自动化领域的深刻变革，并逐步形成了网络化的、全开放式的自动控制体系结构，而现场总线正是这场深刻变革中最核心的技术。现场总线控制系统（Fieldbus Control System，FCS）是继基地式气动仪表控制系统、电动单元组合式模拟仪表控制系统、集中式数字控制系统 DDC、集散控制系统 DCS 之后的新一代控制系统，它代表着工业控制网络技术的发展方向。由于它适应了工业控制系统向分散化、网络化、智能化发展的方向，给自动化系统的最终用户带来更大实惠和方便，并促使目前生产的自动化仪表、集散控制系统、可编程控制器产品面临体系结构、功能等方面的重大变革，导致工业自动化产品的又一次更新换代，因而它一经产生便成为全球工业自动化技术的热点，并受到全世界的普遍关注。该项技术的开发，可带动工业控制、楼宇自动化、仪表制造、计算机软硬件等行业的产品更新换代，被誉为跨世纪的自控新技术。

所谓现场总线，是指将现场设备（如数字传感器、变送器、仪表与执行机构等）与工业过程控制单元、现场操作站等互连而成的计算机网络，它具有全数字化、分散、开放、双向传输和多分支的特点，是工业控制网络向现场级发展的产物。它不仅是一个基层网络，而且还是一种开放式、新型全分布控制系统。这项以智能传感、控制、计算机、数字通信等技术为主要内容的综合技术，已经受到世界范围的关注，成为自动化技术发展的热点，并将导致自动化系统结构与设备的深刻变革。简而言之，现场总线把各个分散的测量控制设备变成网络节点，以现场总线为纽带，把它们连接成可以互相沟通信息、共同完成自控任务的网络系统和控制系统。另外，根据国际电工委员会 IEC61158 标准的定义，现场总线是指安装在制造或过程区域的现场装置与控制室内的自动控制装置之间数字式、串行、多点通信的数据总线。基于现场总线的控制系统被称为现场总线控制系统（Fieldbus Control System，FCS）。

现场总线是综合运用微处理器技术、网络技术、通信技术和自动控制技术的产物。它把专用微处理器置入现场自控设备和测量仪表，使它们具有了数字计算和数字通信的能力，成为能独立承担某些控制、通信任务的网络节点。这一方面提高了信号的测量、控制和传输精度，同时为丰富控制信息的内容、实现其远程传送创造了条件。它们分别通过普通双绞线、同轴电缆、光纤等多种途径进行信息传输，这样就形成了以多个测量控制仪表、计算机等作为节点连接成的网络控制系统。该网络控制系统按照公开、规范的通信协议，在位于生产现场的多个微机化自控设备之间，以及现场仪表与远程管理计算机之间，实现数据传输与信息共享，进一步构成了各种适应实际需求的自动控制系统。

简而言之，它把单个分散的测量控制设备变成网络节点，以现场总线为纽带，把它们连接成可以互相沟通信息，并可共同完成自控任务的网络控制系统，即 FCS。FCS 将集散式控制系统中集中与分散相结合的模式变成了新型的全分布式控制模式，控制功能彻底下放到现场，现场控制设备通过总线与管理信息层交换信息。现场总线设备与传统自控设备相比，拓宽了信息内容，还能提供传统仪表所不能提供的如阀门开关动作次数、故障诊断等信息，便于操作管理人员更好、更深入地了解生产现场和自控设备的运行状态。现场总线强调遵循公开统一的技术标准，因而有条件实现设备的互操作性和互换性。也就是说，用户可以把不同厂家、不同品牌的产品集成在同一个系统内，并可在同功能的产品之间进行相互替换，使用户具有了自控设备选择、集成的主动权。

如果说，计算机网络把人类引入到信息时代，那么现场总线则使自控系统与设备加入到信息网络的行列，成为企业信息网络的底层，使企业信息沟通的覆盖范围一直延伸到了生产现场。因此把现场总线技术的出现说成是标志着一个自动化新时代的开端并不过分。

具体地说，现场总线控制系统在技术上具有以下特点：

（1）现场总线控制系统是一种全数字化的底层控制网络。现场总线是用于过程自动化和制造自动化的现场设备或现场仪表互连的底层数字通信网络，利用数字信号代替模拟信号。其传输抗干扰能力强，测量精度高，大大提高了系统的性能。

（2）现场总线控制系统是一种开放式互联网络。现场总线控制系统具有互操作性与互替换性，能实现互联设备间、系统间的信息传递与沟通以及不同生产厂家性能类似的设备间的相互替换。用户可自由集成不同制造商的通信网络，通过网络对现场设备和功能块统一组态，把不同厂商的网络及设备有机地融合为一体，构成统一的现场总线控制系统。

（3）所有现场设备直接通过一对传输线（现场总线）互连。一对传输线互连 n 台仪表，双向传输多个信号，可大大减少连线的数量、降低安装费用、缩短工程周期且易于维护。

（4）现场总线控制系统增强了系统的自治性、系统的结构和控制高度分散。现场总线控制是新型的网络集成式全分布控制，智能化的现场设备可以完成许多新功能，包括部分控制功能，促使简单的控制任务迁移到现场设备中来，使现场设备具有诸如数据采集、数据处理、控制运算、数据输出和设备诊断等多种功能，一机多用，实现了彻底的分散控制，从根本上改变了现有 DCS 系统集中与分散相结合的控制体系，简化了系统结构，提高了可靠性。

（5）现场总线控制系统对设备现场环境具有高度的适应性。工作在生产现场前端、作为工厂底层网络的现场总线，是专为现场环境而设计的，可支持双绞线、光缆、射频、红外线、电力线等，具有较强的抗干扰能力，能采用两线制实现供电与通信，并可满足本质安全防爆等要求。

1.2　Profibus 现场总线的产生及发展历程

1.2.1　现场总线的产生背景

随着微处理器与计算机功能的不断增强和价格的急剧下降，计算机与计算机网络系统得到迅速发展，信息沟通联络的范围不断扩大。而处于企业生产过程底层的测控自动化系统，由于仍是通过开关、阀门、传感测量仪表间的一对一连线，用电压、电流的模拟信号进行测量控制，或者只能采用某种自封闭式的集散控制系统，难以实现设备之间以及系统与外界之间的信息交换，使自动化系统成为"信息孤岛"，严重制约了其本身的发展。要实现企业的信息集成和实施综合自动化，就必须设计出一种能在工业现场环境运行的，可靠性强、造价低廉的通信系统，形成工厂底层网络，完成现场自动化设备之间的多点数字通信，实现底层现场设备与外界的信息交换。现场总线就是在这种实际需求的驱动下应运而生的，它应用现场总线技术将现场各控制器及智能仪表设备互连，构成现场总线控制系统；同时，它将控制功能彻底下放到现场，真正实现了开放的、互操作的、彻底分散的新型分布式控制系统，成为 21 世纪控制系统的主流。

现场总线技术的开发始于 1984 年，美国仪表协会（ISA）下属的标准与实施工作组中的 ISA/SP50 开始制定现场总线标准；1985 年，国际电工委员会决定由 Proway Working Group 负责现场总线体系结构与标准的研究制定工作；1986 年，德国开始制定过程现场总线（Process Fieldbus）标准，简称为 Profibus，由此拉开了现场总线标准制定及其产品开发的序幕。在实际需求的推动下，国际标准化组织与北美、欧洲等许多国家的仪表控制界陆续开始着手现场总线标准的制定与技术开发。由于行业、地域、经济利益等多种原因，本应是唯一的一个标准统一、开放互联的控制通信网络，目前的情况却是在不同领域形成了多个颇具影响力的总线标准，即形成了多种现场总线标准共存的局面。

1992 年，由 Siemens、Rocemount、ABB、Foxbord、Yokogawa 等 80 家公司联合成立了 ISP（Interoperable System Protocol）组织，着手在 Profibus 的基础上制定现场总线标准。1993 年，以 Honeywell、Bailey 等公司为首，成立了 World FIP（Factory Instrumentation Protocol）组织，有 120 多个公司加盟该组织。1994 年，ISP 和 World FIP 北美部分合并，成立了现场总线基金会（Fieldbus Foundation, FF），于 1996 年第一季度颁布了低速总线 H1 的标准，安装了示范系统，将不同厂商的符合 FF 规范的仪表互连为控制系统和通信网络，使 H1 低速总线开始步入实用阶段。与此同时，在不同行业还陆续派生出一些有影响的总线标准。如德国 Bosch 公司推出 CAN（Control Area Network），美国 Echelon 公司推出的 Lon Works 等。

2000 年 1 月 4 日，IEC 通过了现场总线的标准，即 IEC61158，它包含 Type1：IEC61158 技术规范，Type2：Control Net 现场总线，Type3：Profibus 现场总线，Type4：P-Net 现场总线，Type5：FF HSE（High Speed Ethernet），Type6：Swift Net 现场总线，Type7：World FIP 现场总线，Type8：Interbus。因此它事实上并没有解决现场总线多标准共存的问题，而是继续维持了多标准竞争的局面。

1.2.2　几种典型的现场总线技术

目前，国际上影响较大的现场总线有 40 多种，其中被 IEC61158 国际标准认可的有 8 种。下面对几种比较流行的现场总线做一下简要介绍。

1. CAN

CAN 是控制局域网的简称，主要用于汽车内部测量与执行部件之间的数据通信。其总线规范现已被 ISO 国际标准组织制定为国际标准，得到了 Motorola、Intel、Philips、

Siemens 等公司的支持。

CAN 协议也是建立在 ISO/OSI 模型基础之上的，但只用到了其中的物理层、数据链路层和应用层。其信号传输介质为双绞线，通信速率最高可达 1Mb/s，直接传输距离最远可达 10km，最多可挂接 110 个设备。CAN 的信号传输采用短帧结构，每一帧的有效字节数为 8 个，因而传输时间短、抗干扰能力强。CAN 支持多主方式工作，网络上任何节点均可随时主动向其他节点发送信息，支持点对点、一点对多点和全局广播方式传送信息。它采用总线仲裁技术，当出现几个节点同时在网络上传输信息时，优先级高的节点可继续传输数据，而优先级低的节点则主动停止发送，从而避免了总线冲突。

2. LonWorks

LonWorks 最初是由美国 Echelon 公司推出并与 Motorola、Toshiba 等公司共同倡导而形成的现场总线技术。它采用了 ISO/OSI 模型的全部七层通信协议，采用了面向对象的设计方法，通过网络变量把网络通信设计简化为参数设置，其通信速率从 300b/s 到 1.5Mb/s，直接通信距离可达 2700m，支持双绞线、同轴电缆、光纤、射频、电源线等多种通信介质，被誉为通用控制网络。

LonWorks 技术所采用的 LonTalk 协议被封装在 Neuron 芯片中实现。集成芯片中有 3 个 8 位 CPU：第 1 个用于完成 OSI 模型的物理层和数据链路层的功能，称为媒体访问控制处理器，实现介质访问的控制与处理；第 2 个用于完成 OSI 模型的第 3～6 层的功能，称为网络处理器，进行网络变量的寻址、处理、背景诊断、函数路径选择、软件计量、网络管理，并负责网络通信控制、收发数据包等；第 3 个是应用处理器，执行操作系统服务与用户代码。芯片中还具有存储信息缓冲区，以实现 CPU 之间的信息传递，并作为网络缓冲区和应用缓冲区。如 Motorola 公司生产的神经元集成芯片 MC143120E2 就包含了 2Kb RAM 和 2Kb E^2PROM。

目前，LonWorks 技术已经被美国暖通工程师协会 ASHRE 定为建筑自动化协议 BACNet 的一个标准。美国消费电子制造商协会也已经通过决议，以 LonWorks 技术为基础制定 EIA-709 标准。这样，LonWorks 已经建立了一套从协议开发、芯片设计制造、控制模块开发到最终控制产品、分销、系统集成等一系列完整的开发、应用体系。

3. FF

基金会现场总线（Foundation Fieldbus，FF）是在过程自动化领域得到广泛支持和具有良好发展前景的一种技术。其前身是 ISP 和 WorldFIP 协议标准，其中 ISP 是可互操作系统协议的简称，它基于德国的 Profibus 标准，而 WorldFIP 则是世界工厂仪表协议（World Factory Instrumentation Protocol）的简称，是基于法国的工厂仪表协议（FIP）标准。

基金会现场总线分为低速 H1 和高速 H2 2 种通信速率。H1 主要用于过程控制领域，其传输速率为 31.25Kb/s，通信距离可达 1900m（可加中继器延长），支持总线供电，支持本质安全防爆环境。H1 网络以 ISO/OSI 参考模型为基础，取其物理层、数据链路层和应用层，并在应用层之上增加了用户层，构成了四层结构的通信模型。用户层主要针对自动化测控应用的需要，定义了信息存取的统一规则，采用设备描述语言规定了通用的功能块集。H2 的传输速率为 1Mb/s 和 2.5Mb/s 2 种，通信距离分别为 750m 和 500m。物理传输介质可支持双绞线、光缆和无线，其传输信号采用曼切斯特编码，协议符合 IEC1158-2 标准。随着现场总线和以太网技术的发展，H2 已经被高速以太网 HSE 取代。

现场总线基金会于 2000 年 3 月颁布了基于高速以太网 HSE 的现场总线协议 FS1.0, 2000 年 12 月又颁布了第 2 版 FS1.1。HSE 采用基于 IEEE802.3+TCP/IP 的六层结构,主要用于制造业自动化及逻辑控制、批处理和高级控制等场合。目前 H1 和 HSE 分别类属于现场总线国际标准 IEC61158 的 Type1 和 Type5。

4. DeviceNet

DeviceNet 是 20 世纪 90 年代中期发展起来的一种基于 CAN 总线技术的符合全球工业标准的开放型通信网络。它既可连接底层现场设备,又可连接变频器、操作员终端这样的复杂设备。它通过一根电缆将诸如可编程控制器、传感器、测量仪表、光电开关、操作员终端和变频器等现场智能设备连接起来,它是分布式控制系统的理想解决方案。这种网络虽然是工业控制网络的低端网络,通信速率不高,传输的数据量也不太大,但它采用了先进的通信概念和技术,具有低成本、高效率、高性能、高可靠性等优点。

DeviceNet 是基于 CAN 的一种低成本的网络,可以直接连接控制器和工业设备,从而大大减少了硬接线输入输出点。CAN 可提供快速的节点响应时间和较高的可靠性。典型的 DeviceNet 设备包括控制器、限位开关、光电传感器、电机启动器、按钮、变频驱动器和简单的操作员接口等。DeviceNet 具有很多优点,如网络供电、安装快速、良好的故障诊断功能等等。其通信速率为 125~500Kb/s,每个网络的最大节点数是 64 个,每个节点支持的 I/O 数量没有限制,干线长度为 100~500m,采用生产者/消费者模式,允许网络上的所有节点同时存取同一数据源的数据,支持对等、多主和主/从通信方式。

DeviceNet 网络上的设备增减非常简单。设备设计满足即插即用的要求,与其他网络相比,设备节点的添加或删除不必花费太多的时间进行重新设计或施工。设备的组态参数被存储起来,一旦设备出现故障,操作者只需简单地换上一个匹配的新设备,且设备参数会自动下载到新更换的设备中。这一特性称为自动设备更换(Automatic Device Replacement,ADR),它可使系统快速恢复正常。

吞吐量是真正衡量网络性能的指标。DeviceNet 优异的吞吐性能是由其较小的网络开销和较小的数据包来保证的。DeviceNet 数据包大小被限制在 8 字节以内,特别适合应用于低成本、简单的设备,并可进行快速、高效的数据传送。较长的报文被分段为多个数据包来发送,这对组态参数或其他不经常出现且长度可能较大的报文传送特别重要。

1.2.3　Profibus 现场总线的发展历程

现场总线已成为当代工业自动化领域的研究热点,它可以说是过程控制新纪元的开始。Profibus 是 Process Fieldbus 的缩写,是由西门子等公司组织开发的一种国际化的、开放的、不依赖于设备生产商的现场总线标准。Profibus 的开发始于 1987 年,1989 年立项为德国标准 DIN19245,从 1991 年到 1995 年先后批准实施 part 1~part 4,1996 年 3 月被批准为欧洲标准 EN50170 V2,并于 2000 年成为 IEC61158 国际现场总线标准之一。我国于 2001 年正式批准 Profibus 成为我国的机械行业工业控制系统用现场总线国家标准,标准号为 JB/T10308.3—2001。与其他得到广泛应用的现场总线技术一样,Profibus 能够覆盖大多数工业应用领域,可用于有严格时间要求、高速数据传输的场合,也可用于大范围复杂通信场合。

Profibus 的用户组织 PI（Profibus International）成立于 1995 年，在 30 多个国家和地区都有地区性的 Profibus 用户组织，会员众多。我国的相应组织 Profibus 专业委员会（Chinese Profibus User Organization，CPO）成立于 1997 年，下设的"Profibus 产品演示及认证实验室"和"Profibus 技术中心"负责产品认证和技术支持。

为了推动 Profibus 产品在我国的开发、研究、普及和应用，促进我国现场总线技术和产业的形成和发展，Profibus 中国用户协会于 1995 年 11 月成立，协会的会员由生产厂商、科研单位、学校、厂矿企业及其他用户组成。后经机械工业部领导和专家论证，决定在中国机电一体化技术协会下设立 Profibus 现场总线专业委员会，从 1996 年 11 月开始筹备，于 1997 年 7 月 3 日隆重举行了成立大会，Profibus 国际组织副主席伯瑞特、Profibus 国际支持中心执行经理沃尔兹、西门子（中国）有限公司总经理施密特等都出席了成立大会。这标志着 Profibus 现场总线技术在中国开始正式有组织地进行普及、推广与研究，并得到了德国及我国政府部门的有力支持，这在其他几种现场总线的推广、应用中是不多见的。

1.3　Profibus 现场总线技术概述

Profibus 是唯一全集成 H1（过程）和 H2（工厂自动化）的现场总线解决方案，是一种国际化的、不依赖于设备制造商的开放式现场总线标准。它广泛应用于制造业自动化、流程工业自动化、楼宇自动化以及交通、电力等其他自动化领域。采用 Profibus 标准系统，不同制造商所生产的设备不须对其接口进行特别调整就可通信，Profibus 可用于高速并对时间有苛刻要求的数据传输，也可用于大范围的复杂通信场合。

1.3.1　Profibus 的特点

现场总线可采用多种途径传输数字信号，如用普通电缆、双绞线、同轴电缆、光纤等，因而可因地制宜、就地取材，构成控制网络。一般在由两根普通导线制成的双绞线上，可挂接几十台自控设备，与传统设备间一对一的接线方式相比，可节省大量线缆、槽架、连接件，同时由于所有的连线都变得简单明了，系统设计、安装、维护的工作量也随之大大减少。另外，现场总线还支持总线供电，即两根导线在为多台自控设备传送数字信号的同时，还为这些设备传送工作电源。可以看出，采用现场总线具有节省硬件投资、安装费用和维护开销的好处。

现场总线作为通信网络，不同于日常用于声音、图像、文字传输的网络，它所传输的是通断电源、开关阀门的指令与数据，直接关系到处于运行操作过程之中设备、人身的安全，要求信号在有粉尘、噪声、电磁干扰等较为恶劣的环境下仍能够准确、及时地发送和接收，同时还具有节点分散、报文简短等特征。以现场总线为基础构造的现场总线控制系统，在系统结构上发生了较大变化，其显著特征是通过网络信号的传送进行联络，可由单个网络节点或多个网络节点共同完成所要求的自动控制功能。

Profibus 作为业界最成功、应用最广泛的现场总线技术，除具有一般现场总线的一切优点外还有许多自身的特点，具体表现如下。

（1）最大传输信息长度为 255B，最大数据长度为 244B，典型长度为 120B。

（2）网络拓扑为线型、树型或总线型，两端带有有源的总线终端电阻。

（3）传输速率取决于网络拓扑和总线长度，从 9.6Kb/s 到 12Mb/s 不等。

（4）站点数取决于信号特性，如对屏蔽双绞线，每段为 32 个站点（无转发器），最多 127 个站点（带转发器）。

（5）传输介质为屏蔽/非屏蔽或光纤。

（6）当用双绞线时，传输距离最长可达 9.6km，用光纤时，最大传输长度为 90km。

（7）传输技术为 DP 和 FMS 的 RS-485 传输、PA 的 IEC1158-2 传输和光纤传输。

（8）采用单一的总线访问协议，包括主站之间的令牌传递方式和主站与从站之间的主从方式。

（9）数据传输服务包括循环和非循环两类。

1.3.2　Profibus 的协议类型

Profibus 的特点可使分散式数字化控制器从现场层到车间级实现网络化，该系统分为主站和从站两种类型：主站决定总线的数据通信，当主站得到总线控制权（令牌）后，即使没有外界请求也可以主动传送信息；从站为外围设备，典型的从站包括输入/输出设备、控制器、驱动器和测量变送器。它们没有总线控制权，仅对接收到的信息给予确认或当主站发出请求时向主站发送信息。

Profibus 根据应用的特点分为 Profibus-DP、Profibus-FMS 和 Profibus-PA 3 个兼容版本。

Profibus-DP（H2）是一种经过优化的高速通信连接，是专为自动控制系统和设备级分散 I/O 之间的通信设计的，可用于分布式控制系统的高速数据传输，其传输速率最高可达 12Mb/s，一般构成单主站系统，主站与从站间采用循环数据传输方式工作。

Profibus-FMS 主要用来解决车间级通用性通信任务，提供大量的通信服务，完成中等速度的循环和非循环通信任务，主要用于纺织工业、楼宇自动化、运动控制、低压开关设备等自动控制系统，一般构成实时多主网络控制系统。

Profibus-PA 是专为过程自动化而设计的，提供标准的本质安全传输技术，用于对安全性要求较高的场合及由总线供电的站点。Profibus-PA 将自动化系统和过程控制系统与压力、温度和液位变送器等现场设备连接起来，代替了 4～20mA 模拟信号传输技术，在现场设备的规划、敷设电缆、调试、运行和维护等方面可节约成本 40%以上，并大大提高了系统功能和安全可靠性，一般与 Profibus-FMS 和 Profibus-DP 混合使用。

1.3.3　Profibus 的应用领域

Profibus 作为工业界最具代表性的现场总线技术，其应用领域非常广泛，它既适用于工业自动化中离散加工过程的应用，也适用于流程自动化中连续和批处理过程的应用，而且随着技术的不断进步，其应用领域呈现出进一步扩大之势。目前具体的应用领域主要体现在以下几个方面。

（1）制造业自动化：如汽车制造（机器人、装配线、冲压线）、造纸、纺织等。

（2）过程控制自动化：如石化、制药、水泥、食品、啤酒等。

（3）电力：如发电、输配电等。

（4）楼宇：如空调、风机、照明等。

（5）铁路系统：如信号系统等。

另外，Profibus 现场总线在冶金、交通、制药、水利、水处理、食品等自动化领域中也得到了广泛应用。

1.4 Profibus 的现状及发展前景

Profibus 严格的定义和完善的功能使其成为开放式系统的典范，并有众多世界范围内有影响力的大公司的支持，使得它成为 ISA SP50 的一个重要组成部分。其灵活的协议芯片的实现，较其他几种现场总线而言是一个很大的优势，并使它价格低廉、易于推广。这些特点使它在短短几年内，在化工、冶金、机械加工以及其他自动控制领域得到了迅速普及和应用。据 1995 年统计，世界上已有约 35 万台（套）Profibus 设备成功地应用在 5 万多个工业现场。目前，世界上约有 500 多家厂商加入了 Profibus 用户协会，并提供了近千种 Profibus 产品，著名的西门子公司提供了 100 多种 Profibus 产品，并已经把它们应用在中国的许多自动控制系统中。

目前的普遍观点是，将来肯定会出现多种现场总线并存的情况。这是由各种现场总线技术的特点、适用场合及大公司、集团的既得利益决定的；单一的现场总线技术不可能一统天下，至少在相当长的一段时间内是如此；各种现场总线技术相互融合、合理搭配是现场总线下一步的一种发展趋势。我们相信，在未来几年内，Profibus 必将在中国得到迅速发展，最终在中国的工业自动化、乃至楼宇自动化领域中占有一席之地。

现场总线的出现，标志着工业控制技术领域又一个新时代的开始，其发展趋势将对自动化领域的发展产生重大的影响，具体表现在以下几个方面。

（1）协调共存性：既然是总线，就要向着趋于开放统一的方向发展，成为大家都遵守的标准规范，但由于这一技术所涉及的应用领域十分广泛，又由于行业、地域、经济利益等多种原因，目前在不同领域形成多个颇具影响力的总线标准，造成在众多领域总线标准各异。现在，各个主要的现场总线制造商，除力推自己的总线产品之外，也都力图开发总线兼容接口技术，将自己的总线产品与其他总线连接。因此，目前在国际标准中出现了多种现场总线标准协调共存的局面，所以人们正期待着统一的国际标准的形成。

（2）网络结构简单化：早期的计算机网络模型由 7 层组成，现在罗克韦尔自动化公司提出了三层结构的自动化系统，Fisher-Rosermount 公司提出两层结构的自动化系统，还有公司甚至提出一层结构，即由以太网"e 网到底"。目前比较达成共识的是三层设备、两层网络的"3+2 结构"。三层设备中位于底层的是现场设备，如传感器、执行器以及各种分布式 I/O 设备等。位于中间层的是控制设备，如 PLC、工业控制计算机、专用控制器等。位于上层的是操作设备，如操作站、工程师站、数据服务器、一般工作站等。两层网络是现场设备与控制设备之间的控制网络，以及控制设备与操作设备之间的管理网络。

（3）总线的开放性：现场总线采用统一的协议标准，是开放式的互联网络，对用户来说是透明的。在传统的集散控制系统中，不同厂家的设备是不能相互访问的。而现场总线系统采用统一的标准，不同厂家的网络产品可以方便地接入同一网络，在同一控制系统中进行相互操作，而互换性意味着不同生产厂家的性能类似的设备可实现相互替换，因此简化了系统集成。

（4）工业以太网将成为新的热点：就成本、建造、使用、维护等方面而言，以太网或多或少都优于目前市场上的其他几种网络。但从目前的趋势来看，已有的现场总线仍将继续存在。此外，并非每种现场总线都可以被工业以太网所替代，如 Asi、CAN，这 2 种现场总线在应用于二位 I/O 传感器/执行器系统中时，无疑是最佳的。还有一些专用总线，如 SERCOS（主要用于数控及控制运动轴，为 IEC61491 国际标准），Instabus（用于楼宇）都有其专门的应用领域，均不适宜用工业以太网。在易燃、易爆（如煤矿、化工、制药行业），以及环境条件恶劣、可靠性要求很高的应用场合，也不适宜于应用工业以太网。

综上所述，已有的现场总线有它自己的市场定位，在未来相当长的时间里也必将占有很大的市场份额，或者与工业以太网相结合发挥其更强大的网络通信功能。但是，虽说现场总线不可能全部为工业以太网所替代，但后者发展的巨大潜力决不容忽视，其应用领域也必将不断地得到扩展。

第 2 章　Profibus 总线协议结构

随着制造业自动化和过程自动化中分散化结构的迅速增长，现场总线的应用日益广泛，现场总线实现了数字和模拟输入/输出模块、智能信号装置和过程调节装置与可编程逻辑控制器（PLC）和 PC 之间的数据传输，把 I/O 通道分散到实际需要的现场设备附近，从而使整个系统的工程费用、装配费用、硬件成本、设备调试和维修成本减少到最少。标准化的现场总线具有"开放"的通信接口、"透明"的通信协议，允许用户选用不同制造商生产的分散 I/O 装置和现场设备。

现场总线 Profibus 满足了生产过程现场级数据可存取性的重要要求，一方面它覆盖了传感器/执行器领域的通信需求，另一方面又具有单元级领域的所有网络通信功能。特别在"分散 I/O"领域，由于有大量的、种类齐全的、可连接的现场设备可供选用，因此 Profibus 已成为事实上的国际公认的标准，现场总线 Profibus 是国际标准 IEC61158 的组成部分 TypeIII 和我国机械行业标准 JB/T10308.3—2001。

本章介绍了 Profibus 现场总线技术的产生发展过程及现状，详细描述协议结构以及传输技术及技术特点，并在此基础上介绍了其在 SIMATIC 系列 PLC 当中的应用。

2.1　Profibus 协议结构与 OSI 参考模型

过程现场总线（Process Fieldbus，Profibus）诞生于 1987 年，最初是由西门子公司为主的十几家德国公司和研究所共同推出的。1989 年，Profibus 被立项为德国国家标准 DIN19245。1991 年～1995 年，Profibus-FMS（DIN19245，第 1、2 部分）、Profibus-DP（DIN19245，第 3 部分）和 Profibus-PA（DIN19245，第 4 部分）先后被批准，1996 年 3 月，Profibus 被欧洲电工标准化委员会（CENELEC）批准为欧洲标准 EN50170（第 2 卷）。2000 年初，Profibus 被国际电工委员会（IEC）批准为国际标准 IEC61158 中的 8 种现场总线之一。

德国组建了 Profibus 国际支持中心，建立了 Profibus 国际用户组织。目前在世界各地相继组建了 20 个地区性的用户组织，企业会员近 650 家，遍布欧洲、美洲、亚洲和澳大利亚。1997 年 7 月，中国组建了中国现场总线（Profibus）专业委员会（CPO），并筹建了现场总线 Profibus 产品演示及认证的实验室（PPDCC）。

Profibus 使用已经存在的国家标准和国际标准。其协议基于内部 ISO（International Standard Organisation）标准的 OSI（Open Systems Interconnenction）参考模型。通信标准 ISO/OSI 模型包括 7 个层次、2 个类别。第 1 个类别包括面向用户的 5 层到 7 层，第 2 个类别包括面向网络的 1 层到 4 层。第 1 层到第 4 层描述了从一个位置到另一个位置的数据传输，而第 5 层到第 7 层为用户提供了以适当形式访问网络系统的方法。

Profibus 现场总线可以将数字自动化设备从低级（传感器/执行器）到中间执行级（单元级）分散开来。根据应用特点和用户不同的需要，Profibus 提供了 3 种兼容版本通信协议：FMS、DP 和 PA。FMS 主要用于车间级（工厂、楼宇自动化中的单元级）控制网络，是一种令牌结构、实时的多主网络，解决车间级通用性通信任务，提供大量的通信服务，完成中等传输速度的循环和非循环通信任务，多用于纺织工业、楼宇自动化、电气传动、传感器和执行器、PLC 等的一般自动控制。DP 是一种经过优化的高速、廉价通信连接，专为自动控制系统和设备级的分散 I/O 之间通信设计，可取代价格昂贵的 4-20mA/24VDC 并行信号线，用于分布式控制系统的高速数据传输，实现自控系统和分散外围 I/O 设备及智能现场仪表之间的高速数据通信。PA 是专为过程化而设计的，可使传感器和执行机构连在一根总线上，具有本质安全的传输技术，实现了 IEC1158-2 中规定的通信规程，用于对安全要求高的场合及由总线供电的站点。

Profibus 协议结构根据 ISO7498 国际标准，以开放式系统互联网络（Open System Interconnection，OSI）作为参考模型。该模型共有 7 层，如图 2-1 所示。

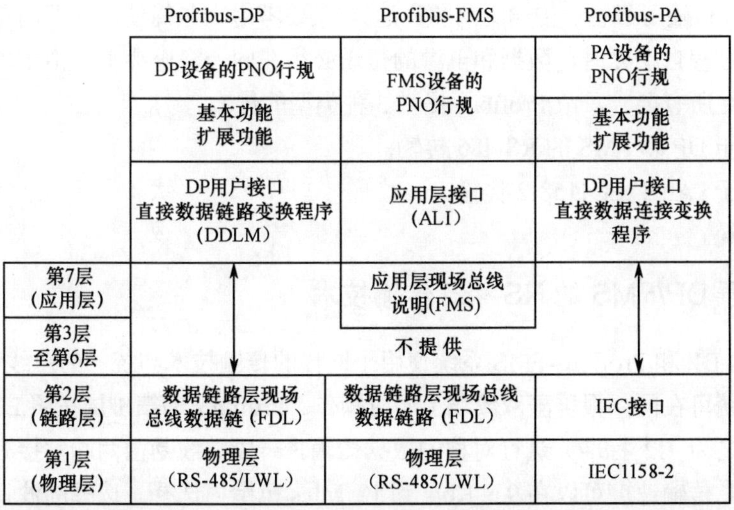

	Profibus-DP	Profibus-FMS	Profibus-PA
	DP设备的PNO行规	FMS设备的 PNO行规	PA设备的 PNO行规
	基本功能 扩展功能		基本功能 扩展功能
	DP用户接口 直接数据链路变换程序 （DDLM）	应用层接口 （ALI）	DP用户接口 直接数据连接变换 程序
第7层 （应用层）		应用层现场总线 说明(FMS)	
第3层 至第6层		不 提 供	
第2层 （链路层）	数据链路层现场 总线数据链（FDL）	数据链路层现场总线 数据链路（FDL）	IEC接口
第1层 （物理层）	物理层 （RS-485/LWL）	物理层 （RS-485/LWL）	IEC1158-2

图 2-1　Profibus 协议规范层次结构

1. Profibus-DP

Profibus-DP 定义了第 1、2 层和用户接口，第 3 层到 7 层未加描述。这种精简的结构保证了数据传输的快速和有效，直接数据链路映像（Direct Data Link Mapper，DDLM）提供易于进入第 2 层的用户接口，用户接口规定了用户及系统以及不同设备可以调用的应用功能，并详细说明了各种 Profibus-DP 设备的行为，还提供了传输用的 RS-485 传输技术或光纤。特别适合可编程控制器与现场分散的 I/O 设备之间的通信。用户接口规定了用户及系统以及不同设备可调用的应用功能，并详细说明了各种不同 Profibus-DP 设备的设备行为。

2. Profibus-FMS

Profibus-FMS 定义了第 1、2、7 层，应用层包括现场总线信息规范（Fieldbus Message Specification，FMS）和低层接口（Lower Layer Interface，LLI）。FMS 包括了应用协议并

向用户提供了可广泛选用的强有力的通信服务。LLI 协调不同的通信关系并提供不依赖设备的第 2 层访问接口。第 2 层现场总线数据（FDL）可完成总线访问控制和数据的可靠性，还可提供 RS-485 或光纤传输技术。

FMS 处理单元级（PLC 和 PC）的数据通信，功能强大的 FMS 服务可在广泛的应用领域内使用，但近年来由于工业以太网在的推广和使用，其功能逐渐被取代。

3．Profibus-PA

PA 的数据传输采用扩展的 Profibus-DP 协议，另外还使用了现场设备行为的 PA 行规。根据 IEC1158-2 标准，PA 的传输技术可确保其本征安全性，而且可通过总线给现场设备供电。使用 DP/PA 耦合器和 DP/PA LINK 连接器可在 DP 上扩展 PA 网络。

2.2　Profibus 传输技术（物理层，第 1 层）

现场总线系统的应用在很大程度上取决于选用的传输技术，选用依据是既要考虑一些总的要求（传输可靠性、传输距离和高速），又要考虑一些简便而又费用不大的机电因数。当涉及过程自动化时，数据和电源的传送必须在同一根电缆上。由于单一的传输技术不可能满足所有要求，故 Profibus 提供 3 种类型的传输。

（1）用于 DP 和 FMS 的 RS-485 传输。

（2）用于 PA 的 IEC1158-2 传输。

（3）光缆。

2.2.1　用于 DP/FMS 的 RS-485 传输技术

Profibus-DP 和 Profibus-FMS 系统使用了同样的传输技术和统一的总线访问协议，因此这两套系统可在同一根屏蔽双绞线上同时操作。Profibus 的第 1 层按照 EIA RS-485 标准（也被称之为 H2 标准）进行对称的数据传输。一段总线是由两端都接有电阻的屏蔽双绞线组成，传输速度可以在 9.6 Kb/s 到 12 Mb/s 范围内选择。选择的波特率适用于所有连接到总线段的设备。

1．传输过程

Profibus 的 RS-485 的传输过程是建立在半双工、异步、无间隙同步化的基础上的。数据的发送使用 NRZ（不归零）编码，即一个字符帧为 11 位（bit）。在按位传输过程中二进制从"0"到"1"的过渡期间信号的状态不会变化。

在传输期间，线路 R×D/T×D-P（Receive/Transmit-Data-P）为正电位，线路 R×D/T×D-N（Receive/Transmit-Data-N）为负电位。各报文之间的空闲状态对应二进制"1"信号。这两条 Profibus 数据线也经常被称作 A 线和 B 线。A 线对应 R×D/T×D-N 信号，而 B 线对应 R×D/T×D-P 信号。

2．总线介质

Profibus 最大允许的总线长度也叫片段长度，取决于所选择的传输速度（见表 2-1）。在一个总线段中最多能处理 32 个站点。

表 2-1　基于所选波特率的最大容许段长度

波特率（Kb/s）	9.6～187.5	500	1500	12000
段长度（m）	1000	400	200	100

3. 总线终端

国际 Profibus 标准 EN 50 170 推荐使用 9 针 D 型连接器用于总线站与总线相连接。D 型连接器的插座与总线站点相连，而 D 型插头与总线电缆相连。

EIA RS-485 标准中，总线终端数据线 A 和 B 的两端均加接总线终端。Profibus 总线终端还包括一个相对于 DGND 数据参考电势的下拉电阻和一个相对于输入正电压 VP（如图 2-2 所示）的上拉电阻。当总线上没有发送数据时，也就是在两个报文之间总线处于空闲状态时，这 2 个电阻确保在总线上有一个确定的空闲电位。几乎所有标准的 Profibus 总线接插件都能提供所需的总线终端的组合，并且能通过跳接器或开关启动。当总线系统的传输速度大于 1500 Kb/s 时，由于所连接的站的电容性负载而引起导线反射，因此必须使用附加有轴向电感的总线连接插头。

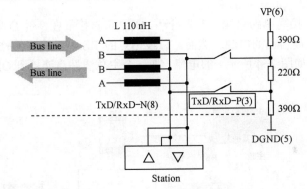

图 2-2　传输速度大于 1500 Kb/s 的总线接插件和总线终端的布局

2.2.2　DP 和 FMS 光缆传输技术

Profibus 第一层的另一种类型是基于 PNO（Profibus Nutzer Organisation）的版本（1993 年 7 月的 Profibus 的光学传输技术的 1.1 版本），是通过光纤的传输来传送数据的。光缆允许 Profibus 系统的站点之间的传输距离为 15km。光缆对电磁干扰不敏感并且能确保单独总线之间的电隔离。随着光纤设备连接技术在近几年的发展，这种传输技术在现场设备的数据通信方面得到相当广泛的应用，尤其是塑料光纤单向连接器的使用使其发展更为迅速。

1. 总线

传输介质有玻璃光纤和塑料光纤。不同传输介质的传输距离不同，玻璃光纤的传输距离能达 15km，而塑料光纤的传输距离只有 80m。

2. 总线连接

有几种连接技术都可以把总线站点与光纤连接起来。

1）OLM 技术（Optical Link Module）

类似于 RS-485 中继器，OLM 有 2 个功能独立的电气的通道，如根据模型的不同有

1 个或 2 个光学通道。RS-485 线把 OLM 与专线站点或者总线片段（如图 2-3 所示）连接起来。

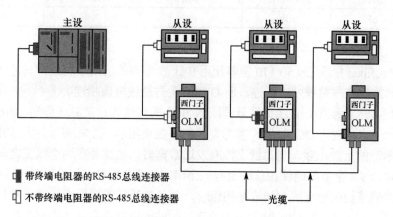

图 2-3　使用 OLM 技术的总线组态实例

2）OLP 技术（Optical Link Plug）

OLP 可用来连接简单副总线与单光纤环。OLP 可直接插在 9 针 D 型插接器上，并且使用总线电源而无需自己的电源。然而，总线站点的 RS-485 接口的+5V 电源必须能够提供至少 80 mA（如图 2-4 所示）的电流。把一个主总线站点连接到 OLP 环需要一个光学环节模块。

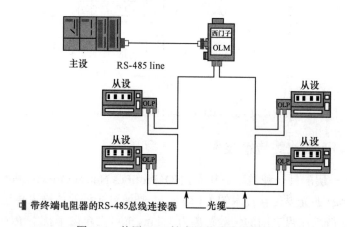

图 2-4　使用 OLP 技术的总线组态实例

3）集成光缆的连接

用设备中集成的光纤接口直接把 Profibus 节点连接到光缆上。

2.2.3　用于 PA 的 IEC 1158-2 传输技术

Profibus-PA 采用符合 IEC 1158-2 标准的传输技术。这种技术可保证安全性并直接给总线上的现场设备供电，同时以自由传输曼彻斯特编码的 TINE 协议数据传输（也被称为 H1 编码）。随着曼彻斯特编码的传输，电平信号从 0 到 1 记为二进制“0”，电平信号从 1 到 0 记为二进制“1”。数据采用调节总线系统的基本电流−9mA 至+9mA 实现（如图 2-5 所示）。传输速度为 31.25Kb/s。传输媒介为屏蔽的或不屏蔽的双绞线。具体特点如下：

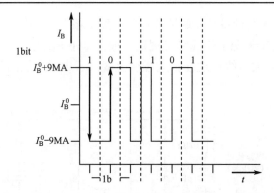

图 2-5　用当前模块的方法与 Profibus-PA 进行数据传输

（1）数据 IEC 1158-2 的传输技术用于 Profibus-PA，能满足化工和石油化工业的要求。它可保持其本征安全性，并通过总线对现场设备供电。

（2）IEC 1158-2 是一种位同步协议，可进行无电流的连续传输，通常称为 H1。

（3）IEC 1158-2 技术用于 Profibus-PA，其传输以下列原理为依据。

① 每段只有一个电源作为供电装置。

② 当站收发信息时，不向总线供电。

③ 每站现场设备所消耗的为常量稳态基本电流。

④ 现场设备其作用如同无源的电流吸收装置。

⑤ 主总线两端起无源终端线作用。

⑥ 允许使用线型、树型和星型网络。

⑦ 为提高可靠性，设计时可采用冗余的总线段。

⑧ 为了调制的目的，假设每个总线站至少需用 10mA 基本电流才能使设备启动。通信信号的发生是通过发送设备的调制，从 ±9mA 到基本电流之间。

（4）IEC 1158-2 传输技术特性。

① 数据传输：数字式、位同步、曼彻斯特编码。

② 传输速率：31.25Kb/s，电压式。

③ 数据可靠性：前同步信号，采用起始和终止限定符避免误差。

④ 电缆：双绞线，屏蔽式或非屏蔽式。

⑤ 远程电源供电：可选附件，通过数据线。

⑥ 防爆型：能进行本征及非本征安全操作。

⑦ 拓扑：线型或树型，或两者相结合。

⑧ 站数：每段最多 32 个，总数最多为 126 个。

⑨ 中继器：最多可扩展至 4 台。

（5）IEC 1158-2 传输设备安装要点：

① 分段耦合器将 IEC1158-2 传输技术总线段与 RS-485 传输技术总线段连接。耦合器使 RS-485 信号与 IEC1158-2 信号相适配。它们为现场设备的远程电源供电，供电装置可限制 IEC 1158-2 总线的电流和电压。

② Profibus-PA 的网络拓扑有树型和线型结构，或是 2 种拓扑的混合。

③ 现场配电箱仍继续用来连接现场设备并放置总线终端电阻器。采用树型结构时连

在现场线分段的全部现场设备都并联地接在现场配电箱上。

总线终端需要连接无源 RC 线路终端器（如图 2-6 所示）。一个 PA 总线段上最多可连接 32 个站点。最大总线长度在很大程度上取决于电源、线的类型和总线站点的电流消耗。

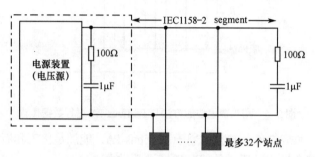

图 2-6　PA 总线段的结构

Profibus-PA 传输媒介是同轴电缆。它的性能没有专门化和标准化，然而，总线电缆类型的特点决定了最大限度扩展总线和可以连接到一起的总线站点数量以及对电磁干扰的灵敏性。因此，在 DIN 61158-2 标准中定义了若干标准的电缆类型的电气和物理特性。这个标准介绍了用于 Profibus-PA 的 4 种标准的电缆类型（见表 2-2），它们被称为类型 A 到类型 D。

表 2-2　Profibus-PA 推荐的电缆类型

	类型 A（参考）	类型 B	类型 C	类型 D
电缆设计	屏蔽双扭线	一个或更多双扭线，全部屏蔽	若干个双扭线，非屏蔽	若干个非双扭线，非屏蔽
核心交叉段	0.8mm²（AWG 18）	0.32mm²（AWG 22）	0.13mm²（AWG 26）	1.25mm²（AWG 16）
回路电阻（直流）	44Ω/km	112Ω/km	264Ω/km	40Ω/km
31.25Hz 下的浪涌阻抗	100Ω±20%	100Ω±30%	–	–
39kHz 下的波衰减	3dB/km	5dB/km	8dB/km	8dB/km
不对称电容	2nF/km	2nF/km	–	–
组扭曲（7.9kHz～39kHz）	1.7μs/km	–	–	–
屏蔽覆盖率	90%	–	–	–
推荐网络大小（包括 stub 线）	1900m	1200m	400m	200m

2.2.4　总线拓扑

Profibus 系统包括两端都接有有源终端器的线性总线结构，也称为 RS-485 总线段。根据 RS-485 标准，一个总线段最多可连接 32 个 RS-485 站点（通常指"节点"）。不管是主站还是副站，连接到总线上的每一站点都代表一个 RS-485 电流负载。RS-485 是最廉价的也是最常用的 Profibus 传输技术。

1. 中继器

当一个 Profibus 系统中需要连接多于 32 个站点时，必须将其划分成若干总线片段。

在各个总线段上最多有 32 个站，每个总线段彼此由中继器（也称线路放大器）相连接。中继器放大传输信号的电平。按照 EN 50170 标准，在中继器传输信号中不提供位相的时间再生（信号再生），存在相位信号的失真和延迟，因此 EN 50170 标准限定串接的中继器数为 3 个。这些中继器单纯起线路放大器的作用。但实际上在中继器线路上已实现了信号再生，因此可以串接的中继器个数与所采用的中继器型号和制造厂家有关。例如，由西门子生产的 6ES7 972-0AA00-0XA0 型中继器，最多可串接 9 个。2 个总线站之间的最大距离与波特率有关。表 2-3 指出了 6ES7 972-0AA00-0XA0 型号转发器的参数。

表 2-3　带有 9 个应答器结构的 Profibus 的最大扩展功能，对应不同波特率

波特率/（Kb/s）	9.6～187.5	500	1500	12000
段长/m	10000	4000	2000	1000

图 2-7 描述了 RS-485 中继器的性质。

（1）总线段 1，PG/OP 插座和总线段 2 彼此是电气隔离的；

（2）总线段 1，PG/OP 插座和总线段 2 之间的信号被放大和再生；

（3）对于总线段 1 和 2，中继器具有可连接的终端电阻；

（4）去掉跨接桥 M/PE 后，中继器可以不接地运行。

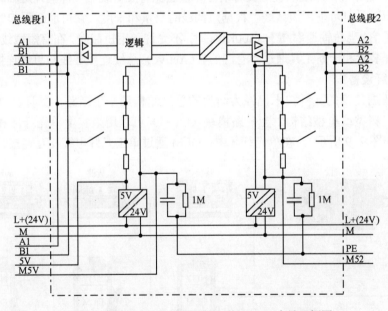

图 2-7　6ES7 972-0AA00-0XA0 型 RS-485 中继器框图

在 Profibus 配置中，只有使用中继器才能实现最大可能的站数。此外，中继器还可以用来实现"树型"和"星型"总线结构（如图 2-8 所示）。也可以是不接地的结构，在这种类型的总线结构中，总线段是彼此隔离的，且必须使用一个中继器和一个不接地的24V 电源。对于 RS-485 接口而言，中继器是一个附加的负载，因此在一个总线段内，每使用一个 RS-485 中继器。可运行的最大总线站数必须减少 1。这样，如果此总线段包括一个中继器，则在此总线段上可运行的总线站数为 31。由于中继器不占用逻辑的总线地

址，因此所有总线结构中转发器的个数不会影响到站点的最大数目。

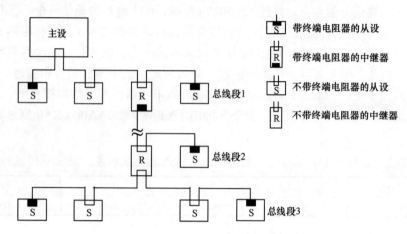

图 2-8　带有中继器的总线结构

2．连接线

总线站与总线连接器的 9 针 D 型插头直接连接时，在总线系统的线性结构中将产生短截线。尽管 EN 50170 标准指出，传输速率为 1500Kb/s 时每个总线段的短截线允许小于 6.6m，但是通常在总线系统配置时最好尽量避免有短截线。一种例外是临时连接编程装置或诊断工具时可使用短截线。根据短截线的数量和长度，它可能会引起线反射从而干扰报文通信。当传输速率高于 1500Kb/s 时，不允许使用短截线。在有短截线的网络中，只允许编程装置和诊断工具通过"有源的"（Active）总线连接导线与总线连接。

3．光纤设备

用于数据传输的光纤技术已经为新型的总线结构铺平了道路，如环型结构，此外还有线型、树型或星型结构。光链路模块（OLM）可以用来实现单光纤环和冗余的双光纤环（如图 2-9 所示）。在单光纤环中，OLM 通过单工光纤电缆相互连接，如果光纤

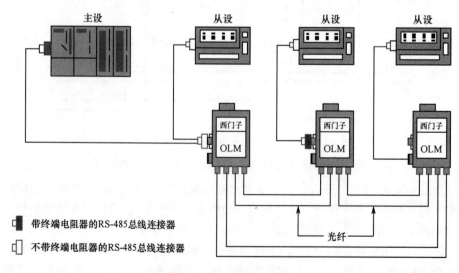

图 2-9　冗余的双光纤环

电缆线断了或 OLM 出现了故障，则整个环路将崩溃。在冗余的双光纤环中，OLM 通过 2 个双工光纤电缆相互连接，如果 2 根光纤线中的 1 根出了故障，它们将作出反应并自动地切换总线系统成线型结构。适当的连接信号指示传输线的故障并传送出这种信息以便进一步处理。一旦光纤导线中的故障排除后，总线系统返回到正常的冗余环状态。

4. 符合 IEC 1158-2（Profibus-PA）标准的总统拓扑

使用 Profibus-PA 协议可以实现线型、树型和星型总线结构或它们的组合型结构。在一个总线段中可以运行的总线站数取决于所用的电源、总线站的电流消耗、所用总线电缆和总线系统的大小。在一个总线段上最多可连接 32 个站。为了增加系统的可靠性，总线段可以用冗余总线段作备份。段偶合器或 DP/PA 链接器用于 PA 总线段与 DP 总线段的连接。

2.3　现场总线数据链路层（第 2 层）

数据链路层是 OSI 参考模型的第 2 层，该层协议处理 2 个有物理通道直接相连的邻接站之间的通信，规定了总线访问控制层、数据安全性、传输协议和报文处理。数据链路层协议的目的在于提高数据传输的效率，为其上层提供透明的无差错的通道服务。IEEE802 委员会为局域网定义了介质访问控制层（MAC）和逻辑链路控制层（LLC）。介质访问控制层与逻辑链路控制层是数据 OSI 参考模型中数据链路层的 2 个子层。

2.3.1　现场总线数据链路层

在 Profibus 中，第 2 层被称为现场总线数据链路层（Fieldbus Data Link，FDL）。其首要的任务是保证数据的完整性，第 2 层的报文格式（如图 2-12 所示）保证了传输的高度安全性。所有报文均具有海明距离 HD=4(HD=4 指在数据电报能同时发现 3 种错误位)。这符合国际 IEC870-5-1 标准的规则，电报选择特殊的开始和结束标识符，是运用无间隙同步、奇偶校验位和控制位而实现的。可检测下列的差错类型。

（1）字符格式错误（奇偶校验、溢出、帧错误）。

（2）协议错误。

（3）开始和结束标识符错误。

（4）帧检查字节错误。

（5）报文长度错误。

出错报文至少自动重发 1 次。在第 2 层中，电报最多重复 8 次（"retry"总线参数）。除逻辑上点到点的数据传输之外，第 2 层还允许用广播和群播通信的多点传送。

广播通信就是一个主站点把信息发送到其他所有站点（主设和从设），而收到数据则不需应答。多点传送通信就是一个主站点把信息发送到一组站点（主设和从设），收到数据也不需应答。

第 2 层提供的数据服务在表 2-4 中列出。

Profibus-DP 和 Profibus-PA 分别使用第 2 层服务的特定一部分。例如 Profibus-DP 只使用 SRD 和 SDN 服务，这些服务称为上层协议通过第 2 层的服务存取点（SAPS），上一层通过第 2 层的 SAP（服务访问点）调用这些服务。在 Profibus-FMS 中，所有的主从站点允许同时利用若干种服务访问点。我们把它们分为 SSAP（源服务访问点）和 DSAP（目标服务访问点）。服务存取点有源 SSAP 和目标 DSAP 之分。

表 2-4　Profibus 传输服务

服　　务	功　　能	DP	PA	FMS
SDA	确认后发送数据			支持
SRD	确认后发送接受数据	支持	支持	支持
SDN	无确认发送数据	支持	支持	支持
CSRD	确认后循环发送和请求数据			支持

2.3.2　Profibus 网络中的总线访问控制

Profibus-DP、Profibus-FMS 和 Profibus-PA 均使用单一的总线存取协议，通过 OSI 参考模型第 2 层实现。介质存取控制（Medium Access Control，MAC）必须确保在任何时刻只能由一个站点发送数据。Profibus 的总线存取控制满足现场总线技术的 2 个重要需要。其一，同一级的 PLC 或主站之间的通信必须使每一个主站在确定的时间范围内能获得足够的机会来处理它自己的通信任务。其二，复杂的主站与简单的分散的 I/O 外围设备之间的数据交换必须是快速的，且尽可能地实现很少的协议开销。

为此，Profibus 使用混合的总线存取控制机制来实现上述目标。它包括用于主动节点（主站）间通信的分散的令牌传递程序和用于主动站（主站）与被动站（从站）间通信的集中的主-从程序。

当一个主动节点（总线站）获得了令牌，它就可以拥有主从节点通信的总线控制权。在总线上的报文交换是用节点编址的方法来组织的。每个 Profibus 节点有一个地址，而且此地址在整个总线上必须是唯一的。在一个总线内，最大可使用的站地址范围是在 0 到 126 之间。这就是说，一个总线系统最多可以有 127 个节点（总线站）。

这种总线存取控方式允许有如下的系统配置。

（1）纯主-主系统（令牌传递程序）。

（2）纯主-从系统（主-从程序）。

（3）两种程序的组合。

Profibus 的总线存取控制符合欧洲标准 EN50170 V.2 中规定的令牌总线程序和主-从程序。Profibus 的总线存取控制程序与所使用的传输介质无关。

1．令牌总线通信过程

连接到 Profibus 网络的主动节点（主站）按它的总线地址的升序组成一个逻辑令牌环（如图 2-10 所示）。在逻辑令牌环中主动节点是一个接一个地排列的，控制令牌总按这个顺序从一个站传递到下一个站。令牌提供存取传输介质的权力，并用特殊的令牌帧在主动节点（主站）间传递。具有总线地址 HAS（最高站地址）的主动节点例外，它只传递令牌给具有最低总线地址的主动节点，以此使逻辑令牌环闭合。令牌经过所有主动节点轮转一次所需的时间叫做令牌轮转时间。用可调整的令牌时间 TTR（目标令牌时间）来规定现场总线系统中令牌轮转一次所允许的最大时间。

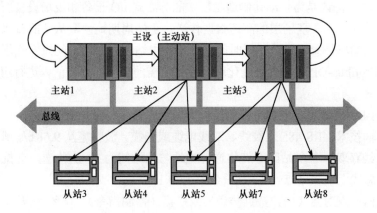

图 2-10 Profibus 中主站之间的通信

在总线初始化和起动阶段，总线存取控制（也称为 MAC，即介质存取控制）通过辨认主动节点来建立令牌环。为了管理控制令牌，MAC 程序首先自动地判定总线上所有主动节点的地址，并将这些节点及它们的节点地址都记录在 LAS（主动站表）中。对于令牌管理而言，有 2 个地址概念特别重要：PS 节点（前一站）的地址，即下一站是从此站接收到令牌的；NS 节点（下一站）的地址，即令牌传递给此站。在运行期间，为了从令牌环中去掉有故障的主动节点或增加新的主动节点到令牌环中而不影响总线上的数据通信，也需要 LAS。

2. 主从通信过程

一个网络中有若干个被动节点（从站），而它的逻辑令牌环只含一个主动节点（主站），这样的网络称为纯主-从系统（如图 2-11 所示）。主-从程序允许主站（主动节点）当前有权发送、存取指定给它的从站设备。这些从站是被动节点。主站可以发送信息给从站或从从站获取信息。典型的 Profibus-DP 总线配置是以此种总线存取程序为基础的。一个主动节点（主站）循环地与被动节点（DP 从站）交换数据。

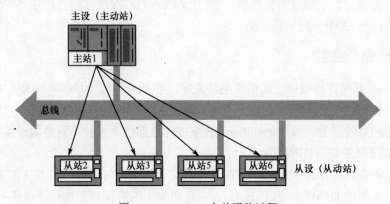

图 2-11 Profibus 主从通信过程

2.4 Profibus-DP 数据通信协议

Profibus-DP 协议是为自动化制造工厂中的分布式 I/O 设备和现场设备所需要的高速数据通信而设计，用于现场层的高速数据传送。主站周期地读取从站的输入信息并周期地向从站发送输出信息。总线循环时间必须要比主站程序循环时间短。除周期性用户数据传输外，Profibus-DP 还提供智能化现场设备所需的非周期性通信以进行组态、诊断和报警处理。

Profibus-DP 的基本功能和特点包括以下内容。

（1）传输技术：RS-485 双绞线、双线电缆或光缆。波特率从 9.6Kb/s 到 12Mb/s。

（2）总线存取：各主站间令牌传递，主站与从站间为主–从传送。支持单主系统或多主系统。总线上最多站点（主–从设备）数为 126。

（3）通信：点对点（用户数据传送）或广播（控制指令）。循环主–从用户数据传送和非循环主–主数据传送。

（4）运行模式：运行、清除、停止。

（5）同步：控制指令允许输入和输出同步。同步模式为输出同步，锁定模式为输入同步。

（6）DP 主站和 DP 从站间的循环用户数据传送：各 DP 从站的动态激活和可激活；DP 从站组态的检查；强大的诊断功能，三级诊断信息；输入或输出的同步；通过总线给 DP 从站赋予地址；通过总线对 DP 主站（DPM1）进行配置，每 DP 从站的输入和输出数据最大为 246 字节。

（7）可靠性和保护机制：所有信息的传输按海明距离 HD=4 进行。DP 从站带看门狗定时器（Watchdog Timer）。对 DP 从站的输入/输出进行存取保护。DP 主站上带可变定时器的用户数据传送监视。

（8）设备类型：第一类 DP 主站（DPM1）是中央可编程序控制器，如 PLC、PC 等。第二类 DP 主站（DPM2）是可进行编程、组态、诊断的设备。DP 从站是带二进制值或模拟量输入输出的驱动器、阀门等。

在一个有着 32 个站点的分布系统中，Profibus-DP 对所有站点传送 512b/s 输入和 512b/s 输出，在 12Mb/s 时只需 1ms。

2.4.1 DP 设备类型

Profibus-DP 允许构成单主站或多主站系统。在同一总线上最多可连接 126 个站点。系统配置的描述包括：站数、站地址、输入/输出地址、输入/输出数据格式、诊断信息格式及所使用的总线参数。每个 Profibus-DP 系统可包括以下 3 种不同类型设备。

1. 1 类 DP 主站（DPM1）

一级 DP 主站是中央控制器，它在预定的信息周期内与分散的节点（如 DP 从站）交换信息。典型的 DPM1 如 PLC 或 PC。它使用如下的协议功能执行通信任务。

（1）Set_Prm 和 Chk_Cfg：在启动、重启动和数据传送阶段，DP 主站使用这些功能发送参数集给 DP 从站。它发送所有参数，无论它们是不是对整个总线普遍适用或是不是对某些特别重要。对个别 DP 从站而言，其输入数据和输出数据的字节数在组态期间进行定义。

（2）Data_Exchange：此功能循环地与指定给它的 DP 从站进行输入数据和输出数据的交换。

（3）Slave_Diag：在启动期间或循环的用户数据交换期间，用此功能读取 DP 从站的诊断信息。

（4）Global_Control：DP 主站使用此控制命令将它的运行状态告知给各 DP 从站。此外，还可以将控制命令发送给个别从站或规定的 DP 从站组，以实现输出数据和输入数据的同步（Sync 和 Freeze 命令）。

2．DP 从站

DP 从站是进行输入和输出信息采集和发送的外围设备（I/O 设备、驱动器、HMI、阀门等），它是 Profibus-DP 系统通信中的响应方，不能主动发出数据请求。DP 从站只与装载此从站的参数并组态它的 DP 主站交换用户数据，并可以向此主站报告本地诊断中断和过程中断。

3．2 类 DP 主站（DPM2）

二级 DP 主站是编程器、组态设备或操作面板，在 DP 系统组态操作时使用，完成系统操作和监视目的。属于编程装置、诊断和管理设备。除了已经描述的 1 类主站的功能外，2 类 DP 主站通常还支持下列特殊功能。

（1）RD_Inp 和 RD_Outp：在与 1 类 DP 主站进行数据通信的同时，用这些功能可读取 DP 从站的输入数据和输出数据。

（2）Get_Cfg：用此功能读取 DP 从站的当前组态数据。

（3）Set_Slave_Add：此功能允许 DP 主站（2 类）分配一个新的总线地址给一个 DP 从站。当然，此从站应支持这种地址定义方法。

此外，2 类 DP 主站还提供一些功能用于与 1 类 DP 主站的通信。

4．DP 混合设备

可以将 1 类 DP 主站、2 类 DP 主站和 DP 从站组合在一个硬件模块中形成一个 DP 组合设备。实际上，这样的设备是很常见的。下面是一些典型的设备组合。

（1）1 类 D 主站与 2 类 DP 主站的组合。

（2）DP 从站与 1 类 DP 主站的组合。

2.4.2　各类 DP 设备之间的数据通信

典型的 DP 系统配置是单主站结构（如图 2-12 所示）。DP 主站与 DP 从站间的通信基于主—从原理。也就是说，只有当主站请求时，总线上的 DP 从站才可能活动。DP 从站被 DP 主站按轮询表依次访问。DP 主站与 DP 从站间的用户数据连续地交换，而并不考虑用户数据的内容。DP 主站与 DP 从站间的一个报文循环由 DP 主站发出的请求帧（轮询报文）和由 DP 从站返回的有关应答或响应帧组成。

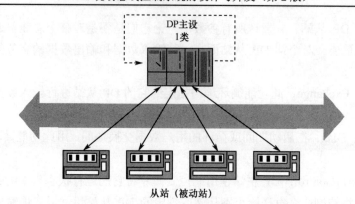

图 2-12　Profibus 单主站系统令牌传递示意图

由于按 EN50170 标准规定的 Profibus 节点在第 1 层和第 2 层的特性，一个 DP 系统也可能是多主站结构。在一个总线上 DP 主站/从站、FMS 主站/从站和其他的主动节点或被动节点也可以共存（如图 2-13 所示）。

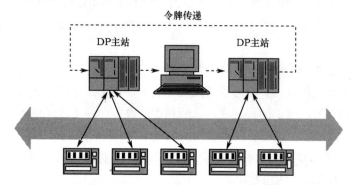

图 2-13　多主站系统令牌传递示意图

1．DP 通信关系和 DP 数据交换

按 Profibus-DP 协议，通信作业的发起者称为请求方，而相应的通信伙伴称为响应方。所有 1 类 DP 主站的请求报文以第 2 层中的"高优先权"报文服务级别处理。与此相反，由 DP 从站发出的响应报文使用第 2 层中的"低优先权"报文服务级别。DP 从站可将当前正出现的诊断中断或状态事件通知给 DP 主站，仅在此刻，可通过将 Data_Exchange 的响应报文服务级别从"低优先权"改变为高优先权来实现。数据的传输是非连接的一对一或一对多连接（仅控制命令和交叉通信）。表 2-5 列出了 DP 主站和 DP 从站的通信关系，按请求方和响应方分别列出。

表 2-5　各类 DP 设备间的通信关系

功能/服务（根据 EN50170 标准）	DP 从站 Requ　Resp	DP 主站（1 类型） Requ　Resp	DP 主站（2 类型） Requ　Resp	所使用 SAP 号码	所使用 第 2 层服务
Data_Exchange	M	M	0	缺省 SAP	SRD
RD_Inp	M		0	56	SRD
RD_outp	M		0	57	SRD
Slave_Diag	M	M	0	60	SRD
Set_Prm	M	M	0	61	SRD

（续）

功能/服务 （根据 EN50170 标准）	DP 从站 Requ　Resp	DP 主站（1 类型） Requ　Resp	DP 主站（2 类型） Requ　Resp	所使用 SAP 号码	所使用 第 2 层服务
Chk_Cfg	M	M	0	62	SRD
Get_Cfg	M		0	59	SRD
Global_Control	M	M	0	58	SDN
Set_Slave_Add	0		0	55	SRD
M-M-Communication		0　　0	0　　0	54	SRD/SDN
DP V1 Services	0	0	0	51/50	SRD

注：1．Requ＝请求方；

2．Resp＝响应方；

3．M＝强制性功能；

4．0＝可选功能

2．初始化，启动阶段和用户数据通信

DPM1 和相关 DP 从站之间的用户数据传输是由 DPM1 按照确定的递归顺序自动进行的。在对总线系统进行组态时，用户对 DP 从站与 DPM1 的关系作出规定，确定哪些 DP 从站被纳入信息交换的循环周期，哪些被排斥在外。

DPM1 和 DP 从站间的数据传送分 3 个阶段：参数设定、组态、数据交换。在参数设定阶段，每个从站将自己的实际组态数据与从 DPM1 接受到的组态数据进行比较。只有当实际数据与所需的组态数据相匹配时，DP 从站才进入用户数据传输阶段。因此，设备类型、数据格式、长度以及输入输出数量必须与实际组态一致。

详细初始化过程将在第 3 章中介绍。

3．DP 系统行为

系统行为主要取决于 DPM1 的操作状态，这些状态由本地或总线的配置设备所控制。主要有以下 3 种状态。

（1）停止状态：该状态下，DPM1 和 DP 从站之间没有数据传输。

（2）清除状态：该状态下，DPM1 读取 DP 从站的输入信息并使输出保持在故障安全状态。

（3）运行状态：该状态下，DPM1 处于数据传输阶段，循环数据通信时，DPM1 从 DP 从站读取输入信息并向从站写入输出信息。

① DPM1 设备在一个预先设定的时间间隔内，以有选择的广播方式将其本地状态周期性地发送到每一个有关的 DP 从站。

② 如果在 DPM1 的数据传输阶段中发生错误，DPM1 将所有有关的 DP 从站的输出数据立即转入清除状态，而 DP 从站将不再发送数据。此后，DPM1 转入清除状态。

2.4.3　Profibus-DP 的数据循环

1．Profibus-DP 循环的结构

图 2-14 为单主总线系统中 DP 循环的结构。一个 DP 循环包括固定部分和可变部分。固定部分由循环报文构成，它包括总线存取控制和与 DP 从站的 I/O 数据通信（Data_Exchange）。DP 循环的可变部分由被控事件的非循环报文构成。报文的非循环部

分包括下列内容。

（1）DP 从站初始化阶段的数据通信。

（2）DP 从站诊断功能。

（3）2 类 DP 主站通信。

（4）DP 主站，主站通信。

（5）非正常情况下（Retry），第 2 层控制的报文重复。

（6）与 DPV1 对应的非循环数据通信。

（7）PG 在线功能。

（8）HMI 功能。

根据当前 DP 循环中出现的非循环报文的多少，相应地增大 DP 循环。这样，一个 DP 循环中总是有固定的循环时间，还可能有可变的数个非循环报文。

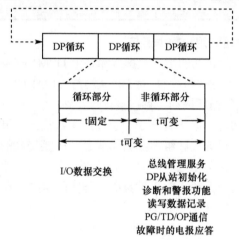

图 2-14　Profibus-DP 循环的基本结构

2．固定的 Profibus-DP 循环的结构

对于自动化领域的某些应用来说，固定的 DP 循环时间和固定的 I/O 数据交换是有好处的。这特别适用于现场驱动控制。例如，若干个驱动的同步就需要固定的总线循环时间。固定的总线循环常常也称之为"等距"总线循环。

与正常的 DP 循环相比较，在 DP 主站的一个固定的 DP 循环期间，保留了一定的时间，用于非循环通信。如图 2-15 所示，DP 主站确保这个保留的时间不超时。这只允许

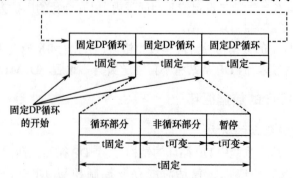

图 2-15　固定的 Profibus-DP 循环的结构

一定数量的非循环报文事件。如果此保留的时间未用完，则通过多次给自己发报文的办法，直到达到所选定的固定总线循环时间为止，这样就产生了一个暂停时间。这确保所保留的固定总线循环时间精确到微秒。

固定的 DP 总线循环的时间用 STEP7 组态软件来指定。STEP7 根据所组态的系统并考虑某些典型的非循环服务部分，推荐一个缺省时间值。当然，用户可以修改 STEP7 推荐的固定的总线循环时间值。目前，固定的 DP 循环时间只能在单主系统中设定。

3．DPM1 和系统组态设备间的循环数据传输

除主–从功能外，Profibus-DP 允许主–主之间的数据通信，即 DPM1 和 DPM2 之间的数据交换，这些功能使组态和诊断设备通过总线对系统进行组态，改变 DPM1 的操作方式，动态地允许或禁止 DPM1 与某些从站之间交换数据。

4．采用交叉通信的数据交换

交叉通信（也称之为"直接通信"）是在 SIMATIC 应用中使用 Profibus-DP 的另一种数据通信方法。在交叉通信期间，DP 从站不用一对一的报文（从站→主站）响应 DP 主站，而用特殊的一对多的报文（从站→多主站）。这就是说，包含在响应报文中的 DP 从站的输入数据不仅对相关的主站可使用，而且也对总线上支持这种功能的所有 DP 节点都可使用。

用交叉通信，通信关系"主–从"和"从–从"是可能的，但它们并不被所有类型的 SIMATIC S7 DP 主站设备和从站设备的模块所支持，使用 STEP7 软件来确定关系类型，只允许 2 种方式的组合。

1）采用交叉通信的主–从关系

图 2–16 为建立在一个包含 3 个 DP 主站、4 个 DP 从站的多主系统中的主–从关系。

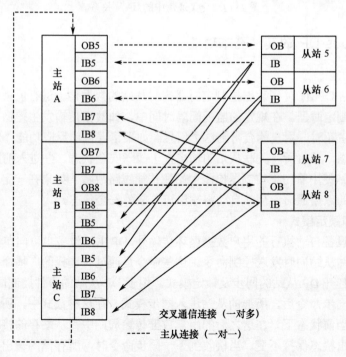

图 2–16　多主系统中主从关系示意图

图中所示的所有从站均用一对多的报文发送它们的输入数据。对 DP 主站 A 而言，从站 5 和从站 6 是指定给它的，但它也利用这种报文接收从站 7 和从站 8 的输入数据。类似地，从站 7 和从站 8 是分配给 DP 主站 B 的，但它也接收从站 5 和从站 6 的输入数据。如图所示，虽然没有从站分配给 DP 主站 C，但它接收运行在此总线系统上的所有从站的输入数据（即从站 5、6、7、8 的输入数据）。

2）采用交叉通信的从-从关系

如图 2-17 所示的从-从关系是使用交叉通信的另一种数据交换类型，其中使用 I-从站，如 CPU315-2DP。在这种通信方式中，I-从站可以接收其他 DP 从站的输入数据。

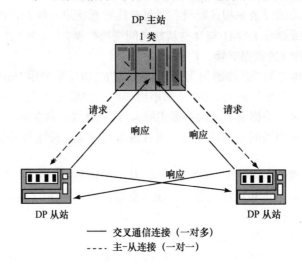

图 2-17 交叉通信中的从-从关系

2.4.4 Profibus-DP 的其他基本功能

1. 保护功能

对 DP 主站 DPM1 使用数据控制定时器，对从站的数据传输进行监视。每个从站都采用独立的控制定时器。在规定的监视间隔时间中，如数据传输发生差错，定时器就会超时。一旦发生超时，用户就会得到这个信息。如果错误自动反应功能"使能"，DPM1 将脱离操作状态，并将所有关联从站的输出置于故障安全状态，并进入清除状态。

对 DP 从站使用看门狗控制器检测主站和传输线路故障。如果在一定的时间间隔内发现没有主机的数据通信，从站自动将输出进入故障安全状态。

2. 同步和锁定模式

除 DPM1 设备自动执行的用户数据循环传输外，DP 主站设备也可向单独的 DP 从站、一组从站或全体从站同时发送控制命令。这些命令是通过有选择的广播命令发送的。使用这一功能将打开 DP 从站的同步及锁定模式，用于 DP 从站的事件控制同步。

主站发送同步命令后，所选的从站进入同步模式。在这种模式中，所编址的从站输出数据锁定在当前状态下。在这之后的用户数据传输周期中，从站存储接收到输出的数据，但它的输出状态保持不变。当接收到下一同步命令时，所存储的输出数据才发送到外围设备上，用户可通过非同步命令退出同步模式。

锁定控制命令使得编址的从站进入锁定模式。锁定模式将从站的输入数据锁定在当前状态下，直到主站发送下一个锁定命令时才可以更新。用户可以通过非锁定命令退出锁定模式。

3．诊断功能

其诊断功能包括：经过扩展的 Profibus-DP 诊断能对故障进行快速定位。诊断信息在总线上传输并由主站采集。诊断信息分 3 级。

（1）本站诊断操作：本站设备的一般操作状态，如温度过高、压力过低。

（2）模块诊断操作：一个站点的某具体 I/O 模块故障。

（3）通道诊断操作：一个单独输入/输出位的故障。

2.4.5　Profibus-DPV1 扩展功能

DP 扩展功能是对 DP 基本功能的补充，与 DP 基本功能兼容。DP 扩展功能允许非循环的读写功能并中断并行于循环数据传输的应答。主要包括如下 4 部分。

（1）DPM1 与 DP 从站间非循环的数据传输。

（2）带 DDLM 读和 DDLM 写的非循环读/写功能，可读写从站任何希望数据。

（3）报警响应，DP 基本功能允许 DP 从站用诊断信息向主站自发地传输事件，而新增的 DDLM_ALAM_ACK 功能被用来直接响应从 DP 从站上接收的报警数据。

（4）DPM2 与从站间的非循环的数据传输。

2.4.6　电子设备数据文件（GSD）及 DP 行规

为了将不同厂家生产的 Profibus 产品集成在一起，生产厂家必须以 GSD 文件（电子设备数据库文件）方式提供这些产品的功能参数（如 I/O 点数、诊断信息、波特率、时间监视等）。标准的 GSD 数据将通信扩大到操作员控制级。使用根据 GSD 文件所作的组态工具可将不同厂商生产的设备集成在同一总线系统中。GSD 文件可分为 3 个部分。

（1）总规范：包括了生产厂商和设备名称、硬件和软件版本、波特率、监视时间间隔、总线插头指定信号。

（2）与 DP 有关的规范：包括适用于主站的各项参数，如允许从站个数、上装/下装能力。

（3）与 DP 从站有关的规范：包括了与从站有关的一切规范，如输入/输出通道数、类型、诊断数据等。

Profibus-DP 协议明确规定了用户数据怎样在总线各站之间传递，但用户数据的含义是在 Profibus 行规中具体说明的。另外，行规还具体规定了 Profibus-DP 如何用于应用领域。使用行规可使不同厂商所生产的不同设备互换使用，而工厂操作人员毋须关心二者之间的差异，因为与应用有关的参数含义在行规中均作了精确的规定说明。下面是 Profibus-DP 行规，括号中的数字是文件编号。

（1）NC/RC 行规（3.052）。

（2）编码器行规（3.062）。

（3）变速传动行规（3.071）。

（4）操作员控制和过程监视行规（HMI）。

2.5 现场总线报文规范层 FMS

2.5.1 Profibus-FMS

Profibus-FMS 的设计旨在解决车间一级的通信。在这一级，主要是可编程控制器（如 PLC 和 PC）间互相通信在这个应用领域，高性能的功能要求远比系统的快速时间反应显得更重要。

1. Profibus-FMS 应用层

应用层的用户使用提供通信服务。这些服务使存取变量，程序和控制事件的执行和传输成为可能，Profibus-FMS 应用层包括下列 2 部分。

（1）现场总线报文规范（Fieldbus Message Specificaiion，FMS），它描述了通信对象和服务。

（2）低层接口（Lower Layer Interface，LLI），它将 FMS 服务适配到第 2 层。

2. Profibus-FMS 通信模型

Profibus-FMS 通信模型允许分散的应用过程利用通信关系统一到一个共用的过程中去。在现场设备的应用过程中，可用来通信的那部分称为虚拟现场设备（VirtuaI Field Device，VFD）。图 2-18 指出实际现场设备与虚拟现场设备间的关系。在该例子中，仅

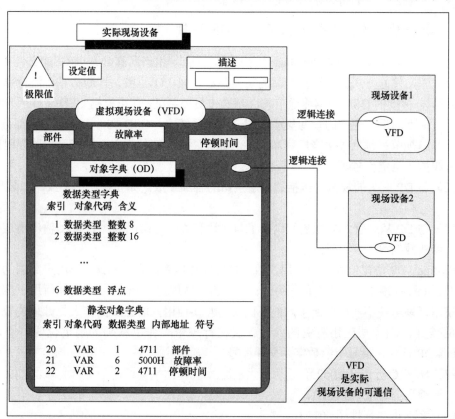

图 2-18 实际现场设备与虚拟现场设备间的关系示意图

有一定的变量（如部件数、故障率和停机时间）是虚拟现场设备的部分，并能够通过 2 个通信关系来读或写。

3．通信对象与对象字典（OD）

每个 FMS 设备的所有通信对象都填入该设备的本地对象字典（OD）。对简单的设备，OD 可预定义。当涉及复杂设备时，OD 可在本地或远程通过组态加到设备中去，OD 包括描述、结构和数据类型，还包括通信对象的内部设备地址及其在总线上的标志（索引/名称）之间的关系。OD 由下列元素组成。

（1）头：包含 OD 的结构信息。

（2）静态数据类型表：所支持的静态数据类型表。

（3）静态对象字典：包括全部静态的通信对象。

（4）变量表的动态表：所有已知变量表的表。

（5）动态程序表：所有已知的程序表。

只有当设备实际支持这些功能时才提供 OD 的每个部分。静态通信对象均进入静态对象字典。它们可由设备生产厂预定义或在总线系统组态时具体定义。FMS 确认 5 种类型的通信对象。

（1）简单变量。

（2）数组：一系列具有相同数据类型的简单变量。

（3）记录：一系列具有不同数据类型的简单变量。

（4）定义域。

（5）事件。

动态通信对象均进入到 OD 的动态部分。它们可以用 FMS 服务预定义、定义、删除或更新，FMS 支持 2 种类型的动态通信对象。

（1）程序调用。

（2）变量表：一系列简单变量，数组或记录逻辑寻址是 FMS 通信对象寻址的优选方法。它们用一个称为索引的短地址存取。索引是一个元符号 16 位数。每个对象均有一个单独的索引。作为一种可选办法，对象也可以用姓名地址或物理地址来寻址。

为避免非授权存取，每个通信对象可选用存取保护。只有用一定的存取口令才能对通信对象或某一特定设备组进行存取。在每一个对象的 OD 中可以单独定义口令和设备组。另外，通过 OD 中的定义，可对存取对象的服务进行限制（如允许只读）。

4．Profibus-FMS 服务

FMS 服务是 1SO9506 制造信息规范（Manufacturing Message Service，MMS）服务项目的子集，这服务项目在现场总线应用中已被优化，而且还增加上了通信对象管理和网络管理功能。

FMS 服务的执行是用服务序列来描述的，这些服务序列包括称为服务原语的一些内部服务操作。服务原语描述请求者和应答者之间的内部操作。可用高或低优先权来传递。一项非确认服务由"请求服务原语"请求。此原语在总线上传送后，给各接收站的应用过程发送指示服务原语。非确认的服务不存在确认/应答服务原语。

FMS 服务分为以下几组。

（1）上下关系管理服务，用来建立和释放逻辑联接并拒绝非允许的服务。

（2）变量存取服务，用来存取简单变量、记录。数组和变量表。

（3）域管理服务，用来传输大的存储域。传输的数据由用户分成段来传输。

（4）程序调用管理服务，用于程序控制。

（5）事件管理服务，用来传送报警信息和事件，这些信息也可通过广播或有选择的广播方式传输。

（6）VFD 支持服务，用于设备识别和状态查询。应某台设备的请求，它们也可自发的通过广播或有选择的广播方式来传递。

（7）OD 管理服务，用来对对象字典的读或写存取。

Profibus-FMS 提供的大量应用服务能满足不同设备对通信所提出的广泛需求，在运行时只有少量应用服务是必须的，服务的选择取决于特定的应用，具体的应用领域将在行规中（Profile）规定。

5. 低层接口（LLI）

第 7 层到第 2 层服务的映射由 LLI 来解决，其任务包括数据流控制和联接监视。用户通过称为通信关系的逻辑通道与其他应用过程进行通信，为了 FMS 及 FMA7 服务的执行，LLI 提供了各种类型的通信关系。面向联接的通信关系表示 2 个应用过程之间的点对点逻辑联接，在使用联接传送数据之前，必须先用"初始化服务"建立联接，建立成功后，联接受到保护，防止第三者非授权的存取并传送数据。如果该建立的联接已不再需要了，则可用"退出服务"来中断联接，对面向联接的通信关系，LLI 允许时间控制的联接监视。

面向联接的通信关系的另一特性是联接属性的"开放"和"确定"。在确定的联接中，通信伙伴在组态期间具体指定；在开放的联接中，通信伙伴直到联接建立阶段才具体指定。

非联接的通信关系允许一台设备使用非确认服务同时与好几个站进行通信。在广播通信关系中，FMS 非确认服务可同时发送到其他所有站，在有选择的广播通信关系中，FMS 非确认服务可同时发送给预选定的站组。

1）循环和非循环的数据传输

FMS 允许进行循环和非循环的数据传输。循环数据传输意味着通过一个联接，可继续不断地读/写一个变量。与非循环数据传送相比，LLI 所提供的这一高效服务方法，缩短了传输时间。非循环数据传输意味着不同的通信对象在应用过程请求时可定期的通过联接存取。

2）通信关系表（CRL）

FMS 设备的全部通信关系都登入在 CRL 中。对简单设备讲，生产厂对该表可预定义，而对复杂的设备而言，CRL 可通过组态形成。每个通信关系的寻址使用一个本地短索引，称之为通信索引（CREF）。从总线观点看，一个 CREF 是由站地址、第 2 层服务存取点和 LLI 服务存取点定义的，CRL 包括了 CgyF 地址、第 2 层地址和 LLI 地址间的关系。另外，对每个 CREF 来讲，所支持的 FMS 服务及报文长度等均在 CRL 中有具体说明。

6. 网络管理

除了 FMS 服务外，FMS 还提供了网络管理功能现场总线管理层 7（Field Bus

Management Layer7，FMA7），FMA7 功能可选用。它们允许集中组态并可在本地或远程初始化。

上、下关系管理用来建立和释放 FMA7 联接。

组态管理用来存取 CRL、变量。统计计数器及第 1、2 层的参数。它也可用来对站的识别和登记。

故障管理用于指明故障/事件和复位设备。

用缺省管理联接的规范可对组态设备进行统一的存取。每个支持 FMA7 服务响应的设备必须在其通信关系表 CRL 中以 CREF 作为缺省管理联接。

7．Profibus-FMS 和 Profibus-DP 的混合操作

FMS 和 DP 设备在一条总线上进行混合操作是 Profibus 的一个主要优点。2 个协议也可以同时在一台设备上执行，这些设备称之为混合设备。之所以可能进行混合操作是因为 2 个协议版本均使用统一的传输技术和总线存取协议。Profibus-DP 和 Profibus-FMS 使用同样的转播技术和总线访问协议。因此，他们能在同样的电缆上同时运行。不同的应用功能是通过第 2 层不同的服务存取点来分开的。

8．Profibus-FMS 行规

FMS 提供了范围广泛的功能来保证它的普遍应用。在不同应用领域，具体需要的功能范围必须与具体应用要求相适应。设备的功能必须有应用性定义。这些适用性定义称之为行规。行规提供了设备的互换性，保证不同厂商所生产的设备具有相同的通信功能。对 FMS 定义的行规开列如下，Profibus 用户组织按括号中的文件编号予以提供。

1）控制器间的通信（3.002）

此通信行规定义了用于可编程控制器（PLC）之间通信的 FMS 服务。根据控制器的类型，对每台控制器所支持的服务、参数和数据类型作了具体规定。

2）楼宇自动化行规（3.011）

这一行规提供了一个特定的分支和服务，作为楼宇自动化中的公共基础。该行规对楼宇自动化系统使用 FMS 进行监视。闭环和开环控制。操作控制。报答处理及系统档案管理作了描述。

3）低压开关设备口（3.032）

它是一个面向行业的 FMS 应用行规，它具体说明了通过 FMS 在通信过程中低压开关设备的应用行为。

2.5.2　Profibus-FMS 服务描述

FMS 提供了一组服务和标准的报文格式。用户应用可采用这种标准格式在总线上相互传递信息，并通过 FMS 服务，访问 AP 对象以及它们的对象描述。把对象描述收集在一起，形成对象字典 OD。应用进程中的网络可视对象和相应的 OD 在 FMS 中称为虚拟现场设备 VFD。

FMS 服务在 VCR 端点提供给应用进程。FMS 服务分为确认的和非确认的，确认服务用于操作和控制应用进程对象，如读/写变量值及访问对象字典，它使用客户方/服务器方型 VCR；非确认服务用于发布数据或通报事件，发布数据使用发布方/预订接收方 VCR，而通报事件使用报告分发型 VCR。

总线报文规范层由以下几个模块组成：虚拟现场设备 VFD、对象字典管理、联络关系（上下文）管理、域管理、程序调用管理、变参访问、事件管理。

下面简要介绍这几个模块及与各模块相关的服务。

1．虚拟现场设备

由通信伙伴看来，虚拟现场设备（Virtual Field Device，VFD）是一个自动化系统的数据和行为的抽象模型。它用于远距离查看对象字典中定义过的本地设备的数据，其基础是 VFD 对象。VFD 对象包含有可由通信用户通过服务使用的所有对象及对象描述。对象描述存放在对象字典中，每个 VFD 有一个对象描述。因而虚拟现场设备可以看作应用进程的网络可视对象和相应的对象描述的体现。FMS 服务没有规定具体的执行接口，它们以一种可用函数的抽象格式出现。

一个典型的虚拟现场设备可有几个 VFD，至少应该有 2 个虚拟现场设备。一个用于网络与系统管理，一个作为功能块应用。它提供对网络管理信息库（NMIB）和系统管理信息库（SMIB）的访问。网络管理信息库（NMIB）包括虚拟通信关系、动态变量和统计。当该设备成为链路主设备时，它还负责链路活动调度器的调度工作。系统管理信息库（SMIB）的数据包括设备标签、地址信息和对功能块执行的调度。

VFD 对象的寻址由虚拟通信关系表（VCRL）中的 VCR 隐含定义。VFD 对象有几个属性，如厂商名、模型名、版本和行规号等，逻辑状态和物理状态属性说明了设备的通信状态及设备总状态；VFD 对象列表具体说明它所包含的对象。

VFD 支持的服务有 3 种：Status、Unsolicited Status 和 Identify，见表 2-6。

表 2-6　VFD 服务内容

服 务 名 称	服 务 内 容
Status	读取设备/用户状态
Unsolicited Status	发送一个未经请求（主动提供）的状态
Identify	读取制造商、类型、版本

Status 为读取状态服务，Status 相关函数括号中的服务属性为逻辑状态、物理状态。Status.req/ind( )；Status.rsp/cnf（Logica1 Status，Physica1 Status）。

Unsolicited Status 为设备状态的自发传送服务。Unsolicited Status.req/ind（LogStatus，PhyStatus）。

Identify 为读 VFD 识别信息服务，Identify 相关函数括号中的服务属性为厂商名、模型名、版本号。Identify.req/ind( )；Identify.rsp/cnf（Vendor Name，Model Name，Revison）。

厂商名、模型名、版本与行规号都属于可视字符串类，由制造商输入，分别表明制造商的厂名，设备功能模型名和设备的版本水平。行规号以固定的 2 个 8 位字节表示，如果一个设备没有相应的行规与之对应，则这 2 个 8 位字节都输入为"0"。

逻辑状态是指有关该设备的通信能力状态，具体如下。

0：准备通信状态，所有服务都可正常使用。

2：服务限制数，指某种情况下能支持服务的有限数量。

4：非交互 OD 装载，如果对象字典处于这种状态，不允许执行 Initiate Put OD 服务。

5：交互 OD 装载，如果对象字典处于这种状态下，所有的连接服务将被封锁，并将拒绝建立进一步的连接，只有 Initiate Put OD 服务可以被接收。即可启动对象字典装载。只有在这种连接状态下才允许以下服务：Initate，Abort，Reject，Status，Identify，PhysRead，Phywrite，Get OD，Initiate Put OD，Put OD，Terminate Put OD。

物理状态则给出了实际设备的大致状态。

0：工作状态。

1：部分工作状态。

2：不工作状态。

3：需要维护状态。

Un8、hhd stata，是为 ffiP 或设备状态的自发传送而采用的服务。它也包括逻辑状态、物理状态及指明本地应用状态的 Local Detai1。Identifv 服务用于读取 VFD 的识别信息。

2．对象字典

由对象描述说明通信中跨越现场总线的数据内容。把这些对象描述收集在一起，形成对象字典（Object Dictionary，OD）。对象字典包含有以下通信对象的对象描述：数据类型、数据类型结构描述、域、程序调用、简单变量、矩阵、记录、变量表事件。字典的条目 0 提供了对字典本身的说明，被称为字典头，并为用户应用的对象描述规定了第一个条目。用户应用的对象描述能够从 255 以上的任何条目开始。条目 255 及其以下条目定义了数据类型，如用于构成所有其他对象描述的数据结构、位串、整数、浮点数。

对象字典 OD 由一系列的条目组成。每一个条目分别描述一个应用进程对象和它的报文数据。对一个对象字典唯一地分配统一的一个 OD 对象描述。这个 OD 对象描述包含关于这个对象字典结构的信息。用一个唯一的目录号来标注这个对象描述。它是一个 16 位无符号数。目录号或者名称在对象与对象描述的服务中起至"关键作用。可以在系统组态过程中规定对象描述，但也可在组态完成后的任何时候，在 2 个站点之间传送。对象字典的条目组成见表 2-7。

表 2-7　对象字典的结构

目录号	对象字典（OD）内容	所包含的对象
0	OD 对象描述、字典头	OD 结构信息
1-i	数据类型静态表（ST-OD）	数据类型与数据结构
k-n	静态对象字典（S-OD）	简单变量、数组、记录、域、事件的对象描述
p-t	动态的变量列表（DV-OD）	变量表的对象描述
u-x	动态的程序调用表（DP-OD）	程序调用的对象描述

1）对象字典的对象描述

对象字典中的第一个条目为字典头，即目录 0。它描述了对象字典的概貌。

数据类型（Data Type）对象指出对象字典中的 AP 所采用的数据类型。目录 1～63 作为标准数据类型定义，数据结构定义从对象字典的目录 64 开始。数据类型不可以远程定义。它们在静态类型字典（ST-OD）中有固定的配置。数据类型对象不支持任何服务。FF 定义的数据类型见表 2-8：

表 2-8 规定的数据类型表

目录号	数据类型	字节数	说　明
1	Boolean	1	布尔值（11111111 为真，00000000 为假）
2	Interger 8	1	8 位整型数（$-128 \leqslant i < 127$）
3	Interger 16	2	16 位整型数（$-32768 \leqslant i < 32767$）
4	Interger 32	4	32 位整型数（$-2^{31} \leqslant i < 2^{31} - 1$）
5	Unsigned 8	1	8 位无符号整数（$0 \leqslant i < 255$）
6	Unsigned 16	2	16 位无符号整数（$0 \leqslant i < 65535$）
7	Unsigned 32	4	32 位无符号整数（$0 \leqslant i < 2^{32} - 1$）
8	Floating Point	4	浮点数（整数部分到 2^8，小数到 2^{32}）
9	Visable String	1 2 3…	字符串
10	Octet String	1 2 3…	字节串
11	Date	7	（日历）日期值（年、月、日、时、分、毫秒）
12	Time of Day	4 或 6	从 1984 年 1 月 1 日起的天数（可选）和时间值（ms）
13	Time Difference	4 或 6	时间差（结构同 12，但不规定起始时间）
14	Bit String	1 2 3…	位串
21	Time Value	8	时间值（64 位无符号数，精确到 1/32ms）

数据类型结构（Data Structure）对象说明记录的结构和大小。它在 ST-OD 中有固定的配置。其元素的数据类型必须使用在 ST-OD 中已定义的数据类型。FF 定义的数据结构有：块、值和状态（浮点、数字、位串）、比例尺、模式、访问允许、报警（浮点，数字，总貌）、事件、警示（模拟、数字、更新）、趋势（3 种：浮点、数字、位串）、功能块链接、仿真（浮点、数字、位串）、测试、作用等。

2）静态条目

对象字典中接下来的一组条目是静态定义的 AP 对象的内容，或称为静态对象字典。静态定义的 AP 对象是指那些在 AP 工作期间不可能被动态建立的对象。静态对象字典中包含了简单变量、数组、记录、域、事件等对象的对象描述。对象字典给每一个对象描述分配一个目录号。除此之外，还可以为下列对象，如域（Domain）、程序调用（Program Invocation）、简单变量（Simple Variable）、数组（Array）、记录（Record）、变量表（Variable List）、事件（Event）等，赋予一个可视字符串名称。名称长度可以为 0～32 个字节。这个名称长度的字节数被输入到对象描述的名称长度区。长度为 0，表示不存在名称。

3）动态条目

动态条目包括动态变量表列表和动态程序调用表 2 部分。前者为变量表的对象描述，后者为程序调用的对象描述。

动态变量表对象及其对象描述是通过 Define Variable List 定义变量表服务动态建立的，也可以通过 Delete Variable List 服务删除它，还可对它赋予对象访问权。给每个变量表对象描述分配一个目录号，还可以给它分配一个字符串名称。它所包含的基本信息有：变量访问对象号、变量访问对象的逻辑地址指针、访问权等。

动态程序调用表包含有程序调用对象的对象描述。通过 Create Program Invocation 服务动态建立的，也可以通过 Delete Program Invocation 服务删除它，还可对它赋予对象访问权。给每个程序调用对象描述分配一个目录号，还可以给它分配一个字符串名称。它所包含的基本信息有："域"对象号及其逻辑地址指针、访问权等。此外它还可以包含一个预定义的程序调用段。

FMS 的对象描述服务容许用户访问或者改变虚拟现场设备中的对象描述。OD 支持的服务有 GetOD，InitiatePutOD，PutOD，TerminatePutOD。表 2-9 中列出了对象描述服务的服务名称及相应的服务内容。

表 2-9　对象描述服务内容

服务名称	服务内容	服务名称	服务内容
GetOD	读取对象描述	PutOD	把对象描述装入设备
InitiatePutOD	开始对象描述装载	TerminatePutOD	终止对象描述装载

IntiatePutOD.req/ind（Consequence）中的参数表示是否可自由装载 OD（0 为自由装载；1 为重装载；2 为新装载）。可用 PutOD 将对象描述写入 OD，也可用 PutOD 服务删除对象描述。

3. 联络关系管理

联络关系管理包含有关 VCR 的约定。一个 VCR 由静态部分和动态部分组成，静态属性如静态 VCR ID、VMS VFD ID 等，动态属性如动态 VCR ID、FMS State 等。每个 VCR 变化对象，在收到一确认性服务时，创建变化对象，在相应的响应发送后被删除，它由静态 VCR ID 和 Invoke ID 结合起来识别。

在本节所提到的各类 FMS 服务内容表中，除了少数特殊注明者外，其余的大部分 FMS 服务都采用客户/服务器型虚拟通信关系。各表中未标明符号者，即为采用客户/服务器型虚拟通信关系，其他所采用的标注说明为："#"为可采用全部 3 种虚拟通信关系；"*"为采用报告分发型虚拟通信关系；"～"为采用发布/预定接收型虚拟通信关系。

联络关系管理服务有：Initiate（开始连接），是一个确认性服务；Abort（解除存在的 VCR），是非确认性服务；Reject（FMS 拒绝不正确的 PDU）。服务可用于开始和取消虚拟通信关系，并可决定虚拟现场设备的状态。其服务名称及相应的服务内容见表 2-10。

表 2-10　链路关系管理服务内容

服务名称	服务内容#
Initiate	开始通信关系#
Abort	取消通信关系#
Reject	拒绝不可能的服务

4. 变量访问对象及其服务

变量访问对象在 S-OD 中定义，是不可删除的。这些对象有物理访问对象、简单变量、数组、记录、变量表及数据类型对象、数据结构说明对象等。

物理访问对象描述一实际字节串的访问入口。它没有明确的 OD 对象说明，属性是本地地址和长度。服务有读和写。

读：PhysRead.req/ind（Local_Addr，Length）；PhysRead.rsp/cnf（Data）。

写：PhysWrite.req/ind（Local_Addr，Length）；

PhysWrite.req/ind（Local_Addr，Data），PhysWrite.rsp/cnf( )。

简单变量是由其数据类型定义的单个变量，它存放于 S-OD；数组是一结构性的变量，在 S-OD 中静态地存放；它的所有元素都有相同的数据结构；记录是由不同数据类型的简单变量组成的集合，对应一个数据结构定义。

变量表是上述变量对象的一个集合，其对象说明包含来自 S-OD 的 Simple Variable、Array、Record 的一个索引表。一个变量表可由 Define VariableList 服务创建，或由 Delete VariableList 服务删除。

变量及变量表对象都支持读、写、信息报告、带类型读、带类型写、带类型信息报告等服务。

变量访问服务采用发布/预定接收或报告分发型虚拟通信关系。用于访问或改变与对象描述相关的变量。表 2-11 中列出了变量访问服务的服务名称及相应的服务内容。

表 2-11　变量访问服务内容

服 务 名 称	服 务 内 容	服 务 名 称	服 务 内 容
Read	读取变量	PhysWrite	写存储区域
Write	写变量	InformationReport	报告数据*发布数据～
ReadWithType	读取变量及其类型	InformationReportWithType	报告数据及其类型*发布数据及其类型～
WriteWithType	写变量及其类型	DefineVariableList	定义变量表
PhysRead	读取存储区域	DeleteVariableList	删除变量表

5．事件服务

事件（Event）是为从一设备向另外的设备发送重要报文而定义的。由 FMS 使用者监测导致事件发生的条件，当条件发生时，该应用程序激活事件通知服务，并由使用者确认。

相应的事件服务有：事件通知、确认事件通知、事件条件监测、带有事件类型的事件通知。事件服务采用报告分发型虚拟通信关系，用于报告事件与管理事件处理。事件服务内容见表 2-12。

表 2-12　事件服务内容

服 务 名 称	服 务 内 容	服 务 名 称	服 务 内 容
EventNotification	报告事件*	AcknowledgeEventNotification	确认事件
EventNotificationWithType	报告事件与事件类型*	AlterEventConditionMonitoring	许可/不许可事件监视

6．"域"上载/下载服务

域（Domain）即一部分存储区，可包含程序和数据，它是"字节串"类型。域的最大字节数在 OD 中定义。属性有名称、数字标识、口令、访问组、访问权限、本地地址、域状态等。

相应的服务主要是上载、下载。FMS 服务容许用户应用在一个远程设备中上载或下载"域"。上载指从现场设备中读取数据，下载指向现场设备发送或装入数据。对一些如可编程控制器等的较为复杂的设备来说，往往需要跨越总线远程上载或下载一些数据与程序。

表 2-13 中列出了这类服务的服务名称及相应的服务内容。

表 2-13　上载/下载服务内容

服务名称	服务内容
GenericInitiateDownloadSequence	打开类属初始化下载
GenericInitiateSequence	传送类属下载数据块，向类属设备发送数据
GenericTerminateDownloadSequence	停止类属下载
RequestDomainUpload	要求域上载
EventNotification	事件通知
UploadSegement	传送上载数据块，从设备中读数据

7. 程序调用服务

FMS 规范规定，一定种类的对象具有一定的行为规则。一个远程设备能够控制在现场总线上的另一设备中的程序状态。通过该类对象的服务实现程序调用对象的状态转换。例如，远程设备可以利用 FMS 服务中的创建（Create）程序调用，把非存在状态改变为空闲状态，也可以利用 FMS 中的启动（Start）服务把空闲状态改变为运行状态等。

程序调用（Program Invocation，PI）服务允许远程控制一个设备中的程序状态。设备可以采用下载服务把一个程序下载到另一个设备的某个域，然后通过发布 PI 服务请求远程操纵该程序。它所提供的服务将域连接为一个程序，并启动、停止、或删除它。一个程序调用由一个 DP-OD 条目定义。PI 对象可以预定义或在线定义，对象字典刷新装载时，所有 PI 被删除。

除名字、口令、访问组、访问权限等外，PI 还有 Deletable（1：可删除。0：不可删除），Reusable（1：可重用。0：不可重用），以及域的目录表（第一个域需包含一可执行程序）。

PI 服务有 PI 的创建、删除、启动、停止、恢复、复位、废止。表 2-14 列出了这类服务的名称及相应服务内容。

表 2-14　程序调用服务及其内容

服务名称	服务类型	服务名称	服务类型
CreatcProgramInvocation	创建程序调用对象	Resume	恢复程序执行
DeleteProgramInvocation	删除程序调用对象	Reset	复位
Start	启动程序	Kill	废止程序
Stop	停止程序		

8. FMS 协议数据单元及其编码

FMS PDU 由固定部分（一般为 3 个字节）和一个可变长度部分组成。固定部分包括：第一标识信息 First ID Info，用于描述服务类型、确认性请求 PDU、确认性响应 PDU、非确认性 PDU 等，是一个 CHOICE；一个字节的 Invoke ID，以激活标识；一个字节的 Second ID Info，为第二标识信息，以进一步识别该 PDU，如确认性请求中的读、写等。

FMS PDU 是通过显式地插入标识信息（In）或隐式地约定构成。其中有在协议数据单元中显式地插入标识信息和隐式约定而不加入标识两种情况。如果从协议数据单元中的位置隐式地了解到用户数据的语义，而且用户数据的长度固定的话，则不加入标识信息。

标识信息 ID Info 由 P/C 标识、标签号及长度组成。其中 ID Info 一般为一个字节，需要时可扩展。ID Info 的最高位 b^8 位，即 P/C（Primitive/Constructedcted）标识出数据是简单元素还是结构元素，该位为 0 表示为简单元素，该位为 1 表示结构元素。

标签号 tag 说明服务类型，占该字节的 $b^5 \sim b^7$ 位。它的取值范围为 1～6 时，分别表示为确认请求、确认响应、出错确认、非确认 PDU、拒绝 PDU、初始化 PDU。当它取值为 7 时，表示标签号扩展为一个字节，即可取值 0～255，紧随其后的一个字节即为标签号扩展。

Length 表示长度，即简单元素的字节数或结构元素所含的元素（可以是简单元素或结构元素）的个数，取值为 0～14。取值为 15 时，表示可扩展一个字节，即最大为 255。扩展的字节紧随于后。

如果标签号小于 6、长度值为 0～14 时，标识信息由 1 个字节组成；如果标签号为 7～255、长度值为 0～14 时，标识信息由 2 个字节组成；如果标签号小于 6、长度值为 15～255 时，标识信息也由 2 个字节组成。如果标签号为 7～255、长度值为 15～255 时，标识信息可样扩展为 3 个字节。

简单元素（布尔值、整形数时、时间值等）的编码较简单，布尔值占一个字节，全 0 表示假，全 1（FF）表示真。结构元素有 SEQUENCE（可看作一个记录），SEQUENCE OF（可看作一个数组）及 CHOICE（一组可选项的一个选项）种结构。

以一个读变量请求服务为例。Read.req（Invoke ID 8，Index 3）。首先，标识出该数据是结构元素，即 P/C=1；读请求为一个确认性请求服务，其服务类型标签号为 1，即 tag=001，它包含有 2 个元素：Invoke ID 和 ConfirmedSericeRequest，所以长度 length=0010。这样第一标识信息 First ID Info 的编码为 10010010（A1H）。接着是第 1 个元素 Invoke ID，它由一个取值为 08 的整数表示。第 2 个元素要表明这是一个确认性服务请求读，读（Read）在其中的标号为 2，而 Read 也是一结构，包含一个元素，所以其 P/C=1，tag=2，length=1，即 Second ID Info 为 10100001（A1H）。Read 中的元素为一个目录号（Index），P/C=0（简单元素），tag=0，1ength=2（2 个字节），即该字节为 00000010（02H）。数据为 3，占 2 个字节，即 0003H。所以最后的编码为：92 08 A1 02 00 03 H。

9. FMS 的信息播式

FMS 准确的信息格式由一种正式的抽象语法表示语言 ASN1（Abstract Syntax Notation 1）规定。ASN1 由国际电报电话咨询委员会 CCITT 早在 20 世纪 80 年代就开发并作为 CCITT 邮件标准化行为的一部分。下面是采用 ASN1 表达 FMS 读请求服务的例子。

```
Read-Request::=SEQUENCE {
    Access-specifiication CHOICE {
            index                      [0] IMPLICIT lndex,
            variable-name              [1] IMPLICIT Name,
            variable-1ist-name         [2] IMPLICIT Name,
            },
        sub-index [3] IMPLICIT Subindex OPTIONAL
    }
```

这个例子表明，规范访问与子目录发生在 SEQUENCE 内。规范访问在 CHOICE 内，或者采用目录或者采用名称来访问变量。子目录是 OPTIONAL，使用它只是要选择个别元素或者记录变量。括号［］中的数字实际上是用于辨认编码信息中地域的一种编号。

10．FMS 的启动

在接通电源或 FMS 复位之后，FMS 通过应用层管理实体启动。成功地启动之后，要进行读取操作，还应该满足的条件是：VCR 列表的静态部分存在；VCR 列表有充足的动态资源可用。

满足上述条件之后，FMS 将进入工作状态并可以接受建立连接的请求或数据传输请求。虚拟的通信关系的动态部分资源由 FMS 修订。

2.6　Profibus-PA 协议

Profibus-PA 使用扩展的 Profibus-DP 协议进行数据传输。此外，它具有执行现场服务的 PA 行规，这个行规指出了现场设备的特点。遵从 IEC I 158-2[7]标准的传输技术确保自身的安全性并且加强总线上的现场设备。Profibus-PA 设备能通过使用片段耦合器与 Profibus 网络合并。

Profibus-PA 是为自动过程控制中所需要的高速可靠的通信而特别设计的。用 Profibus-PA 可以把传感器和调速控制器连接到一个普通的现场总线，甚至在防爆区。

1．Profibus-PA

Profibus-PA 是 Profibus 对过程自动化的解决方案，PA 将自动化系统和过程控制系统与压力、温度和液位变送器等现场设备连接起来，PA 可用来替代 420 mA 的模拟技术。Profibus-PA 在现场设备的规划、敷设电缆、调试、投入运行和维修成本方面可节约 40% 之多，并大大提高了它的功能和安全可靠性。

现场到现场多路器的布线基本上相同，但如果测量点很分散，Profibus-PA 所需的电缆要少得多。当使用常规的接线方法，每条信号线路必须与过程控制系统的输入/输出模板相连接。对每台设备来讲，需要分别供电（甚至必要对潜在的爆炸危险区需有单独供电电源）。相反，使用 Profibus-PA 时，只需一条双股线就可传送信息并向现场设备供电。这样不仅节省了布线成本而且可减少过程控制系统所需的输入/输出模板数量。由于总线由具有本征安全的单一供电装置供电，它就不再需要绝缘装置和隔离装置。

Profibus-PA 可通过一根简单的双股线来进行测量、控制和调节，它也允许向现场设备供电，即使在本征安全地区也如此。Profibus-PA 允许设备在操作过程中进行维修、接通或断开，即使在潜在的爆炸区也不会影响到其他站。Profibus-PA 的开发工作是在与过程控制工业（NAMUR）的用户们密切合作下进行的，并满足了这个应用领域的特殊要求。

（1）过程自动化的独特的应用行规使不同厂商生产的现场设备具有互换性。

（2）增加和拆除总线站，即使在本征安全地区也不会影响到其他站。

（3）在过程自动化的 Profibus-PA 总线段与加工制造自动化的 Profibus-DP 总线段之间，通过段耦合器使通信透明化。

（4）通过基于 IEC1158-2 技术的相同的双股线路来进行远程供电和数据传输。

（5）在潜在的爆炸危险地区使用防爆型"本征安全"或"非本征安全"。

2．Profibus-PA 行规

Profibus-PA 行规保证了不同厂商所生产的现场设备的互换性和互操作性。它是 Profibus-PA 的一个组成部分并可从 Profibus 用户组织订购，订单编号为 3.042N。

PA 行规的任务是选用各种类型现场设备真正需要的通信功能，并提供这些设备功能和设备行为的一切必要规范。

PA 行规包括了适用于各种类型设备规范的一般性要求，也包括了适用于各种类型设备的组态信息的设备数据单。

行规使用了功能块模型，该模型也符合国际标准化的考虑。目前。设备数据单已对所有通用的测量变送器和其他被选类型的设备作厂具体现定，这些设备如下。

（1）压力、液位、温度和流量用的测量变送器。

（2）数字量输入和输出。

（3）模拟量输入和输出。

（4）阀门。

（5）定位器。

设备行为由规定的标准化的变最来描述，变量取决于特定的测最变送器。

3．Profibus 特点综述

与其他现场总线系统相比，Profibus 的最大优点在于具有稳定的国际标准 EN50170 作保证，并经实际应用验证，具有普遍性。目前已应用的领域包括加工制造、过程控制和楼宇自动化等。Profibus 开放性和不依赖于厂商的通信的设想，已在 10 多万成功应用中得以实现。市场调查确认，在德国和欧洲市场中 Profibus 占开放性工业现场总线系统的市场份额超过 40%。Profibus 有国际著名自动化技术装备的生产厂商支持，它们都具有各自的技术优势并能提供广泛的优质新产品和技术服务。

第3章 Profibus–DP 现场总线通信

本章对 Profibus-DP 现场总线的系统工作过程进行了介绍，然后对物理层规范、数据链路层规范、用户层分别进行了详细的阐述，并介绍了系统结构及通信扩展，最后介绍了 DP-V0 的报文详解。

3.1 Profibus-DP 系统工作过程

3.1.1 主站和从站的初始化

上电后，主站和从站进入 Offline 状态，执行自检。当所需要的参数都被初始化后（主站需要加载总线参数集，从站需要加载相应的诊断响应信息等），主站开始监听总线令牌，而从站开始等待主站对其设置参数。

3.1.2 总线上令牌环的建立

主站准备好进入总线令牌环，处于听令牌状态。在一定时间（Time-out）内主站如果没有听到总线上有信号传递，就开始自己生成令牌并初始化令牌环。然后该主站做一次对全体可能主站地址的状态询问，根据收到应答的结果确定活动主站表和本主站所辖站地址范围 GAP，GAP 是指从本站地址（This Station，TS）到令牌环中的后继站地址 NS 之间的地址范围。LAS 的形成即标志着逻辑令牌环初始化的完成。

3.1.3 主站与从站通信的初始化

DP 系统的工作过程如图 3–1 所示，在主站可以与 DP 从站设备交换用户数据之前，主站必须设置 DP 从站的参数并配置此从站的通信接口，因此主站首先检查 DP 从站是否在总线上。如果从站在总线上，则主站通过请求从站的诊断数据来检查 DP 从站的准备情况。如果 DP 从站报告它已准备好接受参数，则主站给 DP 从站设置参数数据并检查通信接口配置，在正常情况下 DP 从站将分别给予确认。收到从站的确认回答后，主站再请求从站的诊断数据以查明从站是否准备好进行用户数据交换。只有在这些工作正确完成后，主站才能开始死循环地与 DP 从站交换用户数据。在上述过程中，交换了下述 3 种数据。

1. 参数数据

参数数据包括预先给 DP 从站的一些本地和全局参数以及一些特征和功能。参数报文的结构除包括标准规定的部分外，必要时还包括 DP 从站和制造商特有的部分。参数报文的长度不超过 244 字节，重要的参数包括从站状态参数、看门狗定时器参数、从站

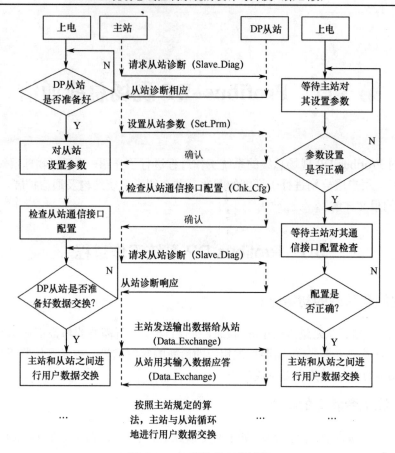

图 3-1　DP 系统的工作过程

制造商标识符、从站分组及用户自定义的从站应用参数等。

　　为了规定和组态从站参数，通常使用装有组态工具的 DP 主站来进行。使用直接组态方法，则需填写由组态软件的图形用户接口提供的对话框。使用间接组态方法，则要用组态工具存取当前的参数和有关 DP 从站的 GSD 数据（电子设备数据库文件）。参数报文的结构包括 EN50170 标准规定的部分，必要时还包括 DP 从站和制造商特指的部分。参数报文包括的以下内容。

　　（1）Station Status。Station Status 包括与从站有关的功能和设定。例如，它规定定时监视器（Watchdog）是否要被激活。它还规定了启用不启用由其他 DP 主站存取此 DP 从站，如果在组态时规定启用，那么 Sync 或 Freeze 控制命令是否与此从站一起被使用。

　　（2）Watchdog。Watchdog（定时监视器，"看门狗"）检查 DP 主站的故障。如果定时监视器被启用，且 DP 从站检查了 DP 主站有故障，则本地输出数据被删除或进入规定的安全状态（安全值被传送给输出）。在总线上运行的一个 DP 从站，可以带定时监视器也可以不带。根据总线配置和所选用的传输速率，组态工具建议此总线配置可以使用的定时监视器的时间。

　　（3）Ident Number。DP 从站的标识号（Ident Number）是由 PNO 在认证时指定的。DP 从站的标识号存放在此设备的主要文件中。只有当参数报文中的标识号与此 DP 从站本身的标识号相一致时，此 DP 从站才接收此参数报文。这样就防止了偶尔出现的从站设备的错误参数定义。

（4）Group-Ident。Croup-Ident 可将 DP 从站分组组合，以便使用 Sync 和 Freeze 控制命令。最多可允许组成 8 组。

（5）User_Prm_Data。DP 从站参数数据（User_prm_Data）为 DP 从站规定了有关应用数据。例如，这可能包括缺省设定或控制器参数。

2．通信接口配置数据

DP 从站的输入/输出数据的格式通过标识符来描述。标识符指定了在用户数据交换时输入/输出字节或字的长度及数据的一致刷新要求。在检查通信接口配置时，主站发送标示符给 DP 主站，以检查在从站中实际存在的输入/输出区域是否与标识符所设定的一致。如果一致，则可以进入主从用户数据交换阶段。

在组态数据报文中，DP 主站发送标识符格式给 DP 从站，这些标识符格式告知 DP 要被交换的输入/输出区域的范围和结构。这些区成（也称"模块"）是按 DP 主站和 DP 从站约定的字节或字结构（标识符格式）形式定义的。标识符格式允许指定输入或输出区域，或各模块的输入和输出区域。这些数据区域的大小最多可以有 16 个字节/字。当定义组态报文时，必须依据 DP 从站设备类型考虑下列特性。

（1）DP 从站有固定的输入/输出区域（如，块 I/O ET200B）。

（2）依据配置，DP 从站有动态的输入/输出区域（如，模块化 I/O ET200M 或驱动）。

（3）DP 从站的输入/输出区域由此 DP 从站及其制造商特指的标识符格式来规定（如，S7 DP 从站、ET200B 一模拟量、DP/AS-I 链接器和 ET200M）。

那些包括相连续的信息而又不能按字节或字结构安排的输入/输出数据区域的被称之为"连续的"数据。例如，它们包含用于闭环控制器的参数区域或用于驱动控制的参数集。使用特殊的标识符格式（与 DP 从站和制造商有关的）可以规定最多 64 个字节/字的输入/输出数据区域（模块）。DP 从站可使用的输入、输出数据区域（模块）存放在设备主要文件（GSD 文件）中。

3．诊断数据

在启动阶段，主站使用诊断请求报文来检查是否存在 DP 从站和从站是否准备接收参数报文。由 DP 从站提交的诊断数据包括符合标准的诊断部分以及此 DP 从站专用的外部诊断信息。DP 从站发送诊断报文告知 DP 主站它的运行状态、出错时间及原因等。

DP 从站可以使用第 2 层中"high_Prio"（高优先权）的 Data_Exchange 响应报文发送一个本地诊断中断给 DP 主站的第 2 层，在响应时 DP 主站请求评估此诊断数据。如果不存在当前的诊断中断，则 Data_Exchange 响应报文具有"Low_Priority"（低优先权）标识符。然而，即使没有诊断中断的特殊报告存在时，DP 主站也随时可以请求 DP 从站的诊断数据。

4．用户的交换数据通信

如果前面所述的过程没有错误而且 DP 从站的通信接口配置与主站的请求相符，则 DP 从站发送诊断报文报告它已为循环地交换用户数据做好准备。从此时起，主站与 DP 从站交换用户数据。在交换用户数据期间，DP 从站只响应对其设置参数和通信接口配置检查正确的主站发来的 Data_Exchange 请求帧报文，如循环地向从站输出数据或者循环地读取从站数据。其他主站的用户数据报文均被此 DP 从站拒绝。在此阶段，当从站出现故障或其他诊断信息时，将会中断正常的用户数据交换。DP 从站可以使用将应答时的报文服务级别从低优先级改变为高优先级来告知主站当前有诊断报文中断或其他状态信息。然后，主站发出诊断请求，请求 DP 从站的实际诊断报文或状态信息。处理后，DP 从站和主站返回到交换用户数据状态，主站和 DP 从站可以双向交换最多 244 字节的用户数据。DP 从站报告出现诊断报文的流程如图 3-2 所示。

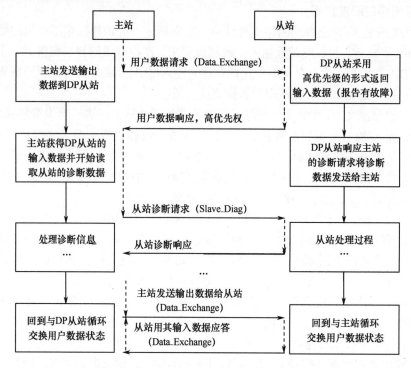

图 3-2　DP 从站报告当前有诊断报文的流程

3.2　Profibus-DP 的通信协议规范

Profibus-DP 的协议以 ISO/OSI 参考模型为基础，并对其进行了简化，如图 3-3 所示。Profibus-DP 使用了第 1 层、第 2 层和用户层，第 3 层到第 7 层未使用（这些层必要的功能在第 2 层或用户层中实现），这种精简的结构确保高速数据传输及较小的系统开销。

用户层	DP 设备行规	
	DP 基本功能和扩展功能	
	DP 用户接口（直接数据链路映射程序 DDLM）	
第 3～7 层	空	
第 2 层（数据链路层）	现场总线数据链路层（FDL）	FMA1/2
第 1 层（物理层）	物理层（PHY）	

图 3-3　Profibus-DP 的协议结构

Profibus-DP 的协议结构如图 3–3 所示。物理层采用 RS-485 标准，规定了传输介质、物理连接和电气等特性。Profibus-FMS、Profibus-PA 兼容的总线介质访问控制 MAC 以及现场总线链路控制（Fieldbus Link Control，FLC），FLC 向上层提供服务存取点的管理和数据的缓存。第 1 层和第 2 层的现场总线管理（FieldBus Management layer 1 and 2，FMA1/2）完成第 2 层特定总线参数的设定和第 1 层参数的设定，它还完成这 2 层出错信息的上传。Profibus-DP 的用户层包括直接数据链路映射（Direct Data Link Mapper，DDLM）、DP 的基本功能、扩展功能以及设备行规。DDLM 提供了方便访问 FDL 的接口，DP 设备行规是对用户数据含义的具体说明，规定了各种应用系统和设备的行为特性。

3.2.1　Profibus-DP 通信物理层规范

Profibus-DP 的物理层支持屏蔽双绞线和光纤两种传输介质。

1．DP（RS-485）的物理层

对于选择屏蔽双绞电缆的基本类型时，可以参照 EIA RS-485 标准。表 3–1 给出了符合 DP 规范的两种电缆的规格。另外，在干扰不严重的情况下，也可以使用非屏蔽的双绞线电缆。

表 3–1　电缆规格

电缆参数	A 型	B 型
阻抗	135Ω～165Ω（f=3MHz～20MHz）	100Ω～130Ω（f>100KHZ）
电容	<30pF/m	<60pF/m
电阻	≤110Ω/km	
导线截面积	≥0.34mm²（22AWG）	≥0.22mm²（24AWG）

1）数据传输结构

一个总线段内的导线是屏蔽双绞线电缆，段的两端各有一个终端器，如图 3–4 所示。传输速率从 9.6Kb/s 到 12Kb/s 可选，所选用的波特率适用于连接到总线（段）上的所有设备。

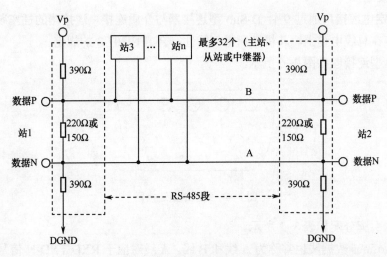

图 3–4　多个 DP 站接口连接

Profibus-DP 支持中继连接，如果在 1 个中继连接 2 个网络段的情况下，最大的站配置算法是：31 个站+1 个中继+31 个站，共 62 个站（不包括中继），最大传输距离 2.4km（假定线径 0.22mm^2，24AWG，美国线规）。在连接 2 个中继器下，其最大的站配置算法是：31 个站+1 个中继+30 个站+1 个中继+31 个站，共 92 个站（不包括中继），如图 3-5 所示，最大传输距离为 3.6km（假定线径 0.22mm^2，24AWG，美国线规）。在使用足够多中继的情况下，一个 DP 网络最多可以有 127 个站（不包括中继），其中主站一般不得多于 32 个。DP 还规定任意 2 个站之间的中继不得多于 3 个。在总线型拓扑的情况下，最大的站配置是：31 个站+1 个中继+30 个站+1 个中继+30 个站+1 个中继+31 个站，共 122 个站（不包括中继）。如果要构建更多站点的网络，网络拓扑结构必须为树型（多分支）。在树型拓扑中可使用多于 3 个中继器和连接多于 122 个站，大区域可以用这种拓扑来覆盖。

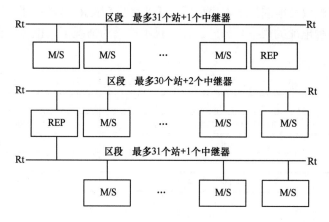

图 3-5　在线性总线拓扑中的中继器

M/S—主/从站；REP—中继器；Rt—总线终端器。

2）总线连接

DP 规定电缆接口通过 9 针 D-Sub 型连接器与介质连接。连接器的插座装载站内，而插头安装在总线电缆上。其机械和电气特性符合 IEC 807-3 的规定。

9 针 D 型连接器如图 3-6 所示。

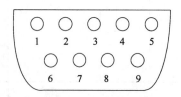

图 3-6　9 针 D 型连接器

连接器引脚分配如表 3-2 所示。

2 根 Profibus 数据线也常称为 A 线和 B 线。A 线对应于 RXD/TXD-N 信号，而 B 线则对应于 RXD/TXD-P 信号。

表 3-2　连接器引脚分配

引　脚	RS-485	信 号 名 称	含　　义
1	—	屏蔽**	屏蔽，保护地
2	—	M24V**	−24V 输出电压
3	B/B′	RXD/TXD-P	接收/发送数据-P
4		CNTR-P**	控制-P
5	C/C′	DGND	数据地
6		VP*	正电压
7		P 24V**	+24V 输出电压
8	A/A′	RXD/TXD-N	接收/发送数据-N
9	—	CNTR-N**	控制-N

注：1．"*" 表示此信号仅在总线电缆端点的站需要；
　　2．"**" 表示此信号是可选的

3）总线终端器

根据 EIA RS-485 标准，在数据线 A 和 B 的两端均加接总线终端器。Profibus 的总线终端器包含一个下拉电阻（与数据基准电位 DGND 相连接）和一个上拉电阻（与供电正电压 VP 相连接）。当总线上没有站发送数据（即空闲时间）时，这两个电阻迫使不同的状态电压（即导体间的电压）趋于一个确定值，从而确保在总线上有一个确定的空闲电位。几乎在所有标准的 Profibus 总线连接器上都组合了所需要的总线终端器，而且可以由跳接器或开关来启动。

当总线系统运行的传输速率大于 1.5Mb/s 时，由于所连接站的电容性负载而引起导线反射，因此必须使用附加有轴向电感的总线连接插头。

被指定为终止总线的站（与总线终端器共态），在总线连接器的针脚 6，应该为正电压。假定电源供电电压为+5V，误差不超过±5%，则针对不同的电缆采用不同阻值的端接电阻，对于 A 型电缆端接电阻为 220Ω，B 型电缆则为 150Ω。供给针脚 6（Vp）的电源在规定的压容差内应能输送至少 10mA 的电流。

RS-485 的驱动器可以采用集成芯片 SN75176，当通信速率超过 1.5Mb/s 时，应当选用高速型驱动器，如 SN75ALS1176 等。不同传输速度时的电缆长度如表 3-3 所示。

表 3-3　不同传输速度时的电缆长度

波特率/（Kb/s）	9.6	19.2	93.75	187.5	500	1500
A 型电缆长度/m	1200	1200	1200	1000	400	200
B 型电缆长度/m	1200	1200	1200	600	200	70

2．DP（光缆）的物理层

Profibus 第 1 层的第 2 种类型是以 Profibus 用户组织（PNO）的导则 "用于 Profibus 的光纤传输技术，版本 1.1，1993 年 7 月版" 为基础，它通过光纤中光的传输来传送数据。Profibus 系统在有很强的电磁干扰环境中，为了电气隔离或当采用高传输速率来增加最大网络距离的应用中，则可以使用光纤进行传输，以增加传输的可靠性和快速性。

随着光纤的连接技术的大大简化，光纤传输技术已普遍用于现场设备的数据通信，特别是用于塑料光纤的简单单工连接器的使用成为这一发展的重要组成部分。

用玻璃或塑料纤维制成的光纤电缆可用作传输介质，表 3-4 列出了几种类型光缆的距离。

表 3-4　光缆的特性

光缆类型	特　　性	光缆类型	特　　性
多模态（multimode）玻璃光缆	中距离范围（2km～3km）	塑料光缆	短距离范围（<80m）
单模态（monomode）玻璃光缆	长距离范围（<15km）	PCS/HCS 光缆	短距离范围（<500m）

为了把总线站连接到光纤导体上，采用如下几种连接技术。

1）光链路模块（Optical Link Module，OLM）技术

类似于 RS-485 的中继器，OLM 有两个功能隔离的电气通道，并根据不同的模型占有一个或两个光通道，OLM 通过一根 RS-485 导线与各个总线站或总线段相连接。

2）光链路插头（Optical Link Plug，OLP）技术

OLP 可以简单地将从站用一个光纤电缆环连接。OLP 直接插入总线站的 9 针 D 型连接器。OLP 由总线站供电而不需要自备电源。但总线站的 RS-485 接口的+5V 电源须能提供至少 80mA 的电流。

3）集成的光纤电缆连接

使用集成在设备中的光纤接口将 Profibus 节点与光纤电缆直接连接。

3.2.2　Profibus-DP 通信数据链路层规范

根据 OSI 参考模型，第 2 层规定了介质访问控制、数据安全性、传输协议和报文的出理。DP 系统中的第 2 层称为 FDL，还包括第 1 层和第 2 层的管理服务 FMA1/2（现场总线 1/2 层管理）。下面主要介绍其帧结构、服务管理内容以及总线介质访问控制方式。

1．帧结构与帧格式

1）帧字符（UART 字符）

用于 Profibus RS-485 的传输程序是以半双工、异步、无间隙同步为基础的。每个帧由若干个帧字符（UART 字符）组成，它把一个 8 位字符扩展成 11 位即 NRZ（不归零）编码：首先是一个开始位（ST），它总是为二进制"0"；接着是 8 个信息位（I），它们可以是"0"或"1"；之后是一个奇偶校验位（P），它是二进制"0"或"1"（规定为偶校验）；最后是停止位（SP），它总是为二进制"1"。其结构如图 3-7 所示。当发送位（bit）时，由二进制"0"到"1"转换期间的信号形状不改变。

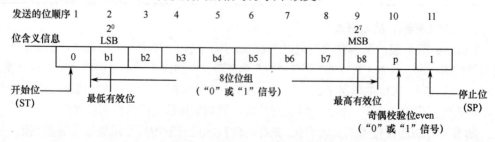

图 3-7　PROFIBUS UART 数据帧

在传输期间，二进制"1"对应于 RXD/TXD-P（Receive/Transmit-Data-P）线上的正电位，而在 RXD/TXD-N 线上则相反。各报文间的空闲（Idle）状态对应于二进制"1"信号，如图 3-8 所示。

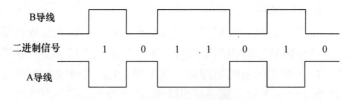

图 3-8　用 NRZ 传输时的信号形状

2）帧格式

第 2 层的帧格式如图 3-9 所示。

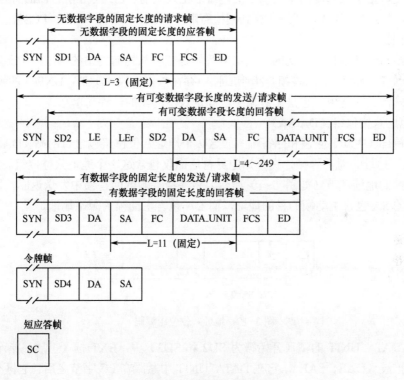

图 3-9　数据链路层的帧格式

其中：

SYN　　　　同步时间，最小 33 个线空闲位；

SD1~SD4　　开始定界符，区别不同类型的帧格式：

SD1=0x10，SD2=0x68，SD3=0xA2，SD4=0xDC；

LE/ LEr　　八位位组长度，一般 LEr=LE，其允许值为 4~249；

DA　　　　目的地址，指示接收该帧的站；

SA　　　　源地址，指示发送该帧的站；

FC　　　　帧控制字节，包含用于该帧服务和优先权等的详细说明；

DATA_UNIT　数据字段，包含有效的数据信息；

FCS   帧校验字节，不进位加所有帧字符的和；

ED   帧结束界定符（16H）

SC   单一字符（E5H），用在短应答帧中；

L   信息字段长度。

无/有数据字段的固定长度的帧以及令牌帧传输规则为：这些帧既包括主动帧，又包括应答/回答帧，在线空闲状态时相当于信号电平为二进制"1"；帧中字符间不存在空闲位；主动帧和应答/回答帧的帧前的间隙有一些不同，每一个主动帧帧头都有至少 33 个同步位，即每个通信建立握手报文前必须保持至少 33 位长的空闲状态（二进制 1 对应电平信号），这 33 个同步位长作为帧同步时间间隔，称为同步位 SYN。而应答和回答帧前没有这个规定，响应时间取决于系统设置；接收器检查。

有可变数据字段长度的帧在以上的基础之上还要有：LE 应相等于 LEr；信息八位位组数应从目的地址（DA）开始计算到帧检查顺序（FCS）为止（不含 FCS），且此结果应与 LE 作比较。

应答帧与回答帧也有一定的区别：应答帧是指在从站向主站的响应帧中无数据字段（DATA_UNIT）的帧，而回答帧是指响应帧中存在数据字段（DATA_UNIT）的帧。另外，短应答帧只作应答使用，它是无数据字段固定长度的帧的一种简单形式。

3）地址八位位组（DA/SA）

在帧首部（主动、应答和回答帧）的这 2 个地址八位位组包含目的站（DA）地址和源站（SA）地址。对令牌帧，在开始定界符后面仅包含这 2 个地址八位位组。

主动帧的地址字节（如图 3-10 所示）将在应答帧或回答帧中发送返回，即应答帧或回答帧的 SA 包含主动帧的目的地址，而 DA 包含主动帧的源站地址。

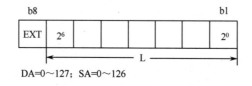

DA=0～127；SA=0～126

图 3-10   地址八位位组编码

在有 DATA_UNIT 的帧（开始符为 SD2 和 SD3）中，EXT 位（扩展）指示目的和/或源地址扩展（DAE、SAE），它在 DATA_UNIT 中紧跟在 FC 字节之后。它区分存取地址和区域/段地址。2 种地址类型也可能同时产生，因此每个地址扩展还包含一个 EXT 位。主动帧的地址扩展将在回答帧中镜像返回。扩展帧中地址扩展部分的格式如图 3-11 所示，图 3-11（a）为地址扩展字节在帧中的位置，EXT=0 时在 DATA_UNIT 中无地址扩展，EXT=1 时在 DATA_UNIT 中有地址扩展。图 3-11（b）中 DAE 和 SAE 最高 2 位 b8=1、b7=1 表示地址扩展部分是区域/段地址，b8=0、b7=0 表示地址扩展部分是服务存取点，b7 与 b6 的其余组合在协议中认为是非法的。

4）控制八位位组（FC）

帧控制八位位组用来定义帧的类型，表明该帧是主动请求帧还是应答/回答帧。此外，帧控制八位位组还包含功能和防止报文丢失和增多的控制信息或带有 FDL 状态的站类型。如表 3-5 所示。

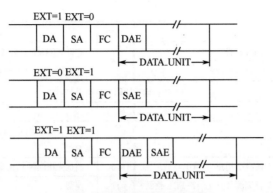

(a) 地址扩展字节在帧中的位置

b7=0：6 位链服务存取点，DAE=0～63；SAE=0～62
b7=1：6 位区域/段地址

(b) DAE/SAE 八位位组编码

图 3-11　在帧中的 DAE/SAE 八位位组及编码

表 3-5　帧控制八位位组的定义

位　序	b8	b7	b6		b5	b4	b3	b2	b1
含　义	Res	Frame	1	FCB	FCV	2^3	2^2	2^1	2^0
			Stn-Type			Function			

其中：

Res　　　　　保留（发送方将被设置为二进制"0"，接收方不必解释）；

Frame　　　　帧类型，为"1"时是请求帧；为"0"时是回答帧；

FCB　　　　　帧计数位，0、1 交替出现（帧类型 b7=1）；

FCV 帧计数位有效（帧类型 b7=1），为"0"时，FCB 的交替功能无效；为"1"时，FCB 的交替功能有效；

Stn-Type 站类型和 FDL 状态（帧类型 b7=0），如表 3-6 所示；

Function 功能码，如表 3-6（a）、（b）所示。

表 3-6　传输功能码

(a) 主动帧的传输功能码（帧类型 b7=1）

码号	功　能	码号	功　能
0、1、2	保留	7	保留（请求诊断数据）
3	有应答要求的发送数据（低优先级）	8	保留
4	无应答要求的发送数据（低优先级）	9	有回答要求的请求 FDL 状态
5	有应答要求的发送数据（高优先级）	10、11	保留
6	有应答要求的发送数据（高优先级）	12	发送并请求数据（低优先级）

（续）

码号	功　能	码号	功　能
13	发送并请求数据（高优先级）	15	有回到要求的链路服务
14	有回答要求的标识用户数据请求		存取点（LSAP）状态请求

（b）响应帧的传输功能码（帧类型 b7=0）

码号	功　能	码号	功　能
0	应答肯定	9	应答否定，无回答 FDL/FMA 1/2 数据（且发送数据 OK）
1	应答否定，FDL/FMA 1/2 用户错（UE）	10	高优先级回答 FDL 数据（且发送数据 OK）
2	应答否定，发送数据无源（且无回答 FDL 数据）	11	保留
3	应答否定，无服务被激活	12	低优先级回答 FDL 数据，发送数据无源
4~7	保留	13	高优先级回答 FDL 数据，发送数据无源
8	低优先级回答 FDL/FMA 1/2 数据（且发送数据 OK）	14、15	保留

　　帧计数位 FCB（b6）用于防止响应方（Responder）数据的重复和发起方（Initiator）数据的丢失。为了管理可靠的顺序，发起方将为每一个响应方带一个 FCB，当一个信息发起方第一次给响应方发送请求帧时，FCB=1，FCV=0（如表 3-7 所示）。若此时响应方还未处于运行状态，则响应方无响应。当发起方在第二次对该响应方发起请求时，仍置 FCB=1，FCV=0。若响应方已经正确执行，则响应方将发起方的第一次请求帧归类为第一次帧循环，并将 FCB=1 与发起方的地址（SA）一起存储。发起方收到了响应方的正确应答后将不会重复此请求帧。此时，若发起方再次对同一响应方发送主动帧，设置为 FCB=0/1，FCV=1。

表 3-7　在响应方中的 FCB、FCV

FCB	FCV	条　件	含　义	作　用
0	0	DA=TS/127	不需要应答的请求, 请求 FDL 状态/标识/LSAP 状态	上次应答或删除回答
0/1	0/1	DA≠TS	对其他响应方请求	上次应答或可被删除回答
1	0	DA=TS	第一个请求	FCBM=1，SAM=SA 上次应答或删除回答
0/1	1	DA=TS SA=SAM FCB≠FCBM	新的请求	上次应答或删除回答 FCBM=FCB 有应答或为重试回答
0/1	1	DA=TS SA≠SAM FCB=FCBM	请求重试	FCBM=FCB，重复应答或回答和保持准备就绪
0/1	1	DA=TS SA≠SAM	新的发起方	FCBM=FCB，SAM=SA 有应答或为重试设备回答
—	—	令牌帧	—	上次应答或回答可被删除

注：1. TS—This Station 本站地址；
　　2. FCBM—存储的 FCB；
　　3. SAM—存储的 SA

对于响应方来说，当接收到一个 FCV=1 的主动帧时，若收到的主动帧与响应方保存的 SA 相同，则响应方将检查 FCB，并与前一个该发起方发送的主动帧中的 FCB 比较，若存在 FCB（0/1）的交替出现，则响应方确认前一报文循环已正确完成。如果收到的主动帧与响应方保存的 SA 不同，则响应方不检查 FCB 的值。在这两种情况下，响应方都将存储此 FCB 和源地址（SA）的值，直到接收到一个新的请求帧为止。

响应方在每次响应请求帧时将保存本次的应答或回答帧直到收到前一报文循环已正确完成的确认报文。如果收到变更了地址的请求帧、不需应答的发送数据帧（SDN）、令牌帧，响应方认为前一报文循环已正确完成。如果一个应答或回答帧被丢失或有错误，则发起方在重试请求时将不会修改 FCB 值，此时响应方将知道前一个报文循环存在错误，它将再次向发起方传送保存了的应答帧或回答帧数据。对于不需应答发送数据、请求 FDL 状态、请求标识和请求 LSAP 状态而言，FCV 和 FCB 都等于 0，故响应方对 FCB 不作分析。

5）检验八位位组（FCS）

在一个帧中 FCS 总是紧接在结束定界符之前，在无数据字段的固定长度的帧中，此校验八位位组将由计算 DA、SA 和 FC 的算术和获得，这里不包括起始和终止定界符，也不考虑进位。在有数据字段的固定长度的帧中和有可变数据字段长度的帧中，此校验八位位组将附加包含 DATA_UNIT。

6）报文传输

在 DP 总线上一次报文循环过程包括主动帧和应答/回答帧的传输。除令牌帧外，无数据字段的固定长度的帧、有数据字段的固定长度的帧和有数据字段无固定长度的帧，既可以是主动请求帧也可是应答/回答帧。图 3-12 描述了令牌帧和固定长度、带数据、包含地址扩展的发送/请求帧，说明了主动帧的报文循环情况。

2. FDL 的数据传输服务

FDL 可以为其上一层提供 4 种传输服务：发送数据需应答（SDA）；发送数据无需应答（SDN）；发送并请求数据需回答（SRD）；循环地发送并请求数据需回答（CSRD）。用户和 FDL 之间的这些服务用它们的服务原语和相关参数实现。这些 FDL 服务是可选的。

通常 Profibus-DP 总线的数据传输依靠的是 SDN 和 SRD 两种服务，而 FMS 总线全都使用了这 4 种服务。

1）发送数据需应答（SDA）

该项服务的原语如表 3-8 所示。

表 3-8　发送数据需应答的服务原语

服 务 原 语	适用的站
FDL_DATA_ACK.resquest（SSAP，DSAP，Rem_add，L_sdu，Serv_class）	主站
FDL_DATA_ACK.indication（SSAP，DSAP，Loc_add，Rem_add，L_sdu，Serv_class）	主站和从站
FDL_DATA_ACK.confirm（SSAP，DSAP，Rem_add，Serv_class，L_status）	主站

关于 SDA 服务的执行过程中原语的使用如图 3-13 所示。图中两条竖线表示 FDL 层的界限，两线之间部分就是整个网络的数据链路层。左边的竖线的外侧是主站中的 FDL 用户（或本地用户）；右边竖线外侧是远程主/从站地 FDL 用户（或远程用户），其地址为 n。

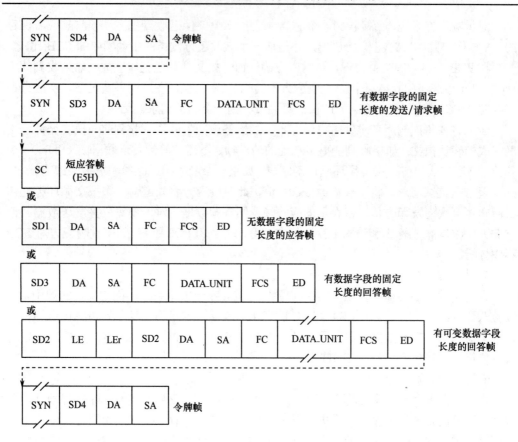

图 3-12　令版帧和固定长度、带数据、包含地址扩展的发送/请求帧

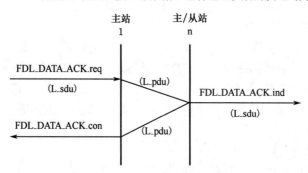

图 3-13　SDA 服务的执行过程

　　服务的执行过程是：本地的用户首先使用服务原语 FDL_DATA_ACK.resquest 向本地 FDL 设备提出 SDA 服务申请。本地 FDL 设备收到该原语后，按照链路层协议组帧，并发送到远程 FDL 设备，远程 FDL 设备正确收到后利用原语 FDL_DATA_ACK.indication 通知远程用户并把数据上传。与此同时又将一个应答帧发回本地 FDL 设备。本地 FDL 设备则通过原语 FDL_DATA_ACK.confirm 通知发起这项 SDA 服务的本地用户。

　　在传输确认给本地用户之前，本地 FDL 控制器需要远程 FDL 控制器的应答。如果此应答在时隙时间 T_{SL} 内未收到，则本地 FDL 控制器将再试发 L_sdu 给远程 FDL。如果重试 n 次（max_retry_limit）后仍未收到应答，则本地 FDL 控制器将通报一个否定应答给本地用户。在数据传输和相关应答的接收期间，在 Profibus 上没有其他传输发生。

如果数据帧被无误地接收，则远程 FDL 控制器通过 FDL 接口用 FDL_DATA_ACK.ind 原语把 L_sdu 传送给远程用户。

对于每一条原语都有许多参数，下面介绍一下常见的服务原语参数，在后面对其他服务原语进行介绍时将省略对相同参数的说明。

（1）SSAP：源服务存取点，SSAP 的值不允许是 63（全局存取地址）。

（2）DSAP：目的服务存取点。

（3）Rem_add：定义本次服务通信的远程站地址，取值为 0～126，127 为广播地址。（注：在 SDA 帧中不允许广播地址）。

（4）Loc_add：本次服务通信的本地站地址，取值为 0～126。

（5）L_sdu：链路服务数据单元，为本次服务发送的数据。

（6）Serv_class：规定相关的数据传输的 FDL 优先权。

（7）L_status：返回本次服务的执行状态，指出先前的 SDA 服务是成功还是失败，此失败是暂时的还是永久性的错误。参数值如表 3-9 规定。

表 3-9　SDA，L_Status 值

编码	含　　义	暂时 t/永久 p
OK	肯定应答，服务完成	—
RR	否定应答，是远程 FDL 控制器的资源失效或不满足	t
UE	否定应答，远程 FDL 用户/FDL 接口有错	p
RS	在远程 LSAP 的服务或 Rem_add 或远程 LSAP 未激活	p
LS	在本地 LSAP 的服务或本地 LSAP 未激活	p
LR	本地 FDL 控制器的资源失效或不满足	t
NA	远程站没有反应或无有效的反应	t
DS	本地 FDL/PHY 控制器不在逻辑令牌环中或从线上脱开了	p
IV	在请求中有无效参数	—

在请求的 SDA 服务完成时，此原语作为一个指示从本地 FDL 控制器传送给本地用户。在接收原语时，本地用户的反应末作具体规定。当 L_status 指示一个暂时错误时，后继的重复可能是成功的。

在永久性错误的情况下，在重复服务之前应进行管理查询。在本地错误 LS，LR，DS，IV 的情况下，没有请求帧传输。

2）发送数据无需应答（SDN）

这项服务的原语如表 3-10 所示。

表 3-10　发送数据无需应答的服务原语

服　务　原　语	适用的站
FDL_DATA.resquest（SSAP，DSAP，Rem_add，L_sdu，Serv_class）	主站
FDL_DATA.indication（SSAP，DSAP，Loc_add，Rem_add，L_sdu，Serv_class）	主站和从站
FDL_DATA.confirm（SSAP，DSAP，Rem_add，Serv_class，L_status）	主站

关于 SDN 服务的执行过程中原语的使用如图 3-14 所示。由图可看出 SDN 服务于 SDA 服务的不同之处在于：①SDN 服务允许本地用户同时向多个甚至所有远程用户发送数据；②所有接收到数据的远程站不做应答。

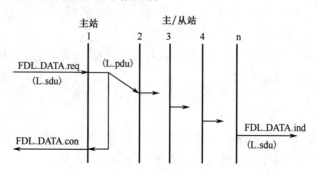

图 3-14　SDN 服务的执行过程

本地用户为单个、一组或为全部远程用户准备一个 L_sdu，此 L_sdu 通过 FDL 接口用 FDL_DATA.resquest 原语传送给本地 FDL 控制器，FDL 控制器接收此服务请求并试图发送此数据给被请求的一个、一组或全部站的远程 FDL 控制器。此 FDL 控制器用 FDL_DATA.confirm 原语返回传送的本地确认给本地用户。当没有给出应答又无本地重试时，不能保证在远程 FDL 控制器上有正确的接收。一旦此数据被发送，它同时（不考虑信号传播时间）到达所有远程用户。每个被寻址的远程 FDL 控制器，在它无误地接收到此数据后即用 FDL_DATA.indication 原语传送此数据给 FDL 用户。此时原语中的参数 L_status 仅表示发送成功，或者本地的 FDL 设备错误，不能显示远程站是否正确接收，如表 3-11 所示，其他原语参数定义与 SDA 服务类似。

表 3-11　SDN，L_Status 值

编码	含　义	暂时 t/永久 p
OK	本地 FDL/PHY 控制器已完成数据传输	—
LS	本地 LSAP 中的服务或本地 LSAP 未激活	p
LR	本地 FDL 控制器的资源失效或不满足	t
DS	本地 FDL/PHY 控制器不在逻辑令牌环中或从线上脱开了	p
IV	在请求中有无效参数	—

3）发送并请求数据需回答（SRD）

这项服务的原语如表 3-12 所示。

表 3-12　发送并请求数据需回答的服务原语

服　务　原　语	适用的站
FDL_DATA_REPLY.resquest（SSAP，DSAP，Rem_add，L_sdu，Serv_class）	主站
FDL_DATA_REPLY.indication（SSAP，DSAP，Loc_add，Rem_add，L_sdu，Serv_class，Update_status）	主站和从站
FDL_DATA_REPLY.confirm（SSAP，DSAP，Rem_add，L_sdu，Serv_class，L_status）	主站
FDL_REPLY_UPDATE.resquest（SSAP，L_sdu，Serv_class，Transmit）	主站和从站
FDL_REPLY_UPDATE.confirm（SSAP，Serv_class，L_status）	主站和从站

关于 SRD 服务的执行过程中原语的使用如图 3-15 所示。SRD 服务除了像 SDA 服务那样向远程用户发送数据外，自身还是一个请求，请求远程站的数据回传，远程站把应答和被请求的数据组帧，回传给本地站。

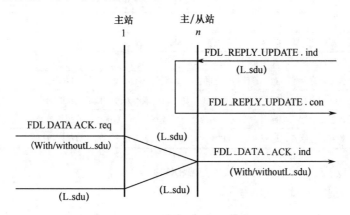

图 3-15　SRD 服务的执行过程

执行顺序是：远程用户将要被请求的数据准备好，通过原语 FDL_REPLY_UPDATE. resquest 把要被请求的数据交给远程 FDL 设备，并收到远程 FDL 设备回传的 FDL_REPLY_UPDATE.confirm。参数 Transmit 用来确定远程更新数据回传一次还是多次，如果回传多次，则在后续 SRD 服务到来时，更新数据都会被回传。L_status 参数显示数据是否成功装入，无误后等待被请求。本地用户使用原语 FDL_DATA_REPLY.resquest 发起这项服务，远程站 FDL 设备收到发送数据后，立刻把准备好的被请求数据回传，同时向远程用户发送 FDL_DATA_REPLY.indication，其中参数 update_status 显示被请求数据是否被成功的发送出去。最后，本地用户就会通过原语 FDL_DATA_REPLY.confirm 接收到被请求数据 L_sdu 和传输状态结果 L_status。

在 FDL_DATA_REPLY 原语中的 Update_status 参数值如表 3-13 所示。

表 3-13　SRD，Update_Status 值

编码	含　　义	暂时 t/永久 p
NO	没有传输回答数据（L_sdu）	t
LO	低优先权传输回答数据	—
HI	高优先权传输回答数据	—

在 FDL_DATA_REPLY 原语中的 L_status 参数值如表 3-14 所示。

表 3-14　SRD，L_status（UPDATE）值

编码	含　　义	暂时 t/永久 p
OK	修改数据（L_sdu）被装入	—
LS	本地 LSAP 中的服务或本地 LSAP 未激活	p
LR	本地 FDL 控制器的资源失效或不充分	t
IV	在请求中有无效参数	—

在原语 FDL_DATA_REPLY 中的参数 L_status 包含相应的 SRD 请求的结果，其值可

以为 UE、RS、LS、LR、NA、DS 和 IV，它们与 SDA 中规定的定义一样，此外还可以取表 3-15 中的附加值。

表 3-15　SRD，L_status 的值

编码	含　义	暂时 t/永久 p
DL	对发送数据肯定应答，低优先权回答数据（L_sdu）有效	—
DH	对发送数据肯定回答，高优先回答数据（L_sdu）有效	—
NR	对发送数据肯定回答，对回答数据否定回答，如同远程 FDL 控制器不可用	t
RDL	对发送数据否定回答，远程 FDL 控制器的资源不可用或不充分，低优先权的回答数据有效	t
RDH	对发送数据否定回答，远程 FDL 控制器的不可用或不充分，高优先权的回答数据有效	t
RR	对发送数据否定回答，远程 FDL 控制器的资源不可用或不充分，回答数据不可用	t

4）循环地发送并请求数据需回答（CSRD）

这项服务的原语如表 3-16 所示。

表 3-16　循环地发送并请求数据需回答的服务原语

服　务　原　语	适用的站
FDL_SEND_UPDATE.resquest（SSAP，DSAP，Rem_add，L_sdu，Transmit）	主站
FDL_SEND_UPDATE.confirm（SSAP，DSAP，Rem_add，L_status）	主站
FDL_REPLY_UPDATE.resquest（SSAP，DSAP，Loc_add，Rem_add，L_sdu，Serv_class，Update_status）	主站和从站
FDL_REPLY_UPDATE. confirm（SSAP，Serv_class，L_status）	主站和从站
FDL_CYC_DATA_REPLY.request（AASP，Poll_list）	主站
FDL_CYC_DATA_REPLY.confirm（SSAP，DSAP，Rem_add，L_sdu，Serv_class，L_status，Update_status）	主站
FDL_DATA_REPLY.indication（SSAP，DSAP，Loc_add，Rem_add，L_sdu，Serv_class，Update_status）	主站和从站
FDL_CYC_ENTRY.request（SSAP，DSAP，Rem_add，Marker）	主站
FDL_CYC_ENTRY. confirm（SSAP，DSAP，Rem_add，L_status）	主站
FDL_CYC_DEACT.request（SSAP）	主站
FDL_CYC_DEACT. confirm（SSAP，L_status）	主站

关于 CSRD 服务的执行过程中原语的使用如图 3-16 所示。CSRD 服务在理解上可以认为是对许多个远程站自动循环地执行 SRD 服务。

本地用户为一个、多个或所有远程用户准备一个 L_sdu 数据。对每个远程用户，用 FDL_SEND_UPDATE.resquest 原语把此数据传送给本地 FDL 控制器。被寻址的远程站的地址和顺序由本地用户用轮询表指定。本地用户用 FDL_CYC_DATA_REPLY.request 原语传送此轮询表，即表 3-17 中所列的参数 Poll_list 并以一个固定格式告诉本地 FDL 设备本次 CSRD 服务需要轮询的站地址，然后本地用户收到 FDL_CYC_DATA_REPLY. confirm 其中的参数 L_status 表示轮询表是否接收成功。在轮询表中，第 1 字节为整个轮询表的长度。第 2、3 字节作为轮询表的第一个登入项，第 2 字节为站地址，第 3 字节为目的服务存取点（DSAP），以后每 2 个字节为一个登入项。轮询表中允许有多个 FDL 地址，每个 FDL 地址对应一个标志 marker，即表示此地址是否参加轮询。若为"lock"则表示 FDL 地址加锁，轮询时跳过此站地址；反之，若为"unlock"，则表示 FDL 地址解锁，主站发送 SRD 帧到此站。所有登记项的初始值设定为"lock"。

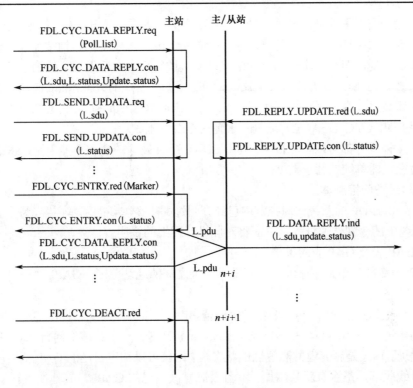

图 3-16　CSRD 服务的执行过程

表 3-17　Poll_list 的值

入口	名　　称	含　　义	
1	Poll_list_length	轮询表长度（3～（p+1））	
2	Rem_add	远程 FDL 地址（DA）	第一个登入项
3	DSAP	目的 LSAP（DAE）	
4	Rem_add	远程 FDL 地址（DA）	第二个登入项
5	DSAP	目的 LSAP（DAE）	
...	...	...	...
p	Rem_add	远程 FDL 地址（DA）	最后一个登入项
p+1	DSAP	目的 LSAP（DAE）	

　　然后，本地用户通过原语把要发送的数据交给本地 FDL 设备，并接收 FDL_SEND_UPDATE.confirm，其参数 L_status（如表 3-18 所示）表示数据是否成功装入。若成功，则按轮询表设置，主站进行轮询。

表 3-18　SCRD，L_status（UPDATE）的值

编码	含　　义	暂时 t/永久 p
OK	修改数据（L_sdu）被装入	—
LS	本地 LSAP 中的服务或本地 LSAP 未激活	p
LR	本地 FDL 控制器的资源失效或不充分，或 Rem_add/DSAP 不在轮询表中	t/p
IV	在请求中有无效参数	—

主站轮询完表中的最后一个地址后，自动从第一个地址再开始轮询，且 marker 的值在数据传送完后保持不变，也可通过令 "marker=lock" 来使某一轮询站加锁。轮询表中的地址可以重复，即在一次轮询周期中可以多次访问某一个远程站。轮询中，本地用户可使用原语 FDL_SEND_UPDATE.resquest 随时更新要发送的数据，然后向轮询表中的远程站发送新数据。本地用户采用原语 FDL_CYC_DEACT.request 来终止 CSRD 服务，并接收原语 FDL_CYC_DEACT.Confirm 来确认是否终止成功。

以上 4 种服务都可以发送数据，其中 SDA、SDN 发送的数据不能为空，SRD、CSRD 则可以为空，即单纯的请求数据。

3. 总线访问控制体系

在 Profibus-DP 的总线访问控制中已经介绍过关于令牌环的基本内容，为了更好地了解 DP 系统中的令牌传输过程，下面将对此进行详细的说明。

1）GAP 表及 GAP 表的维护

GAP 是令牌环中从本站地址到后继站地址之间的地址范围，GAPL 为 GAP 范围内所有站的状态表。

每一个主站中都有一个 GAP 维护定时器，定时器溢出即向主站提出 GAP 维护申请。主站接到申请后，使用询问 FDL 状态的 Request FDL Status 主动帧询问自己 GAP 范围内的所有地址。通过是否有返回和返回的状态，主站就可以知道自己的 GAP 范围内是否有从站从总线脱落，是否有新站添加。并且及时修改自己的 GAPL。具体如下。

（1）如果在 GAP 表维护中发现有新从站，则把它们记入 GAPL。

（2）如果在 GAP 维护中发现原先在 GAP 表中的从站在多次重复请求的情况下没有应答，则把该站从 GAPL 中除去，并登记该地址为未使用地址。

（3）如果在 GAP 维护中发现有一个新主站且处于准备进入逻辑令牌环的状态，该主站将自己的 GAP 范围改变到新发现的这个主站，并且修改活动主站表，在传出令牌时把令牌交给此新主站。

（4）如果在 GAP 维护中发现在自己的 GAP 范围中有一个处于已在逻辑令牌环中状态的主站，则认为该站为非法站，接下来询问 GAP 表中的其他站点。传递令牌时仍然传给自己的 NS，从而跳过该主站。该主站发现自己被跳过后，会从总线上自动撤下，即从 Active_Idle 状态进入 Listen_Token 状态，重新等待进入逻辑令牌环。

2）令牌传递

某主站交出令牌时，按照活动主站表传递令牌帧给后继站。传出后，该主站开始监听总线上的信号，如果在一定时间（时隙时间）内听到总线上有帧开始传输，不管该帧是否有效，都认为令牌传递成功，该主站就进入 Active_Idle 状态。若时隙时间内总线没有活动，就再次发出令牌帧。如此重复至最大重试次数，如果仍不成功，则传递令牌给活动主站表中后继主站的后继主站。依此可推，直到最大地址范围内仍找不到后继，则认为自己是系统内唯一的主站，将保留令牌，直到 GAP 维护时找到新的主站为止。

3）令牌接收

若一个主站从活动主站表中自己的前驱站收到令牌，则保留令牌并使用总线。若主站收到的令牌帧不是前驱站发出的，将认为是一个错误而不接收令牌。如果此令牌帧被再次收到，该主站将认为令牌环已经修改，将接收令牌并修改自己的活动主站表。

4）令牌持有站的传输

一个主站持有令牌后，工作过程如下。

首先计算上次令牌获得时刻到本次令牌获得时刻经过的时间，该时间为实际轮转时间 T_{RR}，表示的是令牌实际在整个系统中轮转一周耗费的时间，每一次令牌交换都会计算产生一个新的 T_{RR}；主站内有参数目标轮转时间 T_{TR}，其值由用户设定，它是预设的令牌轮转时间。一个主站在获得令牌后，就是通过计算 $T_{TR}-T_{RR}$ 来确定自己可以持有令牌的时间。

5）从站 FDL 状态及工作过程

为了方便理解 Profibus-DP 站点 FDL 的工作过程，将其划分为几个 FDL 状态，其工作过程就是在这几个状态之间不停之间不停转换的过程。

Profibus-DP 从站有两个 FDL 状态：Offline 和 Passive_Idle。当从站上电、复位或发生某些错误时进入 Offline 状态。在这种状态下从站会自检，完成初始化及运行参数设定，此状态下监听总线并对询问自己的数据帧作相应反应。

6）主站 FDL 状态及工作过程

主站的 FDL 状态转换图如图 3-17 所示。

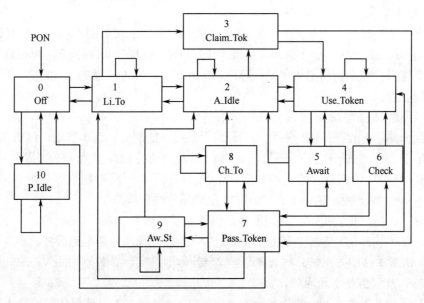

图 3-17　FDL 状态转换图

PON Power on/Reset FDL	3—Claim_Token 申请令牌；	7—Pass_Token 传递令牌；
0—Offline；	4—Use_Token 使用；	8—Check_Token_Pass 检查令牌传递；
1—Listen_Token 听令牌；	5—Await_Data_Response 等待数据响应；	9—Await_Status_Response 等待状态响应；
2—Active_Idle 主动空闲；	6—Check_Access_Time 检查访问时间；	10—Passive_Idle 被动空闲。

主站的工作过程及状态转换比较复杂，这里选择 3 种典型情况进行说明。

1）令牌环的形成

假定一个 Profibus-DP 系统开始上电，该系统有几个主站，令牌环的形成工作过程如下。

每个主站初始化完成后从 Offline 状态进入 Listen_Token 状态，监听总线，主站在一

定时间 $T_{\text{Time-Out}}$（T_{TO}，超时时间）内没有听到总线上有信号传递，就进入 Claim_Token 状态，自己生成令牌并初始化令牌环。由于 T_{TO} 是一个关于地址 n 的单调递增函数，同样条件下整个系统中地址最低的主站最先进入 Claim_Token 状态。

最先进入 Claim_Token 状态的主站，获得自己生成的令牌后，马上向自己传递令牌帧两次，通知系统内的其他还处于 Listen_Token 状态的主站令牌传递开始，其他主站把该主站记入自己的活动主站表。然后该主站做一次对全体可能地址的询问 Request FDL Status，根据收到应答的结果确定自己的 LAS 和 GAP。GAP 的形成即标志着逻辑令牌环初始化的完成。

2）主站加入已运行的 Profibus-DP 系统的过程

假定一个 Profibus-DP 系统已经运行，一个主站加入令牌环的过程是主站上电后在 Offline 状态下完成自身初始化。之后进入 Listen_Token 状态，在此状态下，主站听总线上的令牌帧，分析其地址，从而指导该系统上已有哪些主站。主站会听两个完整的令牌循环，即每个主站都被它作为令牌帧源地址记录两次。这样主站就获得了可靠的活动主站表。

3）令牌丢失

假定一个已经开始工作的 Profibus-DP 系统出现令牌丢失，这样也会出现总线空闲的情况。每一个主站此时都处于 Active_Idle 状态，FDL 发现在超时时间 T_{TO} 内无总线活动，则认为令牌丢失并重新初始化逻辑令牌环，进入 Claim_Token 状态，此时重复第一种情况的处理过程。

4．现场总线第 1/2 层管理（FMA 1/2）

前面介绍了 Profibus-DP 规范中 FDL 为上层提供的服务。而事实上，FDL 的用户除了可以申请 FDL 的服务之外，还可以对 FDL 以及物理层 PHY 进行一些必要的管理，例如强制复位 FDL 和 PHY、设定参数值、读状态、读事件及进行配置等。在 Profibus-DP 规范中，这一部分叫做 FMA 1/2（第 1、2 层现场总线管理）。

FMA 1/2 用户和 FMA 1/2 之间的接口服务主要有如下功能。

（1）复位物理层、数据链路层（Reset FMA 1/2），此服务是本地服务。

（2）请求和修改数据链路层、物理层以及计数器的实际参数值（Set Value/Read Value FMA 1/2），此服务是本地服务。

（3）通知意外的时间、错误和状态改变（Event FMA 1/2），此服务可以是本地服务，也可以是远程服务。

（4）请求站的标识和链路服务存取点（LSAP）配置（Ident FMA 1/2、LSAP Status FMA 1/2），此服务可以是本地服务，也可以是远程服务。

（5）请求实际的主站表（Live List FMA 1/2），此服务是本地服务。

（6）SAP 激活及解除激活（（R）SAP Activate/SAP Deactivate FMA 1/2），此服务是本地服务。

3.2.3 Profibus-DP 通信用户层

1．用户层概述

用户层包括 DDLM 和用户接口/用户等，它们在通信中实现各种应用功能（在

Profibus-DP 协议中没有定义第 7 层（应用层），而是在用户接口中描述其应用）。DDLM 是预先定义的直接数据链路映射程序，将所有的在用户接口中传颂的功能都映射到第 2 层 FDL 和 FMA 1/2 服务。它向第 2 层发送功能调用中 SSAP、DSAP 和 Serv_class 等必需的参数，接收来自第 2 层的确认和指示并将它们传送给用户接口/用户。

　　DP 系统的通信模型如图 3-18 所示（虚线所示为数据流）。2 类主站中不存在用户接口，DDLM 直接为用户提供服务。在 1 类主站上除 DDLM 外，还存在用户、用户接口以及用户与用户接口之间的接口。用户接口与用户之间的接口被定义为数据接口与服务接口，在该接口上处理与 DP 从站之间的通信。在 DP 从站中，存在着用户与用户接口，而用户和用户接口之间的接口被创建为数据接口。主站-主站之间的数据通信由 2 类主站发起，在 1 类主站中数据流直接通过 DDLM 到达用户，不经过用户与用户接口之间的接口，而 1 类主站与 DP 从站两者的用户经由用户接口，利用预先定义的 DP 通信接口进行通信。下面先介绍一下主-从通信、主-主通信中应用到的 DDLM 服务功能，然后从主站（1 类和 2 类）和从站的结构出发，介绍在用户以及用户接口上传递的数据和服务行为。

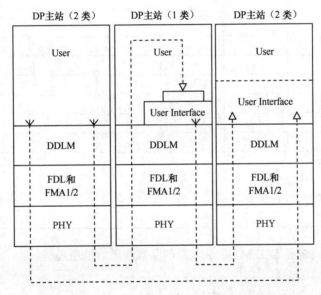

图 3-18　PROFIBUS-DP 系统的通信模型

2．DDLM 功能

DDLM 作为用户接口/用户与 FDL 服务之间的接口提供 DP 主站-DP 从站功能、DP 主站-DP 主站功能、DDLM 本地功能（DP 主站本地功能和 DP 从站本地功能）。

1）DDLM 主-从功能

DDLM 的主-从功能包括 1 类主站与从站间可实现的功能以及 2 类主站与从站间实现的功能。

DP 主站（1 类）的用户接口实现下列主-从应用功能。

（1）读 DP 从站的诊断信息。

（2）循环的用户数据交换模式。

（3）参数化与组态检查。

（4）提交控制命令。

（5）设置从站的参数。

这些功能由用户独立处理，用户与用户接口之间的接口由若干服务调用与一个共享数据库组成。在 DP 从站与 DP2 类主站之间可附加实现下列功能。

（1）读 DP 从站的组态。

（2）读输入/输出值。

（3）对 DP 从站分配地址。

上述功能都是由相应的 DDLM 原语描述的。DDLM 主–从功能如表 3–19 所示。

表 3–19   DDLM 主–从功能

功　　能	DP 从站		DP 主站（1 类）		DP 主站（2 类）	
	Req	Res	Req	Res	Req	Res
Slave_Diag	—	M	M	—	O	—
Data_Exchange	—	M	M	—	O	—
RD_Inp	—	M	—	—	O	—
RD_Outp	—	M	—	—	O	—
Set_Prm	—	M	M	—	O	—
Chk_Cfg	—	M	M	—	O	—
Get_Cfg	—	M	—	—	O	—
Global_Control	—	M	M	—	O	—
Set_Slave_Add	—	O	—	—	O	—

注：Req=Request 请求方；

　　Res=Respondence 响应方/接收方；

　　M=Mandatory 强制性；

　　O=Optional 可选的

下面将详细讲述各 DDLM 主–从功能的参数和通信处理过程。

（1）读从站诊断信息。

读从站诊断信息用功能原语 DDLM_Slave_Diag 来实现，如表 3–20 所示，原语中数

表 3–20   DDLM_Slave_Diag 的参数

参数名称	.req	.ind	_Upd.req	.con	参数类型	取 值 范 围	说　　明
Rem_add	M			M	BYTE	0～126 字节	被请求诊断的 DP 从站地址
Req_Add		M			BYTE	0～125 字节	请求诊断的 DP 主站地址
Status				M			指示服务是否成功
Diag_Data			M	C	STRING	6～32 字节，最大可扩展到 244 字节	诊断信息字节串

注：1. C 表示该参数的存在与否决定于另外参数的设置；

　　2. BYTE 表示 8 位无符号数；

　　3. STRING 表示字节串

据字段中包含了诊断信息。如果一个位被设置为 1，则意味着与此位相关联的事件已经发生。如图 3-19 所示，此诊断信息包含一个标准的诊断信息（八位位组 1 到八位位组 6）和一个扩展的诊断信息 Ext_Diag_Data。

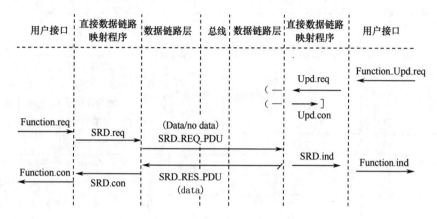

图 3-19　功能 DDLM_Slave_Diag

诊断信息八位位组 1（station_status_1）是诊断数据（Diag_Data）中站状态的第一个字节，八位从高到低分别是 Diag.Master_Lock、Diag.Prm_Fault、Diag.Invald_Slave_Response、Diag.Not_Supported、Diag.Ext_Diag、Diag.Cfg_Fault、Diag.Station_Not_Ready、Diag.Station_Non_Existent。

诊断信息八位位组 2（station_status_2）是诊断数据（Diag_Data）中站状态的第一个字节，八位从高到低分别是 Diag. Deactivated、保留、Diag. Sync_Mode、Diag. Freeze_Mode、Diag. WD_On（监视器（watchdog）接通）、空、Diag. Stat_Diag（静态诊断）、Diag.Prm_Req。

诊断信息八位位组 3（station_status_3）是诊断数据（Diag_Data）中站状态的第一个字节，最高位是 Diag.Ext_Diag_Overflow，其余保留。

诊断信息八位位组 4（Diag.Master_Add）是主站地址字节，在此八位位组中登入已参数化此 DP 主站的地址。若无 DP 主站已参数化此 DP 从站，则 DP 从站将地址 255 登入此八位位组。

诊断信息八位位组 5～6（Ident_Number）是 DP 设备的制造商的标识符，一方面能用于认证，另一方面用于确切地识别。

诊断信息八位位组 7～32（Ext_Diag_Data）是 DP 从站的外部诊断信息。它被定义为有一个首部字节的块结构。此部首字节用于与设备相关的诊断和与标识符相关的诊断。

（2）传送输入与输出数据。

数据交换 DDLM_Data_Exchange 功能允许主站向 DP 从站发送输出数据，并同时从该远程站请求输入数据。DP 从站将会对报文数据格式与通信接口配置的数据格式进行对比检查。如果在 DP 从站中出现诊断信息或错误，则 DP 从站将用一个高优先权的响应帧（Diag_Flag）通知主站。功能 DDLM_Data_Exchange 的主从通信的处理过程与功能

DDLM_Slave_Diag 的主从通信的处理过程相同。表 3-21 列出了功能原语 DDLM_Data_Exchange 的参数。

表 3-21　功能原语 DDLM_Data_Exchange 的参数

参数名称	.req	.ind	_Upd.req	.con	参数类型	取值范围	说　明
Rem_Add	M			M	BYTE	0～126 字节	被请求数据的 DP 从站地址
Outp_Data	U	U			STRING	一般为 0～32 字节，最大可扩展到 244 字节	输出数据。通常在此参数中传送的数据直接输出到 DP 从站上的外围设备。若同步模式被激活，在同步命令到达之前这些数据暂时放在 DP 从站缓存中
Status				M			指示服务是否成功
Diag_Flag			M	M			用来指示 DP 从站是否存在诊断信息。1-存在诊断信息；0-不存在诊断信息
Inp_Data			U	U	STRING	一般为 0～32 字节，最大可扩展到 244 字节	输入数据。若同步输入模式未被激活，则此输入数据是 DP 从站输入口的直接输入数据信息；若同步输入模式被激活，则此输入数据是 DP 从站输入口在上一次输入同步控制命令时的输入数据

注：U 指该参数的设置取决于用户的选择，可选也可忽略

（3）读 DP-从站的输入与输出数据。

读取从站的输入数据（DDLM_RD_Inp）与读取从站的输出数据（DDLM_Outp_Inp）功能允许 2 类主站读取从站的输入数据。DDLM_RD_Inp 和 DDLM_Outp_Inp 的主从通信的处理过程与功能 DDLM_Get_Cfg 的主从通信处理过程相同。表 3-22、表 3-23 分别列出了功能原语 DDLM_RD_Inp 和 DDLM_Outp_Inp 的参数。

表 3-22　DDLM_RD_Inp 的参数

参数名称	.req	.con	_Upd.req	参数类型	取值范围	说　明
Rem_Add	M	M		BYTE	0～126 字节	被读取输入数据的 DP 从站地址
Status		M				指示服务是否成功
Inp_Data		C	M	STRING	0～32 字节，可扩展到 244 字节	DP 从站的输入数据

表 3-23　DDLM_RD_Outp 的参数

参数名称	.req	.con	_Upd.req	参数类型	取值范围	说　明
Rem_Add	M	M		BYTE	0～126 字节	被读取输出数据的 DP 从站地址
Status		M				指示服务是否成功
Outp_Data		C	M	STRING	0～32 字节，可扩展到 244 字节	DP 从站的输出数据

（4）发送参数数据。

设置从站参数 DDLM_Set_Prm 功能将参数数据传送给 DP 从站，从站的参数化可以在 DP 系统的建立阶段最先完成，也可能在用户数据交换过程中进行修改。除总线一般参数数据外，DP 从站专用的参数也能传送到每个 DP 从站，这些数据来自存储在主站的主站参数集中，由用户发送。图 3-20 所示为功能 DDLM_Set_Prm 的主从通信的处理过程。功能原语 DDLM_Set_Prm 如表 3-24 所示。

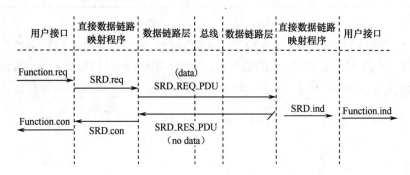

图 3-20　功能 DDLM_Set_Prm 的主从通信的处理过程

表 3-24　DDLM_Set_Prm 的参数

参数名称	.req	.ind	.con	参数类型	取值范围	说　明
Rem_Add	M			BYTE	0~126 字节	被设置参数的 DP 从站地址
Req_Add		M		BYTE	0~125 字节	设置参数的主站地址
Prm_Data	M	M		STRING	7~32 字节，可扩展到 244 字节	参数信息字节串
Status			M			指示服务是否成功

（5）检查组态数据。

通信接口配置检查 DDLM_Chk_Cfg 实现检查通信接口配置功能，此功能允许 DP 主站传送通信接口配置数据到 DP 从站以便检查。DP 从站将主站发送的通信接口配置数据（Cfg_Data）与它的实际的通信接口配置数据（Real_Cfg_Data）进行比较。只有完全相同时才能表示通信接口配置正确，否则将在诊断信息中设置 Cfg_Fault 为 1，表示通信接口配置时发生错误。主站将一致性参数位设置为 1，表示主站期望 DP 从站的输入/输出数据具有一致刷新的属性。DP 从站也可通过设置其实际通信接口配置数据中的一致性位为 1，告知主站它的输入/输出数据具有一致刷新要求。数据一致刷新引起配置故障（Cfg_Fault=1）有 2 种：DP 从站要求其输入/输出接口数据区一致刷新，而 DP 主站无一致刷新要求；DP 从站不支持数据区的一致刷新，而 DP 主站要求该数据区的一致刷新。

功能 DDLM_Chk_Cfg 的主从通信的处理过程与功能 DDLM_Set_Prm 的主从通信的处理过程相同。

表 3-25 列出了功能原语 DDLM_Chk_Cfg 的参数。

表 3-25　DDLM_Chk_Cfg 的参数

参数名称	.req	.ind	.con	参数类型	取值范围	说　明
Rem_Add	M			BYTE	0～126 字节	被检查通信接口配置的 DP 从站地址
Req_Add		M		BYTE	0～125 字节	检查通信接口配置的主站地址
Cfg_Data	M	M		STRING	1～32 字节,可扩展到 244 字节	包括一般标识符和专用标识符,用来定义从站输入/输出接口的数据格式和一致刷新的属性
Status			M			指示服务是否成功

（6）读组态数据。

读从站的通信的接口配置 DDLM_Get_Cfg 功能，DDLM_Get_Cfg 的参数如表 3-26 所示。允许 2 类主站读取 DP 从站的通信接口配置，主站能获得 DP 从站实际的通信接口配置（Real_Cfg_Data）。图 3-21 为功能 DDLM_Get_Cfg 的主从通信的处理过程。

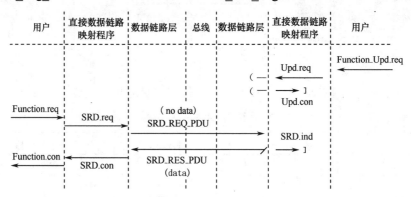

图 3-21　功能 DDLM_Get_Cfg 的主从通信的处理过程

表 3-26　DDLM_Get_Cfg 的参数

参数名称	.req	.con	_Upd.req	参数类型	取值范围	说　明
Rem_Add	M	M		BYTE	0～126 字节	被读取通信接口配置的 DP 从站地址
Status		M				指示服务是否成功
Real_Cfg_Data		C	M	STRING	1～32 字节,可扩展到 244 字节	从站实际的通信接口配置,与 Chk_Cfg 功能中的 Cfg_Data 具有相同的格式

（7）对 DP 从站的控制命令。

全局控制命令 DDLM_Global_Control 功能允许发送一个特殊的控制命令（如同步输入和同步输出）到一个或几个 DP 从站(广播)。图 3-22 所示为功能 DDLM_Global_Control

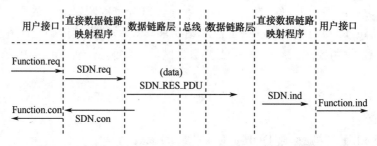

图 3-22　功能 DDLM_Globalt_Control 的主从通信的处理过程

的主从通信的处理过程。表 3-27 列出了 DDLM_Global_Control 的参数。

表 3-27　DDLM_Global_Control 的参数

参数名称	.req	.ind	.con	参数类型	取值范围	说　明
Rem_Add	M		M	BYTE	0～127 字节	接收控制命令的 DP 从站地址
Req_Add		M		BYTE	0～125 字节	发起控制命令的 DP 从站地址
Control_Command	M	M		BYTE	0～127 字节	控制命令字节，定义将被执行的命令
Group_Select	M	M		BYTE		此参数决定哪个或哪些组将被寻址
Status		M				指示服务是否成功

（8）变更 DP 从站的站地址。

设置从站地址（DDLM_Set_Slave_Add）功能允许 2 类主站设置 DP 从站的地址。如果 DP 从站没有存储能力或者地址设置是通过拨码开关来实现的，则通过回应一个设置出错报文来拒绝这一设置。如果 DP 从站支持地址设置且接收到的参数 Ident_Number 与本地存储的 Ident_Number 一致，那么从站的地址将接收 2 类主站设置的新地址。功能 DDLM_Set_Slave_Add 的主从通信的处理过程与功能 DDLM_Set_Prm 的主从通信的处理过程相同。表 3-28 列出了功能原语 DDLM_Set_Slave_Add 的参数。

表 3-28　DDLM_Set_Slave_Add 的参数

参数名称	.req	.ind	.con	参数类型	取值范围	说　明
Rem_Add	M		M	BYTE	0～126 字节, 126（缺省）	被修改地址的 DP 从站地址
New_Slave_Add	M	M		BYTE	0～125 字节	要设置的新的 DP 从站地址
Ident_Number	M	M		WORD	0～65535 字节	DP 设备制造商标识符
No_Add_Chg	M	M		布尔数		1 标识仅在初始复位之后才可设置地址；0 表示可以多次改变地址
Rem_Slave_Data	U	C		STRING	0～28 字节，可扩展到 240 字节	此参数传送用户专用数据。若 DP 从站可存储，则此数据存于 DP 从站中
Status		M				指示服务是否成功

2）DDLM 主-主功能

主-主通信功能总是由 2 类主站的用户启动，2 类主站用功能原语请求（.Req）发送到 DDLM，用功能原语（.Con）来接收 DDLM 的应答。在某一时刻，1 类主站只能和一个 2 类主站通信。

主-主功能包括：

（1）读 1 类主站状态和 DP 从站的诊断信息；

（2）参数上载与下载；

（3）激活参数（无需确认）；

（4）激活与解除激活参数集；

（5）选择 1 类主站的操作模式。

这些功能都是由相应的 DDLM 原语描述。表 3-29 概括了 DDLM 主-主通信功能。

表 3-29　DDLM 主–主通信功能

功　能	DP 从站		DP 主站（1 类）		DP 主站（2 类）	
	Req	Res	Req	Res	Req	Res
Get_Master_Diag	—	—	—	M	O	—
Start_Seq	—	—	—	O	O	—
Download	—	—	—	O	O	—
Upload	—	—	—	O	O	—
End_seq	—	—	—	O	O	—
Act_Para_Brct	—	—	—	O	O	—
Act_Param	—	—	—	O	O	—

主–主通信功能将在一个或多个 FDL 循环报文中进行。除 DDLM_Act_Para_Brct（激活参数集）功能外，DDLM 主–主通信功能处理过程如图 3-23 所示。

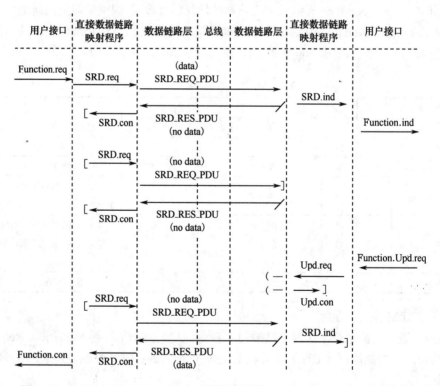

图 3-23　DDLM_Slave_Diag 主–主功能处理过程（DDLM_Act_Para_Brct 除外）

下面将详细讲述各 DDLM 主–主通信功能的参数和通信处理过程。

（1）读主站诊断信息。

读主站诊断信息功能 DDLM_Get_Master_Diag 既可以请求存放在 1 类主站中控制从站的诊断信息，也可以请求主站本身的状态信息。诊断信息既可以针对系统的诊断信息集，也可以针对单独的站，具体请求哪种诊断信息取决于参数。表 3-30 为功能原语 DDLM_Get_Master_Diag 的参数结构说明。

表 3-30　功能原语 DDLM_Get_Master_Diag 的参数

参 数 名 称	.req	.ind	.res	.con	参数类型	取值范围	说　　明
Rem_Add	M			M	BYTE	0～125 字节	被读取诊断信息的主站地址
Identifier	M				BYTE	0～255 字节	规定请求诊断信息的类型或者 DP 从站地址
Status			M				指示服务是否成功
Diagnostic_Data			C（S*）	C（S*）	STRING		
注：“*”表示参数是可选择的，也有其他可替换的选择项							

（2）上载和下载。

上载（DDLM_Upload）功能允许 2 类主站读取 1 类主站的数据，下载（DDLM_Download）功能允许 2 类主站向 1 类主站传送数据。上述 2 个过程既可针对单个数据，也可针对一个数据区域。在对单个数据上载或下载时，不能保证与其他数据的一致性刷新要求。为保证数据的一致性刷新，可对一个数据区域上载或下载，这时需要在上载或下载前后分别使用功能原语 DDLM_Start_Seq 和 DDLM_End_Seq，从而实现开始和结束存取保护（存取保护保证用户在执行期间不能部分地存取已装载的数据）。功能原语 DDLM_Start_Seq 的参数如表 3-31 所示，而功能原语 DDLM_End_Seq 的参数仅有 Rem_Add、Req_Add 和 Status 3 个参数。

表 3-31　功能原语 DDLM_Start_Seq 的参数

参 数 名 称	.req	.ind	.res	.con	参数类型	取值范围	说　　明
Rem_Add	M				BYTE	0～125 字节	远程 1 类主站的地址
Req_Add		M			BYTE	0～125 字节	请求方 2 类主站地址
Area_Code	M	M			BYTE	0～255 字节	表示将被装载或被读取的区
Timeout	M	M			WORD	0～65535 字节	在两个连续的上载/下载功能之间的控制时间。如果时间溢出，则关闭存取保护，传递的数据无效
Status			M	M			指示服务是否成功
Max_Len_Data_Unit			C	C	BYTE	1～240 字节	指在随后的上载/下载帧中数据的最大长度

表 3-32 列出了功能原语 DDLM_Upload 的参数。要上载的数据集放在标记 Area_

表 3-32　功能原语 DDLM_Upload 的参数

参数名称	.req	.ind	.res	.con	参数类型	取值范围	说　　明
Rem_Add	M				BYTE	0～125 字节	远程 1 类主站的地址
Req_Add		M			BYTE	0～125 字节	请求方 2 类主站地址
Area_Code	M	M			BYTE	0～255 字节	表示将被装载或被读取的区
Add_offset	M	M			WORD	0～65535 字节	规定 Area_Code 的区域开始的偏移量
Data_Len	M	M			BYTE	1～240 字节	定义所请求数据的长度
Status			M	M			指示服务是否成功
Data			C	C	STRING	1～240 字节	要传输的数据

Code 的 1 类主站区域中，用 DDLM_Upload 按块的方式发送。如果不用 DDLM_Start_Seq 和 DDLM_End_Seq 功能通知开始和结束，可以传送单个数据，但在这种情况下传递的数据不能保证一致性刷新。

功能原语 DDLM_Download 的参数。下载功能与上载功能的执行方法一致。参数中除没有 Data_Len 外，其余的定义都与 DDLM_Upload 类似。

（3）激活参数集。

在下载新的参数集之后，2 类主站使用功能原语 DDLM_Act_Para_Brct 来指示 1 类主站激活参数，参数 Rem_Add 指示该功能是向一个 1 类主站发送还是向多个 1 类主站发送。当 1 类主站用户接口处于 Clear 和 Operate 操作模式时，如果 FDL 参数（如通信比特率或 FDL 地址）发生了改变，则不能对 1 类主站使用总线参数集的激活命令（DDLM_Act_Para_Brct）。该功能采用无须应答（SDN）的方式进行发送，它不要求响应方的应答（因为如果要改变通信比特率，必须对所有 DP 主站同时发送）。图 3-24 所示为功能 DDLM_Act_Para_Brct 的主-主通信处理过程。功能原语 DDLM_Act_Para_Brct 的参数如表 3-33 所示。

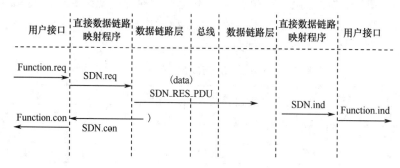

图 3-24　功能 DDLM_Act_Para_Brct 的主-主通信处理过程

表 3-33　功能原语 DDLM_Act_Para_Brct 的参数

参数名称	.req	.ind	.con	参数类型	取值范围	说　明
Rem_Add	M			BYTE	0～125 字节，127 字节	远程 1 类主站的地址
Area_Code	M	M		BYTE	127～254 字节	表示应被激活的区域
Status			M			指示服务是否成功

在多 DP 主站和有 FMS 站的情况下，应确保新旧总线参数集的兼容性。

（4）参数集激活和解除。

2 类主站通过发送功能 DDLM_Act_Param 指示 1 类主站可以如下操作：激活或解除激活一个参数化的 DP 从站；改变用户接口的操作模式；接收并激活总线参数集。

这一功能使用 SRD 服务，需要响应方的应答，而上一激活参数集（DDLM_Act_Para_Brct）功能使用 SDN 服务，不需要响应方的应答。如果总线参数集中具有通信比特率或 FDL 站地址，那么新的总线参数集由 DDLM_Act_Para_Brct 功能来激活（此时 1 类主站应处于 Stop 模式）。表 3-34 所列为功能 DDLM_Act_Param 的参数。

表 3-34　功能原语 DDLM_Act_Param 的参数

参数名称	.req	.ind	.res	.con	参数类型	取值范围	说　　明
Rem_Add	M				BYTE	0~125 字节, 127 字节	远程 1 类主站的地址
Area_Code	M	M			BYTE	127~254 字节	表示应被激活的区域
Activate	M	M			BYTE	1~240 字节	具体含义由 Area_Code 的取值决定
Status			M	M			指示服务是否成功

（5）主-主通信的功能码。

在主-从通信时，采用不同的目的服务存取点来区别不同的主-从 DDLM 服务，而在主-主通信的情况下，使用同一服务存取点，区别不同主-主 DDLM 功能的方法是在帧传送中采用不同的附加信息，附加信息编码在 FDL 层的数据字段中。具有附加信息的数据字段就是在用户数据前增加附加信息（Function-Num）。

附加信息不包括长度信息，但长度可由相应的功能决定，附加信息之后紧跟用户数据。根据数据链路层服务协议规范，数据字段的最大长度是 246 字节，传送附加信息时会缩小用户数据的最大长度。

3）DDLM 本地功能

主站和从站的 DDLM 提供与用户接口（或用户）的本地交互功能。DDLM 将其功能映射到 FDL 和 FMA 1/2 须确定的服务，并完成本地服务确认的处理。

DP 主站的本地功能包括：

（1）1 类主站初始化（DDLM_Master_Init）。主站用户接口初始化 DDLM，准备与 DP 从站通信，DDLM 映射的 FMA 1/2 服务是 SAP Activate FMA 1/2。

（2）1 类主站初始化与 2 类主站通信（DDLM_Responder_Init）。1 类主站用户接口初始化 DDLM 准备与一个 2 类主站通信。DDLM 映射的 FMA 1/2 服务是 RSAP Activate FMA 1/2 和 SAP Activate FMA 1/2。

（3）2 类主站初始化与 1 类主站通信（DDLM_Requester_Init）。2 类主站的用户初始化 DDLM 准备与 1 类主站通信。DDLM 映射的 FMA 1/2 服务是 SAP Activate FMA 1/2。

（4）复位（DDLM_Reset）。对本地 FDL 和 FMA 1/2 复位，DDLM 映射的 FMA 1/2 服务是 Reset FMA 1/2。

（5）设置总线参数（DDLM_Set_Bus_Par）。将来自总线参数集的第 2 层参数传送给 FDL，DDLM 映射的 FMA 1/2 服务是 Set Value FMA 1/2。

（6）设置变量值（DDLM_Set_Value）。将 FDL 参数变量值传送给 FMA 1/2，DDLM 映射的 FMA 1/2 服务是 Set Value FMA 1/2。

（7）读变量值（DDLM_Read_Value）。读取 FDL 参数变量值，DDLM 映射的 FMA 1/2 服务是 Read Value FMA 1/2。

（8）清统计计数器（DDLM_Delete_SC）。使统计计数器清零，DDLM 映射的 FMA 1/2 服务是 Set Value FMA 1/2。

（9）出错通知（DDLM_Fault）。DDLM 通知用户接口，在本地 FDL 和 FMA 1/2 服务执行时发生一个错误。

（10）事件通知（DDLM_Event）。DDLM 通知用户第 2 层发生的事件。

DP 从站的本地功能包括：

（1）从站本地初始化（DDLM_Slave_Init）。在 DP 从站中使用该功能启动本地 FDL 和 FMA 1/2 用于数据通信并传送本地站地址。DDLM 映射的 FMA 1/2 服务是 Reset FMA 1/2、Set Value FMA 1/2 和 RSAP Activate FMA 1/2。

（2）设置最小站延迟时间（DDLM_Set_minTsdr）。可将操作参数 minTsdr（指最小响应站延迟时间值 min T_{SDR}）传送给 DP 从站的本地 FDL。DDLM 映射的 FMA 1/2 服务是 Set Value FMA 1/2。

（3）进入用户数据交换模式（DDLM_Enter）。利用该功能为 DDLM 的用户数据交换模式启动 DP 从站的本地 FDL 和 FMA 1/2。同时用第 2 层存取保护来激活并参数化用于输出数据和 DDLM_Globle_Control 功能的 SAP。DDLM 映射的 FMA 1/2 服务是 RSAP Activate FMA 1/2 和 SAP Activate FMA 1/2。

（4）退出用户数据交换模式（DDLM_Leave）。利用该功能可重新组态 DP 从站的本地 FDL 和 FMA 1/2，并终止 DDLM 的用户数据交换模式。同时，第 2 层 DDLM_Gloal_Control 功能的 SAP 解除激活。DDLM 映射的 FMA 1/2 服务是 SAP Deactivate FMA 1/2。

（5）错误（DDLM_Fault）。DP 从站的 DDLM 利用该功能向用户接口指示在本地 FDL 和 FMA 1/2 服务的执行过程中出错。

3．用户接口

根据 Profibus-DP 的通信模型，1 类主站和从站的用户层都有用户接口。

1）1 类主站的用户接口

1 类主站用户接口与用户之间的接口包括数据接口和服务接口。在该接口上处理与 DP 从站通信的所有交互作用，如图 3-25 所示。

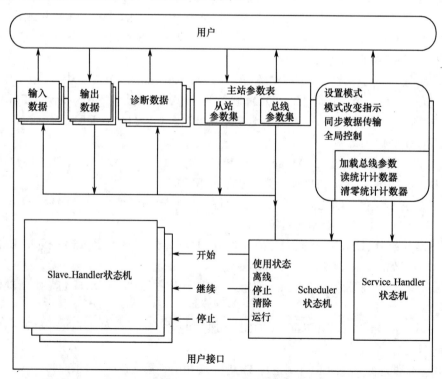

图 3-25　1 类主站的用户接口

　　数据接口：包括主站参数集、诊断数据和输入/输出数据。其中主站参数集包含总线参数集和 DP 从站参数集，是总线参数和从站参数在主站上的映射。

　　服务接口：通过服务接口，用户可以在用户接口的循环操作中异步调用非循环功能。非循环功能分为本地和远程功能。本地功能由 Scheduler 或 Service_Handler 处理，远程功能由 Scheduler 处理。用户接口不提供附加出错处理。在这个接口上，服务调用顺序执行，只有在接口上传送了 Mark.req 并产生 Global_Control.req 的情况下才允许并行处理。服务接口包括以下几点。

　　（1）设定用户接口操作模式（Set_Mode）。

　　（2）指示操作模式改变（Mode_Change）。

　　（3）加载总线参数集（Load_Bus_Par）。

　　（4）同步数据传输（Mark）。

　　（5）对从站的全局控制命令（Global_Control）。

　　（6）读统计计数器（Read_Value）。

　　（7）清零统计计数器（Delete_SC）。

　　2）从站的用户接口

　　在 DP 从站中，用户接口通过前面所述从站的主-从 DDLM 功能和从站的本地 DDLM 功能与 DDLM 通信，用户接口被创建为数据接口，从站用户接口状态机实现对数据交换的监视。用户接口分析本地发生的 FDL 和 DDLM 错误并将结果放入 DDLM_Fault.ind 中。用户接口保持与实际应用过程之间的同步，并且该同步的实现依赖于一些功能的执行过程。在本地，同步由 3 个事件来触发：新的输入数据、诊断信息（Diag_Data）改变和通信接口配置改变。主站参数集中参数 Min_Slave_Interval 的值应根据 DP 系统中从站的性能来确定。

3.3　Profibus-DP 系统结构及通信扩展

3.3.1　Profibus-DP 系统结构

1. 1 类主站结构

　　1 类主站的结构如图 3-26 所示，这里主要说明 1 类站中用户接口的结构。用户接口主要由 3 个功能块组成，分别是：Slave_Handler 状态机、Scheduler 状态机和 Service_Handler 状态机。

　　1）Slave_Handler 状态机

　　Slave_Handler 状态机功能块控制主-从通信。该状态机根据从站状态作出相应处理，有固定的处理次序，每次调用 Slave_Handler 状态机产生一个 DDLM 请求。

　　2）Scheduler 状态机

　　Scheduler 功能块规定调入相应 Slave_Handler、网络上报文的顺序以及控制全局的状态转换。Scheduler 必须保证 2 次从站轮询循环之间的规定时间。并且，Scheduler 在电源

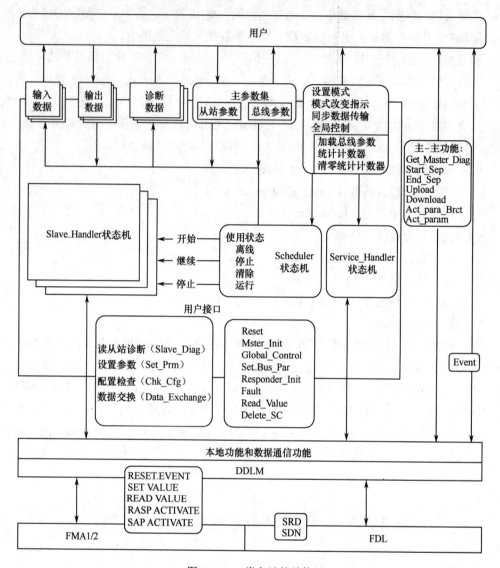

图 3-26　1 类主站的结构

启动时必须初始化 DDLM 并复位 Slave_Handler 状态机，本地生成的 FDL 时间或错误、DDLM 事件或错误也由 Scheduler 评估。

3）Service_Handler 状态机

Service_Handler 状态机功能块进行本地管理和控制，如加载总线参数集等功能。

2．2 类主站结构

2 类主站的结构如图 3-27 所示，在 2 类主站中不存在用户接口，2 类主站的用户直接将其功能映射到 DDLM 接口，用户利用这些 DDLM 功能处理与 DP 从站和 1 类主站的数据交换。主-从通信处理状态和主-主通信处理状态机分别处理响应的通信事务。主-主通信由 2 类主站启动，1 类主站可以不用立即对这些通信请求进行应答，此时，2 类主站将不会报错，而是循环地轮询 1 类主站直到它提供应答数据。

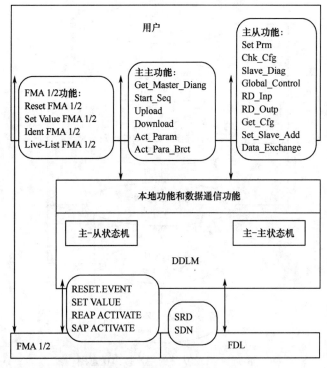

图 3-27　DP 主站（2 类）的结构

3. 从站结构

DP 从站的结构如图 3-28 所示。在 DP 从站中，用户与用户接口之间没有明显的接口，用户接口被创建为数据接口，用户利用 DDLM 提供的主-从数据通信功能与 DP 主站进行数据交换，DDLM 也提供本地功能服务。图 3-29 所示为 DP 从站从上电到进入正常的主-从数据交换阶段的状态转换过程，从这个过程中可以了解从站的通信状态转换。

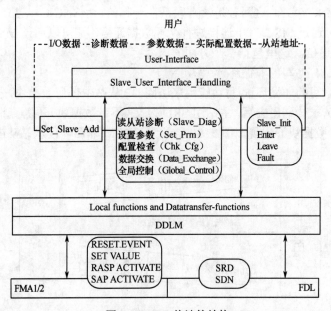

图 3-28　DP 从站的结构

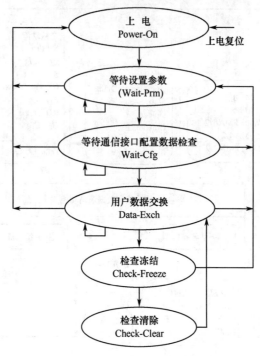

图 3-29 DP 从站的用户接口状态图

3.3.2 通信扩展

1．扩展功能

1）1 类主站与 DP 从站间扩展的数据通信

1 类主站与 DP 从站间的非循环通信功能是通过附加的服务存取点 51 单片机来执行的。此时，1 类主站与 DP 从站建立的非循环数据通信连接称为 MSAC-C1，而循环数据通信连接称为 MSCY-C1，这两者是紧密联系在一起的。MSAC-C1 建立成功之后，DP 主站（1 类）既可通过 MSCY-C1 连接进行循环数据通信，又可以通过 MSAC-C1 连接进行非循环的数据通信。这里包括 2 个方面的内容：

（1）带 DDLM 读/写的非循环读/写功能。

带 DDLM 读/写的非循环读/写功能用来访问 DP 从站中任何数据块，采用 SRD 服务，在 DDLM 读/写请求传送出去后，主站用 SRD 报文（不带数据块）不断查询，直到 DDLM 读/写响应（包含数据块）出现。图 3-30 所示为 DDLM 非循环读从站功能执行过程。

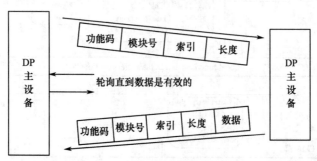

图 3-30 非循环读服务的执行过程

前面提到了模块的概念，一般的 DP 从站的物理设计是模块式的或按逻辑功能单元构成模块式的。每个模块的输入或输出字节个数是固定的，并且在用户数据报文中具有固定的格式，用标识符对模块进行标识，这些标识符数据组成从站通信接口配置数据，在系统启动时 1 类主站要进行检查。

此模型也是非循环服务的基础，一切能进行读/写的数据块都属于这些模块，数据块通过模块号和索引进行寻址，索引用来标识模块中的数据块，每个数据块包含多达 256 字节，如图 3-31 所示。

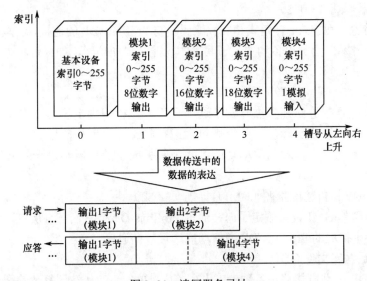

图 3-31　读写服务寻址

用于寻址模块的模块号从 1 开始，按照模块编号顺序递增，而 0 号留给设备本身。紧凑型设备可作为一个虚拟模块，也用模块号和索引进行寻址。

可以利用数据块中的长度信息对数据块的部分内容进行读/写。如果对数据块读/写成功，DP 从站给予肯定的读/写应答，否则 DP 从站给出否定的应答，并给出存在的问题。

（2）报警响应。

Profibus-DP 的基本功能允许 DP 从设备通过诊断信息向主设备传送事件信息，而在扩展功能中新增了 DDLM_Alam_Ack 功能，可以用来加强报警响应功能。

2）2 类主站与从站间的扩展数据传送

这类 DP 扩展数据传送允许某些诊断或操作员控制站（2 类主站）对从站的参数、测量值以及任何数据块进行非循环读取。这种通信是面向连接的，称为 MSAC-C2。在用户数据传输开始之前，主站用 DDLM_Initiate 服务建立 MSAC-C2 连接，从站用肯定应答（DDLM_Initiate.res）确认连接成功建立。在传送用户数据的过程中，允许任何时间长度的间歇，如果系统需要，主设备在这些间歇时间段中可以自动插入监视报文（Idle-PDUs），使 MSAC-C2 成为具有时间自动监控的连接。监控间隔由建立连接时的 DDLM_Initiate 服务规定。如果连接监视器发现故障，主从设备将自动断开连接。从站的服务存取点 40～48 和 2 类主站的服务存取点 50 都是 MSAC-C2 所使用的。

2. Profibus-DP 行规

Profibus-DP 的用户接口定义了设备可使用的应用功能以及各种类型的系统和设备的行为特性。而使不同制造商生产的 DP 部件能容易的进行互换使用，这主要是 DP 行规的任务。

1）NC/RC 行规（3.052）

此行规描述怎样通过 Profibus-DP 来对操作机床和装配机器人进行控制。根据详细的流程图，从高水平自动化的角度，介绍了这些机器人的运动和程序控制。

2）编码器行规（3.062）

此行规描述了回旋式、转角式和线性编码器与 Profibus-DP 的连接，这些编码器带有单转或多转分辨率。两类设备均定义了其基本功能和附加功能，如标定、中断处理和扩展诊断。

3）变速传动行规（3.072）

知名的驱动器制造商都参加开发了这一行规。该行规规定了怎样定义驱动参数、怎样发送设定值和接收实际值。此行规包含运行状态"速度控制"和"位置控制"所需的规范，还规定了基本的驱动功能，并为有关应用的扩展和进一步开发留有足够的余地。

4）操作员控制和过程监视（HMI）行规（3.082）

此行规为简单 HMI 设备规定了怎样通过 Profibus-DP 把它们与高层自动化部件相连接，本行规使用扩展的 Profibus-DP 通信功能进行数据通信。

3. 设备数据库文件 GSD

Profibus-DP 主站应能够与各种 DP 从站（从简单的 I/O 从站到复杂的智能从站）交换数据，为了能够安全方便地识别种类众多的 DP 从站，需要得到从站的技术特性数据，描述这些数据的文件称为设备数据库文件（Device Description Data file，GSD）。标准化的 GSD 数据将通信扩大到操作员控制级。使用基于 GSD 的组态工具可将不同厂商生产的设备集成在同一总线系统中。

1）GSD 文件的组成

对一种设备类型的特性 GSD 以一种准确定义的格式给出全面而明确的描述。GSD 文件可分为以下 3 个部分。

（1）一般规范。

包括生产厂商和设备名称、软硬件版本号、支持的波特率、可能的监控时间间隔等及总线插头的信号分配。

（2）DP 主设备相关规格。

与 DP 主站有关的规范包括所有只适用于 DP 主站的各项参数，如连接从站的最多台数、加载和卸载能力等。

（3）从设备的相关规格。

与 DP 从站有关的规范包括与从站有关的所有规范，如输入输出通道的数量和类型、诊断测试的规格以及输入/输出数据一致性等信息。

所有 Profibus-DP 设备的 GSD 文件均按 Profibus 标准进行了符合性试验，在 Profibus 用户组织的网站中有 GSD 库。

2）GSD 文件的使用说明

对于每个 1 类主站和所有的从站都需要 GSD 文件，由设备生产商提供。Profibus-DP 主站的配置工具解释配置从站的 GSD 文件，并产生一个参数化文件集供 1 类主站使用。2 类主站也需要 1 类主站的 GSD 文件，作用就是将配置数据如何下载到 1 类主站中，如果 1 类主站支持下载和上载服务，配置数据可以在线下载到 1 类主站中。基于 GSD 文件的内容，1 类主站可以配置如总线的扩展能力、从站支持那种服务以及以什么格式进行数据交换等信息。

在配置过程中使用到 GSD 文件，每一个 1 类设备的生产商都提供一个 GSD 文件配置工具，能够解释 GSD 文件的内容，只需要将所需的 GSD 文件复制到 PC 硬盘的相应位置即可。设备生产商提供针对它们各自设备的 GSD 文件，和产品一起给用户。配置工具中也提供一些 GSD 文件，一些 GSD 文件可通过以下途径得到。

（1）网站 http：//www.ad.Siemens.de 提供西门子公司的所有 GSD 文件。

（2）通过 PNO（Profibus Trade Organization），网址为 http：//www.Profibus.com。

（3）生产商提供磁盘。

GSD 文件创建后，必须通过 GSD Checker 检查文件的正确性，GSD Checker 可以从 http：//www.Profibus.com 网站上下载。若 GSD 文件中有错误，GSD 文件将标出错误所在的行，如果没有错误，GSD Checker 显示 GSD（）OK。

3）GSD 文件格式

GSD 文件是 ASCII 文件，它可以用任何可用的 ASCII 文本编辑器来创建，如记事本、UItraEdit 等，也可使用 Profibus 用户组织提供的编辑程序 GSD Edit。GSD 文件是由若干行组成，每行都用一个关键字开头，包括关键字及参数（无符号数或字符串）2 部分。GSD 文件中的关键字可以是标准关键字（在 Profibus 标准中定义）或自定义关键字，标准关键字可以被 Profibus 的任何组态工具所识别，而自定义关键字只能被特定的组态工具识别。

3.4　DP-V0 报文详解

Profibus DP-V0 是最早的 DP 版本，从 Profibus 应用层的应用关系类型上看，它包括 MS0 通信和 MM 通信，MS0 中既有循环通信，也有非循环的通信。其中最主要的功能是实现 1 类主站和从站之间的循环数据通信，所以下面我们对这些报文做详细的讲解。

各种报文的要点都集中在数据单元 DU 中，所以在下面讲解报文的具体结构时，我们重点对 DU 单元进行详细分析。

3.4.1　DP 报文格式

标准的 DP 报文格式如表 3–35 所示。

表 3–35　标准的 DP 报文格式

SD	LE	LEr	SDr	DA	SA	FC	DSAP	SSAP	DU	FCS	ED
68h	×	×	68h	×	×	×	×	×	×	×	16h

它符合 Profibus 数据链路层的基本要求，但多了 2 个字节，一个是目的服务访问点（Destination Service Access Point，DSAP），另一个是源服务访问点（Source Service Access Point，SSAP）。DSAP 和 SSAP 指明了具体的服务类型，它们能告诉这个报文的具体含义。

主站–从站之间通信的服务点和服务类型如表 3-36 所示。

表 3-36　主站–从站之间通信的服务点表示和服务类型表

服务类型	主站 SAP	从站 SAP	服务类型	主站 SAP	从站 SAP
数据交换	None	None	获取组态信息	3E（62）	3B（59）
设置从站地址	3E（62）	37（55）	从站诊断信息	3E（62）	3C（60）
读输入	3E（62）	38（56）	设置参数	3E（62）	3D（61）
读输出	3E（62）	39（57）	检查组态信息	3E（62）	3E（62）
全局控制	3E（62）	3A（58）			

说明：

（1）表 3-36 中 SAP 的值是用 16 进制数表示的，括号中为其对应的十进制数。

（2）主站–主站之间的通信服务店比较特殊，DSAP 和 SSAP 均为 36（54）。

（3）只有当从站支持该项功能时，从站 37h（55）才有效。

（4）在 DP 报文中的目标地址和源地址，即 DA 和 SA，它们分别为一个字节，其中低 7 位（$2^6 \sim 2^0$）表示设备地址，而 27 位是非常重要的位，当该位为 0 时，表示在该报文中，没有使用 DSAP/SSAP；当该位为 1 时，表示在该报文中，有 DSAP/SSAP 来指定相应的服务，这时的 DA/SA 在报文为 1×××××××。但在使用分析软件时，一般还显示正常的地址。

3.4.2　改变从站地址报文

该功能是由 2 类主站完成的，DSAP 为 37h。有些从站地址也可以通过从站设备面板上的 DIP 拨码开关完成。具体报文格式见表 3-37。

表 3-37　改变从站地址报文格式

SD	LE	LEr	SDr	DA	SA	FC	DSAP	SSAP	DU	FCS	ED
68h	09h	09h	68h	×	×	×	37h	3Eh	×	×	16h

其中 DU 单元的结构见表 3-38。

表 3-38　DU 单元的结构

第 1 字节	第 2 字节	第 3 字节	第 4 字节

DU 的具体结构含义如下。

（1）第 1 字节：从站新地址。

（2）第 2 字节：该从站设备的 ID 号高字节，范围为 0～FFh（0～255）。

（3）第 3 字节：该从站设备的 ID 号低字节，范围为 0～FFh（0～255）。

（4）第 4 字节：为 00 时表示允许更改地址，为 01 时表示不允许更改地址。

3.4.3　诊断请求及响应报文

当出现异常时，Profibus-DP 提供了一个方便的、功能强大的诊断信息报文，以对故障进行分析和解决。另外在从站上电起始阶段的参数设置之前，以及在进入数据交换阶段之前，主站会自动进行诊断请求。在进入数据交换阶段后，如有异常情况发生，也要进行及时的诊断请求及响应报文的通信，以便系统分析和解决问题。

所有的主站都可以向任何一个从站发送诊断请求报文，要求知道该从站的状态。

从站诊断响应报文的 DU 单元包含 6 个字节的标准诊断信息和用户所设定的其他诊断信息（也称为扩展诊断信息）。标准诊断信息包括：

（1）该从站的 ID 号；

（2）该从站是否被主站锁定；

（3）锁定从站的主站地址；

（4）各种参数设置错误；

（5）各种组态错误；

（6）是否支持同步/锁定功能。

主站请求报文见表 3-39。

表 3-39　主站请求报文

SD	LE	LEr	SDr	DA	SA	FC	DSAP	SSAP	DU	FCS	ED
68h	09h	09h	68h	×	×	×	3Ch	3Eh	×	×	16h

从站响应报文见表 3-40。

表 3-40　从站响应报文

SD	LE	LEr	SDr	DA	SA	FC	DSAP	SSAP	DU	FCS	ED
68h	×	×	68h	×	×	×	3Eh	3Ch	×…	×	16h

DU 单元的结构见表 3-41。

表 3-41　DU 单元的结构

前 6 个字节为基本诊断信息（必须）	装置诊断信息块（可选）	标志模块诊断信息块（可选）	通道诊断信息块（可选）
1～6 基本诊断信息部分	7～244 扩展诊断信息部分		
DU 单元最少 6 字节，最多可有 244 字节			

1. 基本诊断信息部分

第 1 字节如图 3-32（a）所示。

第 2 字节如图 3-32（b）所示。

第 3 字节如图 3-32（c）所示。

第 4 字节：为主站地址，范围为 0～7Dh（0～125）。当其值为 FFh（255）时，表明该从站未被任何主站控制或未进行参数设置。

第 5 字节：该从站设备的 ID 号高字节，范围为 0～FFh（0～255）。

第 6 字节：该从站设备的 ID 号低字节，范围为 0～FFh（0～255）。

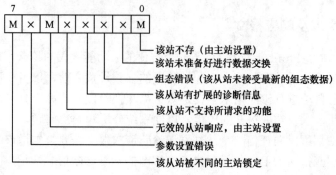

（a）诊断信息第 1 字节

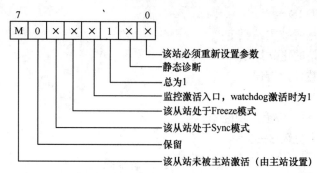

（b）诊断信息第 2 字节

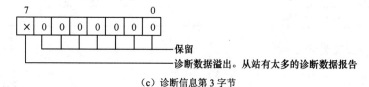

（c）诊断信息第 3 字节

图 3-32　诊断信息

[例 3-1]　一个诊断报文 DU 单元的前 6 个字节的内容为：06 05 00 FF 00 0B，请解释其含义。

06：表示故障为组态错误，从站未准备好进行数据交换；

05：表示该从站为非 Sync 和 Freeze 模式，且必须重新进行参数设置；

00：表示诊断数据未溢出；

FF：表示没有主站拥有该从站；

00 0B：表示该从站的 ID 号为 000B。

2．扩展诊断信息部分

扩展诊断信息由 3 部分组成，下面分别介绍。

1）装置诊断信息

其结构见表 3-42。

表 3-42　装置诊断信息结构

头字节	与装置有关的诊断数据字节
00××××××	1 字节～62 字节

头字节指明"装置诊断信息"类型和长度（即有几个字节的诊断信息），该长度包括头字节。头字节结构及含义如图 3-33 所示。

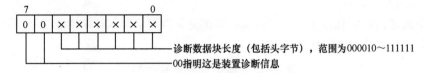

图 3-33　装置诊断信息头字节

如果有装置诊断信息，则至少应该有 1 个字节，所以加上头字节后，其数值范围为 00000010～00111111，即 02h～3Fh。实际的诊断数据字节数为 1～62 个。

接下来的字节就是装置诊断信息的具体内容了，它们由设备制造商来每一字节中每一位的具体定义。

2）标志（Identifier）（模块）诊断信息

其结构见表 3-43。

表 3-43　标志诊断信息结构

头字节	和标志（模块）有关的诊断数据字节
01××××××	1 字节～62 字节

和上面的头字节类似，头字节指明"标志诊断信息"类型和长度（即有几个字节的诊断信息），该长度包括头字节。头字节结构及含义如图 3-34 所示。

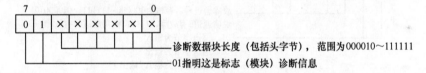

图 3-34　标志诊断信息头字节

如果有装置诊断信息，则至少应该有 1 个字节，所以加上头字节后，头字节的数值范围为：01000010～01111111，即 42h～7Fh。实际的诊断数据字节数为 1～62 个。

接下来的字节就是标志诊断信息的具体内容了，结构如图 3-35 所示。

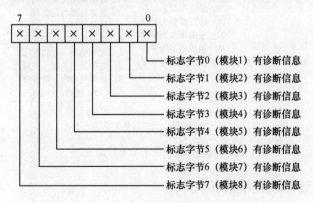

图 3-35　标志诊断信息的具体内容结构

如果该设备的模块数多于 8 个，则可以继续使用接下去的字节指明标志字节号（或模块号）。

3）通道诊断信息

每个通道诊断信息由 3 个字节组成。该部分可能有多个这样的通道诊断信息组成，一个通道诊断信息的结构见表 3-44。

表 3-44　通道诊断信息结构

头字节	和通道有关的诊断数据字节
10××××××	2 字节（包括头字节有 3 个字节）

头字节：指明"通道诊断信息"类型和发生故障的模块号。头字节的具体结构和含义如图 3-36（a）所示。

第 2 个字节：说明通道字节类型，具体结构含义如图 3-36（b）所示。

第 3 个字节：说明通道字节长度和故障类型，具体结构和含义如下。

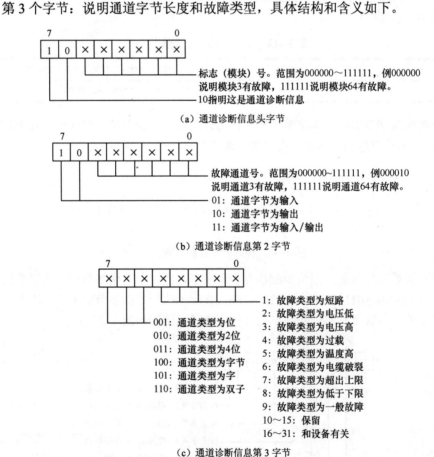

（a）通道诊断信息头字节

（b）通道诊断信息第 2 字节

（c）通道诊断信息第 3 字节

图 3-36　通道诊断信息

3.4.4　参数设置请求及响应报文

主站参数设置请求指定它和从站的关系，以及指定从站的操作方式，主要包括通信参数、功能设定、装置参数和 ID 号。接收到该请求报文后，从站将检查这些参数和功能对该站是否合适。必须设置的参数和功能如下。

（1）是否启用 Watchdog：为了安全原因，一般情况下应激活 Watchdog。

（2）定义最小的从站延迟响应时间 T_{SDR}：在响应主站请求之前，从站必须有一个等待时间，该时间至少为 11 个 T_{bit}。

（3）是否支持锁定/同步方式。

（4）该主站是否锁定该从站：指定该从站是否还要被其他主站控制。

（5）指定成组控制组号：进行全局控制时，指定从站哪些组进行锁定/同步控制。

（6）该 Profibus 装置或设备的 ID 号。

从站的响应报文非常简单，只有一个字节来对主站的请求进行确认，即短确认报文 SC（Short Character）：E5h。

主站的参数设置请求报文的 DU 单元前 7 个字节是基本参数设置，是必须的；接下下来的字节是扩展参数设置。DU 部分最多可以有 244 个字节。主站的参数设置请求报文的结构和含义见表 3–45。

表 3–45　主站的参数设置请求报文结构

SD	LE	LEr	SDr	DA	SA	FC	DSAP	SSAP	DU	FCS	ED
68h	×	×	68h	×	×	×	3Dh	3Eh	×	×	16h

DU 单元的结构见表 3–46。

表 3–46　DU 单元的结构

前 7 个字节为必选字节	相关装置和模块的参数（可选）
1~7 字节	8~244 字节
DU 单元最少必须为 7 个字节，最多可有 244 字节	

第 1 字节如图 3–37 所示。

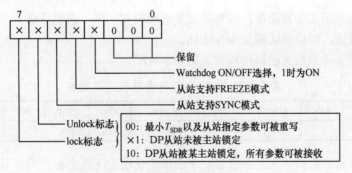

图 3–37　参数设置请求报文的第 1 字节

第 2 字节：WD1。看门狗系数 1，数值范围 0~FFh。

第 3 字节：WD2。看门狗系数 2，数值范围 0~FFh。

看门狗时间=WD1×WD2×10ms。

注意，有些从站设备看门狗时间的基值为 1ms。

第 4 字节：最小的从站响应时间 T_{SDR}，标准的 TSDR 为 11 个 T_{bit}，所以该字节的数值一般为 0Bh。

第 5 字节：设备 ID 号高字节。

第 6 字节：设备 ID 号低字节。

第 7 字节：成组选择，该字节的每一位代表一组，所以从站可以设计为单独一组或组成多组，成组选择主要用于全局控制功能（如 SYNC、FREEZE 等），组号从该字节最低位按顺序排列为从第 1 组到第 8 组。

DU 单元的扩展部分是可选的，它用来设定与装置或模块有关的起始/操作等参数，例如设定某些操作模式或选择操作范围等。它们由 Profibus 设备制造商在 GSD 文件中指定，有些缺省值也在 GSD 文件中说明。Profibus 参数设置的最大作用就是代替了传统方法中的 DIP 拨码开关或手工设定器，使装置或设备的有关参数变得简单和方便。

［例 3-2］　一个参数设置报文 DU 单元的前 7 个字节的内容为：B8 01 0D 0B 80 1D A0，请解释其含义。

B8：表示从站被锁定，支持 SYNC 和 FREEZE 模式，Watchdog 为 ON。

01 0D：表示看门狗时间为：$1 \times 13 \times 10$ms，即 130ms。

0B：表示 T_{SDR} 为 11 个 T_{bit}。

80 1D：表示该设备的 Profibus ID 号为 801D。

A0：即 10100000，表示第 6 组和第 8 组会同时执行一样的操作。

3.4.5　组态请求及响应报文

参数设置之后，主站发送组态请求报文给从站。组态报文的作用主要是对 I/O 的类型及性质进行设定，还可指定制造商的一些特殊 I/O 设置。组态请求报文的 DU 单元有 1 个字节的必选部分，接下来的是可选的扩展部分，DU 部分最多可以有 244 个字节。

从站会把得到的组态信息和它 GSD 文件中的相应内容进行比较验证，看是否矛盾或冲突，如果主站的组态信息不合适，则从站会在下面的诊断报文中向主站报告，以便重新进行组态。

从站的响应报文非常简单，和参数设置响应报文一样，它也只有 1 个字节来对主站的请求进行确认，即短确认报文 SC：E5h。

主站的组态请求报文的结构和含义见表 3-47。

表 3-47　主站的组态请求报文的结构

SD	LE	LEr	SDr	DA	SA	FC	DSAP	SSAP	DU	FCS	ED
68h	×	×	68h	×	×	×	3Eh	3Eh	×	×	16h

组态请求报文数据单元至少包含一个必须的说明 I/O 组态标志的字节，该字节用来定义第 1 个模块的 I/O 性质、数据类型（字节/字）和数据块（模块）的一致性范围。如果多于一个模块，则其他字节用来定义其余 I/O 模块的信息。整个 DU 的长度可达 244字节。具体结构见表 3-48。

表 3-48　组态请求报文数据单元结构

I/O 组态标志 ID0（必须）	其他 I/O 组态标志 ID1，ID2，…，（可选）

1．一般模块的组态（一个字节）

在该字中指定基本 I/O 的性质，如单位（是字节还是字）、性质（I、O、I/O 或特殊数据）、数量和 I/O 的一致性（Consistency）进行设定。具体结构及含义如图 3-38 所示。

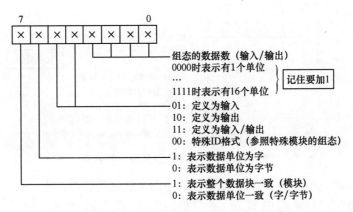

图 3-38　一般模块的组态的 1 个字节

2．特殊模块的组态

如果头字节的位 4、位 5 为 00，则该模块中必然包括制造商特殊的数据，该部分的基本结构（只画出一个模块，可能有多个模块）见表 3-49。

表 3-49　特殊模块组态结构

ID 头字节	输出字节性质	输入字节性质	制造商特殊数据
××00××××	仅仅为输出时	仅仅为输入时	（可选）

ID 头字节：特殊 ID 格式，头字节按该格式表达，如图 3-39 所示。

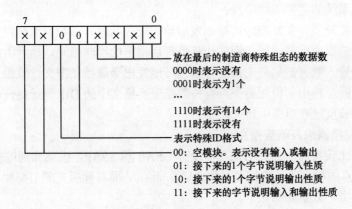

图 3-39　ID 头字节

接下来的字节：1 个字节长度的输出性质或输入性质说明，如果都有则连着有 2 个字节，但要注意顺序，输出在前，输入在后，如图 3-40 所示。

接下来的字节：为制造商特殊数据，有几个则占几个字节。

可以利用特殊组态信息来区分具有组态相同但性质不同的 I/O 模块。比如 2 个不同的 8 点输出模块，一个是继电器输出，另一个是 TTL 直流输出，它们的基本编码都是一样的，但使用时必须分清楚输出类型。制造商正是特殊模块组态中的组态特殊数据来区分它们的物理特性的。如 2 组组态报文的 DU 单元如下。

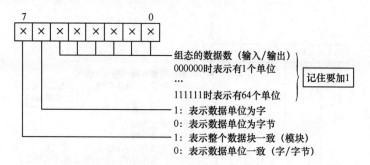

图 3-40　输出或输入性质说明的字节

（1）81 00 00：后面的 00 就表示硬件的输出为继电器形式。

（2）81 00 01：后面的 01 就表示硬件的输出形式为 TTL 形式。

［例 3-3］　一个组态报文 DU 单元的字节内容为：C2 C1 03 2F 31，请解释其含义。

C2：即 11000010，表示为特殊 I/O 模块组态，有输出和输入，有 2 个特殊数据。

C1：即 11000001，表示有 2 个字的输出，整个数据块一致。

03：即 00000011，表示有 4 个字节的输入，字节一致。

2F 31：为制造商的 2 个特殊数据。

3.4.6　数据交换及全局控制报文

对从站进行过参数设置和组态，并经过再次诊断，确认无误后，主站和从站就进入了数据交换阶段。要是没有意外情况，数据交换就会一直进行下去，所以该阶段是整个现场总线控制系统的主要工作阶段。

在数据交换阶段，主站把输出数据发送给相应的从站，该数据就是根据现场输入数据和生产工艺的要求，经过用户程序计算处理后得出的控制结果，然后主站从该从站得到相应的最新输入数据。另外主站还可以循环地发出全局控制报文，该报文中还包括是否对输出进行同步输出的控制命令。有关数据交换报文中的 DU 单元最长可以有 244 个字节，具体的长度已在组态中定义。

1．数据交换请求及响应报文

这类报文比较特殊，它们的报文中没有 DSAP 和 SSAP，因此比别的报文少 2 个字节。表明这一点的标志就是它们 DA 和 SA 的 $bit_7=0$，而其他报文的 DA 和 SA 的 $bit_7=1$。该类报文分 2 类，分别介绍如下。

1）从站有输入数据向主站报告

主站请求报文结构见表 3-50（发送输出数据）。

表 3-50　主站请求报文结构

SD	LE	LEr	SDr	DA	SA	FC	DU	FCS	ED
68h	×	×	68h	×	×	×	DATA	×	16h

从站响应报文结构见表 3-51（接收输入数据）。

表 3-51　从站响应报文结构

SD	LE	LEr	SDr	DA	SA	FC	DU	FCS	ED
68h	×	×	68h	×	×	08h	DATA	×	16h

其中，报文中的功能码 FC=08h，说明这是一个低优先级的报文。

2）从站没有输入数据向主站报告

这样的从站是一个纯粹的执行器，只有控制输出，而没有信号输入。主站请求报文结构见表 3-52（发送输出数据）。

表 3-52　主站请求报文结构

SD	LE	LEr	SDr	DA	SA	FC	DU	FCS	ED
68h	×	×	68h	×	×	×	DATA	×	16h

从站响应报文结构为短响应报文格式 SC，即只有一个字节：E5h。

2. 异常情况报告报文

在前面介绍诊断报文时已简单介绍过，在数据交换阶段如有异常情况发生，也要进行诊断报文的通信。从站诊断信息具有高的优先级，其实这也是控制系统的实际要求，因为当出现故障时，必须及时报告给主站。在数据交换状态下，Profibus-DP 是这样实现该功能的，从站一旦有诊断信息需要报告，它立即会在当时的数据交换响应报文中 FC 字节的低 4 位置 A，这样主站就知道了该从站有诊断信息报告，主站会马上在下一个总线循环周期发出诊断请求报文，而不是发送数据交换请求报文，从站就可以把诊断响应报文发送给主站了。

数据交换过程中，异常情况下从站的响应报文也有 2 种。

对从站有输入数据向主站报告的情况，主站发出数据交换请求报文后，从站响应报文的结构见表 3-53。

表 3-53　有数据输入的从站响应报文结构

SD	LE	LEr	SDr	DA	SA	FC	DU	FCS	ED
68h	×	×	68h	×	×	0Ah	DATA	×	16h

对从站没有输入数据向主站报告的情况，因为正常情况下从站的响应报文是一个短确认报文 SC，所以这时要做一些特殊处理，即让它也发送一个带 FC 和 DU 单元的报文给主站，DU 单元中的一个字节的数据是一个哑数据。结构见表 3-54。

表 3-54　有数据输入的从站响应报文结构

SD	LE	LEr	SDr	DA	SA	FC	DU	FCS	ED
68h	×	×	68h	×	×	0Ah	1 byte	×	16h

主站收到该报文后，就知道了该从站出现了异常情况，而主站对 DU 单元的哑数据不予理睬。

3．读取输入/输出报文

除了它所控制的从站外，主站还可以根据其需要读取其他任何从站的输入或输出数据。

1）读取输入报文

主站请求报文结构见表 3-55。

表 3-55　主站请求报文结构

SD	LE	LEr	SDr	DA	SA	FC	DSAP	SSAP	DU	FCS	ED
68h	05h	05h	68h	×	×	×	38h	3Eh	×	×	16h

从站响应报文结构见表 3-56（DU 中为输入数据）。

表 3-56　从站响应报文结构

SD	LE	LEr	SDr	DA	SA	FC	DSAP	SSAP	DU	FCS	ED
68h	×	×	68h	×	×	×	3Eh	38h	×	×	16h

2）读取输出报文

主站请求报文结构见表 3-57。

表 3-57　主站请求报文结构

SD	LE	LEr	SDr	DA	SA	FC	DSAP	SSAP	DU	FCS	ED
68h	05h	05h	68h	×	×	×	39h	3Eh	×	×	16h

从站响应报文结构见表 3-58（DU 中为输出数据）。

表 3-58　从站响应报文结构

SD	LE	LEr	SDr	DA	SA	FC	DSAP	SSAP	DU	FCS	ED
68h	×	×	68h	×	×	×	3Eh	39h	×	×	16h

4．全局控制报文

在数据交换过程中，主站使用 SDN 服务可以对设定的从站组进行全局控制（Globe Control），全局控制的主要内容是输出同步/解除同步（Sync/Unsync）、输入锁存/解除锁存（Freeze/Unfreeze）和清除数据（Clear Data）模式的设置。

1）全局控制报文结构及含义

全局控制报文没有响应报文，数据单元为固定的 2 个字节，所以其 SD 为 68h，其结构见表 3-59。

表 3-59　全局控制报文结构

SD	LE	LEr	SDr	DA	SA	FC	DSAP	SSAP	DU	FCS	ED
68h	07h	07h	68h	×	×	×	3Ah	3Eh	×	×	16h

第 1 个字节如图 3-41 所示。

第 2 个字节：从站成组号码设置，该字节的每一位代表一个从站组，全局控制对指定的从站组起作用。其实全局控制的从站成组号码设置已经在组态报文中 DU 单元的第

7 个字节中设置。当该字节的内容为 00 时，则指定该全局控制对所有从站有效。

特别注意：当全局控制报文的 DU 单元为 00 00 时，说明为正常操作模式，而没有任何全局控制的内容。

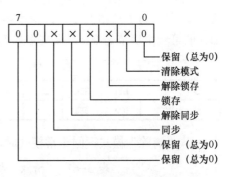

图 3-41　全局控制报文结构第 1 字节

2）同步和锁存方式

同步方式是针对输出而言的。正常情况下，从站接收到主站发的输出数据后，会立即通过数据缓冲器把它们送到了输出缓冲器，随后通过物理输出端去控制现场的执行机构。其过程如图 3-42（a）所示。

当主站发送同步控制命令后，输出数据就不能直接送到输出缓冲器了，而是先放在数据缓冲器中，如图 3-42（b）所示，当从站再次收到同步命令后，该数据才能被送到输出缓冲器，同时新的数据送到数据缓冲器中。举例说明如图 3-42（c）、图 3-42（d）所示。主站发出解除同步控制命令后，系统的输出数据通道又恢复到正常情况时的状态。

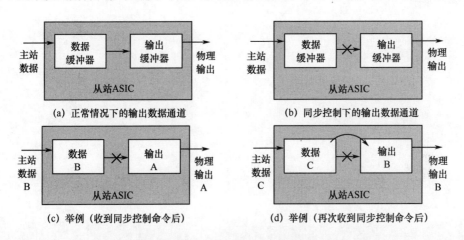

图 3-42　同步控制方式举例

锁存方式和同步方式的工作原理一样，只不过锁存方式是针对输入而言的。即在正常方式下，从站的输入数据可以直接送到主站。而在锁存方式下，从站的有关输入不能直接送到主站，而是必须等到下一个锁存命令。主站发出解除锁存控制命令后，系统的输入数据通道又恢复到正常情况时的状态。

同步和锁存方式一般用在高精度定位控制（如对驱动装置的控制），为了获得工艺所要求的结果，就必须要求对所使用的多个输入进行同时采样，对所控制的输出进行高精度的等时控制，而不能有时间先后的微小差别。但现在用于高精度等时同步控制的场合已很少再使用甚至不再使用全局控制报文了，更好的选择是使用专门为进行高精度控制而设计的 DP-V2。

3）自动安全操作方式报文

有些主站支持所谓的"自动清除"功能，当主站检测到从站发生故障或有异常情况后，会自动从"操作"模式切换到"清除"模式。在"清除"模式下，数据"0"会送到从站，有时为了从站的安全，也不给从站发送任何数据。"清除"模式的全局控制报文DU 的第一个字节是 02h。报文格式见表 3-60。

表 3-60　自动安全操作方式报文格式

SD	LE	LEr	SDr	DA	SA	FC	DSAP	SSAP	DU	DU	FCS	ED
68h	07h	07h	68h	×	×	×	3Ah	3Eh	02h	00h	×	16h

从"清除"模式返回正常模式时，主站需再发送一个报文，见表 3-61。

表 3-61　"清除"模式返回正常模式主站发送报文

SD	LE	LEr	SDr	DA	SA	FC	DSAP	SSAP	DU	DU	FCS	ED
68h	07h	07h	68h	×	×	×	3Ah	3Eh	00h	00h	×	16h

这些报文是对所有从站发送的，属于全局控制的一部分，它们没有从站的响应报文。

第4章 DP 用户程序接口

用户程序处理连接到 SIMATIC S7 系统的分布式 I/O 的方法，与处理那些本地性连接到中央支架或者扩展支架上的输入和输出的方法完全相同。与 DP 从设备间的数据通信由 CPU 的过程图像输入和输出表处理，或者由用户程序中的直接 I/O 访问命令处理。

接口和功能可以被用于处理和估计过程及诊断中断。SIMATIC S7 系列的 CPU 也允许在用户程序中为 DP 从设备改变和调整参数设置。

Profibus 网络经常使用其数据结构超过 4 个字节的一致数据区域。因此与具有更复杂的功能和数据结构的 DP 从设备进行数据通信，不能由用户程序中的简单 I/O 访问命令处理。为了与这样的 DP 从设备通信，SIMATIC S7 系统提供了特殊的系统功能。

本章提供了一般的 DP 相关功能和 SIMATIC S7 用户程序接口的综合阐述。从本章中获得的知识将帮助读者理解在第 5 章中描述的实际例子。

4.1 西门子 PLC 的 Profibus 总线通信基础

4.1.1 可编程控制器 S7-300 的 DP 接口

可编程序控制器（Programmable Logic Controller，PLC）是一种数字运算操作的电子系统，专为在工业环境下应用而设计。它采用可编程序的存贮器，用来在其内部存贮执行逻辑运算、顺序控制、定时、计数和算术运算等操作的指令，并通过数字式、模拟式的输入和输出控制各种类型的机械或生产过程。可编程序控制器及其有关设备都应易于与工业控制系统形成一个整体，易于扩充其功能的原则设计（国际电工委员会（IEC）在 1985 年的 PLC 标准草案第 3 稿）。

目前国际上的可编程控制器生产商主要有德国的西门子（Siemens）公司、美国 Rockwell 自动化公司所属的 A-B（Allen & Bradly）公司、GE-Fanuc 公司、法国的施耐德（Schneider）公司、日本的三菱公司和欧姆龙（OMRON）公司等。

西门子公司的 PLC 以其极高的性能价格比，在国内占有很大的市场份额，在我国的各行各业得到了广泛的应用。可编程控制器主要由机架、CPU 模块、信号模块、功能模块、接口模块、通信处理器、电源模块和编程设备组成（如图 4-1 所示），各种模块安装在机架上。通过 CPU 模块或通信模块上的通信接口，PLC 被连接到通信网络上，可以与计算机、其他 PLC 或其他设备通信。

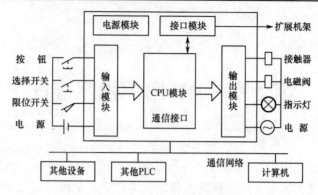

图 4-1　PLC 控制系统示意图

SIMATIC S7-300 是一款通用型的 PLC 中档机，能适合自动化工程中的各种应用场合，尤其是在生产制造工程中的应用。可用于对设备进行直接控制，还可以对多个下一级的可编程序控制器进行监控，它适合中型或大型控制系统的控制。

下面以 S7-300 系列可编程控制器为例详细介绍与 Profibus 相关的内容。

1．SIMATIC S7 系统中的 DP 接口

SIMATIC S7-300 和 SIMATIC S7-400 系统可分为 2 种类型的 Profibus-DP 接口。

集成在 CPU（CPU 315-2、CPU 316-2、CPU 318-2、CPU 412-1、CPU 412-2、CPU 413-2、CPU 414-2、CPU 414-3、CPU 416-2、CPU 416-3 和 CPU 417-4）上的 DP 接口通过 IM（接口模块）或者 CP（通信处理器）（IM 467、IM 467-F0、CP 443-5（扩展的）和 CP 342-5）的插入式 DP 接口。

DP 接口的性能数据随着 CPU 性能数据的变化而变化。从配置和程序访问的立场出发，通过 DP 接口的分布式 I/O 设备与集中式 I/O 设备（CP 342-5 例外）以同样的方法被处理。相比之下，CP342-5 的 DP 接口独立地操作 CPU。用户程序之中特殊功能调用（FC）管理 DP 用户数据交换。

Profibus-DP 系统中，CPU、CPU 315-2、CPU 316-2、CPU 318-2 的 S7-300-DP 接口和 CP 342-5 都可以当作 DP 主设和 DP 从设被操作。当把 DP 接口作为 DP 从设使用时，可以选择总线访问模式。有两方式可供使用：作为主节点的 DP 从设和作为从节点的 DP 从设。从 DP 协议的立场看，充当一个主节点的 DP 从设在与 DP 主设进行数据交换期间就像 DP 从设一样。然而，一旦这"主DP从设"有了令牌，数据就能与诸如 FDL 和 S7 功能的附加通信服务的其他节点进行数据交换。这使得诸如总线上的编写程序部件（PG），话务员面板（OP）和 PC 之类的设备能够被控制，并且当 Profibus-DP 功能被执行时通过 SIMATIC S7 控制器的 DP 接口的从一个 S7 CPU 到另一个 S7 CPU 有数据通信。

2．其他使用 DP 接口的通信功能

除 DP 功能之外，SIMATIC S7-300 和 S7-400 控制器的主 DP 接口（DP 主设和主 DP 从设）支持下列的通信功能。

（1）通过集成和插入式 DP 接口的 S7 功能。

（2）仅仅通过通信处理器（CP）的 Profibus-FDL 服务（发送和接收）功能。

S7 功能提供 S7 系统的 CPU 之间和对于 SIMATIC HMI 系统（人类机器接口）的通信服务。SIMATIC S7 系列的所有设备都能有下列的 S7 功能。

STEP 7 的用于编程，测试，职权和诊断 SIMATIC S7-300/400 的可编程的控制器的完全联机功能。

对参量的读写访问和 HMI 系统的自动数据传输功能。

单独 SIMATIC S7 站点之间的数据的传输和最大 64KB 的数据区域。

没有任何关于通信者的特殊通信用户程序。

读写 SIMATIC S7 站点之间的数据，诸如 STOP 的控制功能的初始化。

通信时的 CPU 的热启和重启，诸如监控通信合作者的 CPU 的操作状态的监控功能的配置。

4.1.2　编程软件 STEP 7

1．STEP 7 概述

STEP 7 编程软件用于 SIMATIC S7、SIMATIC M7、SIMATIC C7 和基于 PC 的 WinAC，是供它们编程、监控和参数设置的标准工具。本书对 STEP 7 操作的描述，都是基于 STEP 7 V5.2 版的。

为了在个人计算机上使用 STEP 7，应配置 MPI 通信卡或 PC/MPI 通信适配器，将计算机连接到 MPI 或 Profibus 网络，来下载和上载 PLC 的用户程序和组态数据。STEP 7 允许 2 个或多个用户同时处理一个工程项目，但是禁止 2 个或多个用户同时写访问。

STEP 7 具有的功能有：硬件配置和参数设置、通信组态、编程、测试、启动和维护、文件建档、运行和诊断功能等。在 STEP 7 中，用项目来管理一个自动化系统的硬件和软件。STEP 7 用 SIMATIC 管理器对项目进行集中管理，它可以方便地浏览 SIMATIC S7、SIMATIC M7、SIMATIC C7 和 WinAC 的数据。实现 STEP7 各种功能所需的 SIMATIC 软件工具都集成在 STEP 7 中。

STEP 7 中的转换程序可以转换在 STEP 5 或 TISOFT 中生成的程序。

2．STEP 7 的硬件接口

PC/MPI 适配器用于连接装有 STEP 7 的计算机的 RS-232C 接口和 PLC 的 MPI 接口。计算机一侧的通信速率为 19.2Kb/s 或 38.4Kb/s，PLC 一侧的通信速率为 19.2Kb/s～1.5Mb/s。除了 PC 适配器，还需要一根标准的 RS-232C 通信电缆。

使用计算机的通信卡 CP 5611（PCI 卡）、CP 5511 或 CP 5512（PCMCIA 卡），可以将计算机连接到 MPI 或 Profibus 网络，通过网络实现计算机与 PLC 的通信。也可以使用计算机的工业以太网通信卡 CP 1512（PCMCIA 卡）或 CP 1612（PCI 卡），通过工业以太网实现计算机与 PLC 的通信。

在计算机上安装好 STEP 7 后，在管理器中执行菜单命令“Option”→“Setting the PG/PC Interface”，打开“Setting PG/PC Interface”对话框。在中间的选择框中，选择实际使用的硬件接口。单击【Select…】按钮，打开“Install/Remove Interfaces”对话框，可以安装上述选择框中没有列出的硬件接口的驱动程序。单击【Properties…】按钮，可以设置计算机与 PLC 通信的参数。

3．STEP 7 的编程功能

1）编程语言

STEP 7 的标准版只配置了 3 种基本的编程语言：梯形图（LAD）、功能块图（FBD）

和语句表（STL），有鼠标拖放、复制和粘贴功能。语句表是一种文本编程语言，使用户能节省输入时间和存储区域，并且"更接近硬件"。

用户可以按"增量"方式输入，立即检查每一个输入的正确性。或者先在文本编辑器上用字符生成整个程序的源文件，然后将它编译为软件块。

STEP 7 专业版的编程语言包括 S7-SCL（结构化控制语言）、S7-GRAPH（顺序功能图语言）、S7 HiGraph 和 CFC。这 4 种编程语言对于标准版是可选的。

2）符号表编辑器

STEP 7 用符号表编辑器工具管理所有的全局变量，用于定义符号名称、数据类型和全局变量的注释。使用这一工具生成的符号表可供所有应用程序使用，所有工具自动识别系统参数的变化。

3）增强的测试和服务功能

测试功能和服务功能包括设置断点、强制输入和输出、多 CPU 运行（仅限于 S7-400）、重新布线、显示交叉参考表、状态功能、直接下载和调试块、同时监测几个块的状态。程序中的特殊点可以通过输入符号名或地址快速查找。

4）STEP 7 的帮助功能

（1）在线帮助功能。选定想得到在线帮助的菜单项目，或打开对话框，按<F1>键便可以得到与它们有关的在线帮助。

（2）从帮助菜单获得帮助。利用菜单命令"Help"→"Contents"进入帮助窗口，借助目录浏览器寻找需要的帮助主题，窗口中的检索部分提供了按字母顺序排列的主题关键词，可以查找与某一关键词有关的帮助。

单击工具栏上有问号和箭头的图标，出现带问号的光标，用它单击画面上的对象时，将会进入相应的帮助窗口。

4．STEP 7 的硬件组态与诊断功能

1）硬件组态

英语单词 configuring（配置、设置）一般被翻译为"组态"。硬件组态工具用于对自动化工程中使用的硬件进行配置和参数设置。

（1）系统组态：从目录中选择硬件机架，并将所选模块分配给机架中希望的插槽。分布式 I/O 的配置与集中式 I/O 的配置方式相同。

（2）CPU 的参数设置：可以设置 CPU 模块的多种属性，例如启动特性、扫描监视时间等，输入的数据储存在 CPU 的系统数据块中。

（3）模块的参数设置：用户可以在屏幕上定义所有硬件模块的可调整参数，包括功能模块（FM）与通信处理器（CP），不必通过 DIP 开关来设置。

在参数设置屏幕中，有的参数由系统提供若干个选项，有的参数只能在允许的范围输入，因此可以防止输入错误的数据。

2）通信组态

通信的组态包括以下 3 点。

（1）连接的组态和显示。

（2）设置用 MPI 或 Profibus-DP 连接的设备之间的周期性数据传送的参数，选择通信的参与者，在表中输入数据源和数据目的地后，通信数据的生成和传送均是自动完成的。

（3）设置用 MPI、Profibus 或工业以太网实现的事件驱动的数据传输，包括定义通信链路。从集成块库中选择通信块（CFB），用通用的编程语言（例如梯形图）对所选的通信块进行参数设置。

3）系统诊断

系统诊断为用户提供自动化系统的状态，可以通过两种方式显示。

（1）快速浏览 CPU 的数据和用户编写的程序在运行中的故障原因。

（2）用图形方式显示硬件配置，例如显示模块的一般信息和模块的状态。显示模块故障，例如集中 I/O 和 DP 子站的通道故障、显示诊断缓冲区的信息等。

CPU 可以显示更多的信息，例如显示循环周期，显示已占用和未用的存储区，显示阳通信的容量和利用率，显示性能数据，例如可能的输入输出点数、位存储器、计数器、定时器和块的数量等。

4.1.3　硬件组态与参数设置

1．项目的创建

创建项目时，首先双击桌面上的 STEP 7 图标，进入 SIMATIC Manager（管理器）窗口，并弹出标题为"STEP 7 Wizart：'New Project'"（新项目向导）的小窗口。

单击【NEXT】按钮，在新项目中选择 CPU 模块的型号为 CPU315。

单击【NEXT】按钮，选择需要生成的逻辑块，至少需要生成作为主程序的组织块 OB1。

单击【NEXT】按钮，输入项目的名称"S7-300 控制系统"。生成的项目如图 4-2 所示。

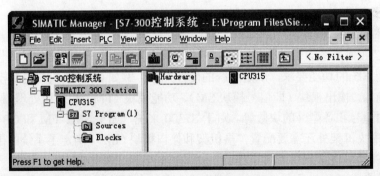

图 4-2　SIMATIC 管理器中项目的结构

生成项目后，可以先组态硬件，然后生成软件程序。也可以在没有组态硬件的情况下，首先生成软件。

2．项目的分层结构

在项目中，数据在分层结构中以对象的形式保存，左边窗口内的树（Tree）显示项目的结构（如图 4-2 所示）。第一层为项目，第二层为站（Station），站是组态硬件的起点。"S7 Program"文件夹是编写程序的起点，所有的软件均存放在该文件夹中。

用鼠标选中图 4-2 中某一层的对象，在管理器右边的工作区将显示所选文件夹内的对象和下一级的文件夹。双击工作区中的图标，可以打开并编辑对象。

项目对象中包含站对象和 MPI 对象，站（Station）对象包含硬件（Hardware）和 CPU，CPU 对象包含 S7 程序（S7 Program）和连接（Connection）对象，S7 Program 对象包含源文件（Source）、块（Blocks）和符号表（Symbols）。生成程序时会自动生成一个空符号表。

Blocks（块）对象包含程序块（Blocks）、用户定义的数据类型（UDT）、系统数据（System data）和调试程序用的变量表（VAT）。程序块包括逻辑块（OB、FB、FC）和数据块（DB），需要把它们下载到 CPU 中，用于执行自动控制任务，符号表、变量表和 UDT 不用下载到 CPU。生成项目时会在块文件夹中自动生成一个空的组织块（OB1）。

在用户程序中可以调用系统功能（SFC）和系统功能块（SFB），但是用户不能编写或修改 SFC 和 SFB。

选中最上层的项目图标后，用菜单命令"Insert"→"Station"插入新的站，可以用类似的方法插入程序和逻辑块等。也可以用鼠标右键单击项目图标，在弹出的菜单中选择插入站。

STEP 7 的鼠标右键功能很强，用右键单击图 4-2 中的某一对象，在弹出的菜单中选择某一菜单项，可以执行相应的操作。建议在使用软件的过程中逐渐熟悉右键功能，并充分利用它。

用户生成的变量表（VAT）在调试用户程序时用于监视和修改变量。系统数据块（SDB）中的系统数据含有系统组态和系统参数的信息，它是用户进行硬件组态时提供的数据自动生成的。

除了系统数据块，用户程序中其他的块都需要用相应的编辑器进行编辑。这些编辑器在双击相应的块时自动打开。

3．硬件组态

1）硬件组态的任务

在 PLC 控制系统设计的初期，首先应根据系统的输入信号、输出信号的性质和点数，以及对控制系统的功能要求，确定系统的硬件配置，例如 CPU 模块与电源模块的型号，需要哪些输入，输出模块（即信号模块 SM）、功能模块（FM）和通信处理器模块（CP），各种模块的型号和各型号的块数等。对于 S7300 来说，如果 SM、FM 和 CP 的块数超过 8 块，除了中央机架外还需要配置扩展机架和接口模块（IM）。确定了系统的硬件组成后，需要在 STEP 7 中完成硬件配置工作。

硬件组态的任务就是在 STEP 7 中生成一个与实际的硬件系统完全相同的系统，例如要生成网络、网络中各个站的机架和模块，以及设置各硬件组成部分的参数，即给参数赋值。所有模块的参数都是用编程软件来设置的，完全取消了过去用来设置参数的硬件 DIP 开关。硬件组态确定了 PLC 输入/输出变量的地址，为设计用户程序打下了基础。

组态时设置的 CPU 的参数保存在系统数据块 SDB 中，其他模块的参数保存在 CPU 中。在 PLC 启动时 CPU 自动地向其他模块传送设置的参数，因此在更换 CPU 之外的模块后不需要重新对它们赋值。

PLC 在起动时，将 STEP 7 中生成的硬件设置与实际的硬件配置进行比较，如果二者不符，将立即产生错误报告。模块在出厂时带有预置的参数，或称为默认的参数，一般可以采用这些预置的参数。通过多项选择和限制输入的数据，系统可以防止不正确的输入。

对于网络系统，需要对以太网、Profibus-DP 和 MPI 等网络的结构和通信参数进行组态，将分布式 I/O 连接到主站。例如可以将 MPI（多点接口）通信组态为时间驱动的循环数据传送或事件驱动的数据传送。对于硬件已经装配好的系统，用 STEP 7 建立网络中各个站对象后，可以通过通信从 CPU 中读出实际的组态和参数。

2）硬件组态的步骤

（1）生成站，双击"Hardware"图标，进入硬件组态窗口。

（2）生成机架，在机架中放置模块。

（3）双击模块，在打开的对话框中设置模块的参数，包括模块的属性和 DP 主站、从站的参数。

（4）保存硬件设置，并将它下载到 PLC 中去。

在项目管理器左边的树中选择 SIMATIC 300 Station（站）对象（如图 4-2 所示），双击工作区中的"Hardware"（硬件）图标，进入"HW Config"（硬件组态）窗口（如图 4-3 所示）。

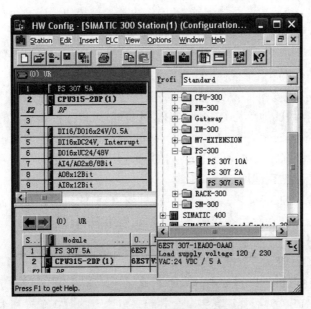

图 4-3　S7-300 的硬件组态窗口

图 4-3 左上部的窗口是一个组态简表，它下面的窗口列出了各模块详细的信息，例如订货号、MPI 地址和 I/O 地址等。右边是硬件目录窗口，可以用菜单命令"View"→"Catalog"打开或关闭它。左下角的窗口中向左和向右的箭头用来切换机架。

组态时用组态表来表示机架，可以用鼠标将右边硬件目录中的元件"拖放"到组态表的某一行中，就好像将真正的模块插入机架上的某个槽位一样。也可以双击硬件目录中选择的硬件，它将被放置到组态表中预先被鼠标选中的槽位上。

用鼠标右键单击某一 I/O 模块，在出现的菜单中选择"Edit Symbolic Names"，可以打开和编辑该模块的 I/O 元件的符号表。

3）硬件组态举例

对站对象组态时，首先从硬件目录窗口中选择一个机架，S7-300 应选硬件目录窗口文件夹\SIMATIC 300\RACK-300 中的导轨（Rail）。

在硬件目录中选择需要的模块，将它们安排在机架中指定的槽位上。

S7-300 中央机架（Slot 0）的电源模块占用 1 号槽，CPU 模块占用 2 号槽，3 号槽用于接口模块（或不用），4 号槽～11 号槽用于其他模块。

以在 1 号槽配置电源模块为例，首先选中 1 号槽，即用鼠标单击左边 0 号中央机架 UR 的 1 号槽（如图 4-3 所示），使该行的显示内容反色，背景变为深蓝色。然后在右边硬件目录窗口中选择\SIATIC 300\PS 300，目录窗口下面的灰色小窗口中将会出现选中的电源模块的订货号和详细的信息。

用鼠标双击目录窗口中的"PS 307 5A"，1 号槽所在的行将会出现"PS 307 5A"，该电源模块就被配置到 1 号槽了。也可以用鼠标左键单击并按住右边硬件目录窗口中选中的模块，将它"拖"到左边窗口中指定的行，然后放开鼠标左键，该模块就被配置到指定的槽了。用同样的方法，在文件夹\SIATIC 300\CPU-300 中选择 CPU 313C-2DP 模块，并将后者配置到 2 号槽。因为没有接口模块，3 号槽空置。在 4 号槽配置 16 点 DC24V 数字量输入模块（DI），在 5 号槽配置 16 点继电器输出模块（DO）。它们属于硬件目录的\SIMATIC 300\SM-300 子目录中 S7-300 的信号模块（SM）。

双击左边机架中的某一模块，打开该模块的属性窗口后，可以设置该模块的属性。硬件设置结束后应保存和下载到 CPU 中。STEP 7 根据模块在组态表中的位置（即模块的槽位）自动地安排模块的默认地址，例如图 4-2 中的数字量输入模块的地址为 IB0 和 IB1，数字量输出模块的地址为 QB4 和 QB5。用户可以修改模块默认的地址。

执行菜单命令"View"→"Address Overview"（地址概况）或单击工具条中的地址概况按钮，在地址概况窗口中将会列出各 I/O 模块所在的机架号（R）和插槽号（S），以及模块的起始地址和结束地址。

执行菜单命令"Station"→"Save"可以保存当前的组态，菜单命令"Station"→"Save and Compile"在保存组态和编译的同时，把组态和设置的参数自动保存到生成的系统数据块（SDB）中。

4．Profibus-DP 设置

Profibus 是 SIMATIC S7 系统中的一个完整部分。通过 DP 协议分散连接的 I/O 外围设备在系统中被 STEP 7 配置工具完全合并起来。这意味着在配置和编程阶段，分布式 I/O 设备以完全相同的方法被看作是 I/O 在中央的子框架或者扩展框架中的局部性连接。同样适用于故障、诊断以及警报情况，SIMATIC S7 DP 从设与 I/O 模块一样集中地插接在一起。SIMATIC S7 为有更多复杂功能的现场领域设备的连接提供集中式或者是插销式 Profibus-DP 接口。基于 Profibus 层 1、层 2 的性能和一致地执行内部系统通信功能（S7 功能），能把诸如编写程序部件（PG）、PC、HMI 和 SCADA 设备连接到 SIMATIC S7 Profibus-DP 系统上。

1）SIMATIC S7 中的 DP 主设接口的启动

特别是在一个分布式的设备布局的工厂里，技术和拓扑学的因素经常使同时打开所有电气机器或者系统部分是不可能的。实际上，这意味着当 DP 主站起动时，并非所有

DP 从设都是可供使用的。由于电源启动时的交错和 DP 从设启动导致的时间交错，在 DP 主设装载带有参数设制的从设之前，DP 主设要求一定的启动时间开始与 DP 从设循环地交换用户数据。正是由于这个原因，S7-300 系统和 S7-400 系统允许在开电源之后为所有 DP 从设的准备信息设置最大限度延迟。参数"模块中的准备信息"把这个延迟时间范围设制为从 1 毫秒到 65000 毫秒。缺省值是 65000 毫秒。当延迟时间到时，CPU 停止还是工作依赖于参数的设置，但需要的启动配置不等于实际的配置。

2）DP 从设站点的失效

如果因为电源的失效、总线上的中断或者其他错误导致 DP 从设的失效，CPU 的操作系统将通过调用组织模块 OB86 报告这个错误（模块的失效，DP 电源或者 DP 从设）。不管事件是去还是来 OB86 都将被调用。如果不编写程序组织块 OB86，CPU 将对 DP 电源或者从设失效作出反应而进入停止状态。因此，SIMATIC S7 系统以从设方式在分布式的 I/O 模块中作出反应就像它在集中 I/O 模块中作出反应一样。

3）DP 从设站点产生的诊断中断

带有诊断能力的分布式的 I/O 模块能够通过产生诊断中断而报告事件情况。按这种方法，DP 从设可表明差错情况，诸如部分的节点失败、信号模块的电线断路、I/O 通道的短路或者过载、电压源的失效。CPU 操作系统通过调用提供诊断中断程序的 OB82 组织模块作出反应。每一个诊断中断都会调用 OB82 而不考虑这个中断表明一个来或者去的事件。如果不编写 OB82 程序，CPU 将对诊断作出反应而进入停止状态。根据 DP 从设的复杂性不同，一些可能的诊断中断和信息格式按 EN 50170 标准而定义，其他一些依赖于特殊的从设和制造厂。带有 SIMATIC S7 系列的 DP 从设的诊断中断遵照 SIMATIC S7 系统的诊断。

4）DP 从设站点产生的过程中断

带有过程中断能力的 SIMATIC S7 系列的 DP 从设通过总线给 DP 主设（CPU）报告过程故障。例如，如果模拟输入值在定义的限制范围外就会产生过程中断。在 SIMATIC S7 系统中为过程中断（也被称作"硬件中断"）提供了 OB40 组织模块到 OB47 的组织模块。当中断发生时 OB40 到 OB47 被 CPU 的操作系统调用。这样，SIMATIC S7 CPU 总是以相同的方法对过程中断作出反应而不考虑这些中断是由集中式还是分布式的 I/O 模块引起的。然而，分布式的 I/O 引起的过程中断要慢一些，这是由数据报文在总线上传输和 DP 主设上的中断处理而引起的。

5）SIMATIC S7 系统的 DP 从设类型

SIMATIC S7 系统使用 3 个不同组的 DP 从设。根据它们的配置和目的的不同，我们把 SIMATIC S7 DP 从站设备分为几种类型：紧凑 DP 从设；模块化 DP 从设；智能 DP 从设（简称 I 从设）。

（1）紧凑型 DP 从设。

紧凑型 DP 从设在输入和输出区域上有一种不能被修改的固定的结构。ET 200B 电子终端组（B 代表 I/O 模块）由紧凑型的 DP 从设组成。ET 200B 模块系列提供了不同的电压范围和 I/O 通道的不同数目。

（2）模块化 DP 从设。

随 DP 从设模块化的不同，输入和输出区域的结构也是可变的。当你使用 S7 配置软件

HW Config 时可以定义 DP 从设的配置。ET 200M 模块是这种类型 DP 从设的典型的代表。对模块化的 S7-300 系列最多可有 8 个 I/O 模板与 1 个 ET 200M 接口模块（IM 153）连接。

（3）智能 DP 从设（I 从设）。

在 Profibus-DP 网络中，用 CPU315-2DP/CPU316-2DP/CPU318-2DP 的 CPU 或者具有 CP342-5 通信处理器的 S7-300 可编程控制器能作为 DP 从设。在 SIMATIC S7 系统中，这些信号条件现场设备被称作"智能 DP 从设"，简言之就是 I 从设。使用 S7 配置软件 HW Config 为作为 DP 从设的 S7-300 控制器定义输入和输出区域的结构。智能的 DP 从设的一个特性是提供给 DP 从设的输入和输出区域不是实际存在 I/O 的区域。而这种输入和输出区域是被一个预处理 CPU 规定的。

4.1.4　带有 Profibus-DP 的范例项目

在这一节中，将用 STEP7 对 Profibus-DP 网络进行组态。主站配置为一个具有 CPU416-2DP 的 SIMATIC S7-400 可编程控制器，将把 DP 从设备 ET200B-16DI/16DO、ET200M 和 S7-300/CPU315-2DP 与 CPU 的集成接口相连，并且把传输速度设置为 1.5Mb/s。

1．建立新的 STEP 7 项目

为了建立一个新的项目，打开的 SIMATIC 管理器，然后按下列程序进行：在菜单中，栏选择"File"→"New..."为设置一个新的项目打开对话框（如图 4-4 所示）。选择"New Project"按钮，并且为新项目设置"存储位置（路径）"，并输入项目名称（在我们的例子中为 S7-Profibus-DP），然后按"OK"按钮确认并且退出。回到 SIMATIC 管理器的主菜单。S7-Profibus-DP 目标文件夹的建立已自动地产生了你能在项目屏幕右半部分中看见的 MPI 对象（多点接口）。每次一个新的项目被建立，MPI 对象都被 STEP 7 自动地产生。MPI 是 CPU 的标准编程和通信接口。

图 4-4　新的项目打开对话框

2．在 STEP 7 项目中插入对象

在项目屏幕的左边选择此项目。单击鼠标右键打开快捷菜单，选择"Insert New Object"指令，插入对象 SIMATIC 400 站点。新近插入的对象出现在目标屏幕的右侧。在快捷菜单中（单击右键打开），选择"Obetct Property..."。在属性对话框中可以为对象键入更多的字符，诸如作者的姓名、评论等。

3．Profibus 网络设置

同样的操作方法将 Profibus 插入到刚建立的 STEP 7 项目中。回到以 S7-Profibus-DP 为名称的主屏幕上。选择目标 Profibus 并且单击右键打开快捷菜单。选择"Open Object"调入图表配置工具 NetPro。在屏幕上面的区域中，选择"Profibus 子网（Profibus（1））"单击右键打开捷径菜单的。选择指令"Object Property..."在对话框"属性—Profibus"中打开"网络设置"栏（如图 4-5 所示）。在这里为 Profibus 子网设置所有相关的网络参数。

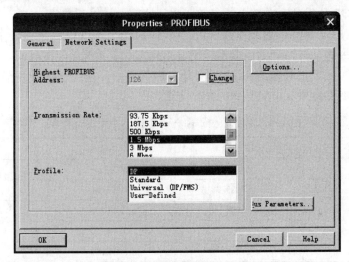

图 4-5　网络设置对话框

用"OK"按钮为范例项目确认设置（缺省设置）。

简要地解释"属性—Profibus"对话框中的"网络设置"一栏设置的网络参数意义。

"Highest Profibus Address"：在 EN 50170 标准中，也称作 HSA（最高站点地址）。这个参数用于优化对多总线配置的总线访问控制（令牌管理）。在单主设备 Profibus-DP 配置中，不要改变对这个参数 126 的缺省设置。

"Transmission Rate"：选择适用于整个 Profibus 子网的传输速率。这意味在 Profibus 子网上被使用的所有节点（从站）必须支持选择出的波特率。波特率在 9.6Kb/s～12000Kb/s 中选择。缺省设置为 1500Kb/s。

对于 Profibus-DP 网络中不同的硬件配置提供不同的总线行规。

"DP"行规请参见第 3 章。

1）"Standard 标准"行规

如果你希望把总线参数的计算扩展到未配置 STEP 7 的其他总线节点，或者不属于当前处理的 STEP 7 项目的其他节点，可以使用这一行规。在"网络设置"一栏上，单击"选择…"按钮这将打开"选择"对话框的"网络节点"栏。

随着复选框"包括网络低级配置"失去作用，总线参数计算用到了与计算"DP"行规相同的优化算法。只要能够使这种选择简化，也可以用更一般的算法。

"Standard 标准"行规是为其他所有带有 SIMATIC S7 和 SIMATIC M7 的多主设备总线配置（DP/FMS/FDL）以及所有扩展了多于一个 STEP 7 项目的配置而特别设计的。

2）"Universal（DP/FMS）"行规

如果网络使用了 SIMATIC S5 系列的 Profibus 元件，如 CP5431 通信处理器或 S5-95U 可编程控制器，可使用这一行规。当 SIMATIC S7 和 SIMATIC S5 站点在 Profibus 子网上同时被使用时，应该总选择"普遍（DP/FMS）"。

3）总线参数

"总线参数..."按钮提供了访问被 STEP 7 计算出的总线参数的机会。基于在 STEP 7 项目中已知道的总线站点数和总线配置，STEP 7 为总线参数"T_{TR}"（时间目标旋转）和仅与 Profibus-DP 从设备有关的总线参数"反应监控"计算参数值。

由于被 STEP 7 计算的总线参数"T_{TR}"（时间目标旋转）表示的是一个最大容许值，而不是真正的令牌旋转时间，所以不能用它来确定总线系统的响应时间。

所有总线参数数值被表达在 t_{BIT}（位运行时间）中。在表 4-1 上所显示的位运行时间依赖于波特率并按式 $t_{BIT}[Msec]=1/Mb/s$ 计算。

表 4-1　作为波特率一项功能的 bit 运行时间

波　特　率	TBIT/μs	波　特　率	TBIT/μs
9.6Kb/s	104.167	500Kb/s	2.000
19.2Kb/s	52.083	1500Kb/s	0.667
45.45Kb/s	22.002	3000Kb/s	0.333
93.75Kb/s	10.667	6000Kb/s	0.167
187.5Kb/s	5.333	12000Kb/s	0.083

4．使用 HW Config 程序构成硬件

设置我们的 Profibus-DP 范例网络的下一步是使用 S7-400 可编程控制器配置硬件。退出 NETPro 程序，返回到 SIMATIC 管理器的主屏幕。在左半边，双击打开"S7-Profibus-DP"文件夹。然后，选择 SIMATIC 400（1）对象并调入 HW Config 程序，其方法可以是通过单击鼠标右键选择"Open Object"打开快捷菜单也可以是双击 SIMATIC 管理器屏幕右半边的硬件对象。HW Config 程序自动地开始，然后出现被划分成 2 个水平的段的屏幕。

在这个阶段它是仍然空的。在这里为 SIMATIC 400 站点构置硬件。

在工具栏中，单击目录按钮，或者在菜单中选择"VIEW"→"目录"，打开硬件目录。在目录中，打开 SIAIATIC 400 文件夹。在"RACK-400"下，选择支架。对于范例配置，用 9 槽 UR2 普遍支架。把选择出的支架拖到屏幕的左上部分。

S7-400 支架的槽现在列出在配置表上。站点屏幕的下部列出了详细特性，诸如编号、MPI 地址、和 I/O 地址（I 和 Q）。

现在，从硬件目录 PS-400 中选择 PS407 10A 电源并且将它放置在 S7-400 支架 1 槽中。将看到选择出的电源占有 2 个槽，即槽1和槽2。

接下来，打开硬件目录"CPU 400"→"CPU 416-2DP"并且选择秩序参考 6ES7 416-2XK00-0AB0 的 CPU416-2DP。将这个 CPU 拖到 S7-400 支架中的槽 3 中。Profibus 节点 DP 主设备对话框的参数栏自动地打开。在这里设置集成在 CPU 上的 DP 主设备接口的参数。把 Profibus 地址设置为"2"，并且在更往下的表中，选择想要连接到 DP 主设备的 CPU 接口（如图 4-6 所示）的 Profibus 子网（在例子中，仅配置一个 Profibus 子网）。

在这个对话框中，也能建立新的或删除已经存在的 Profibus 子网。

使用"OK"确认选择并且返回 HW Config 主屏幕。

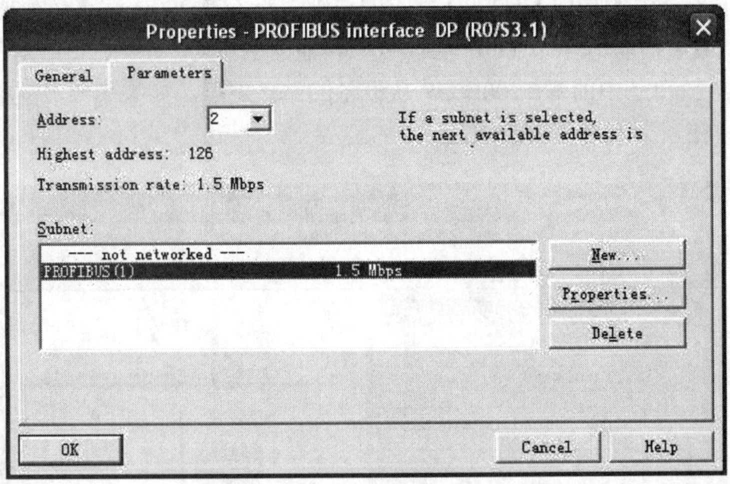

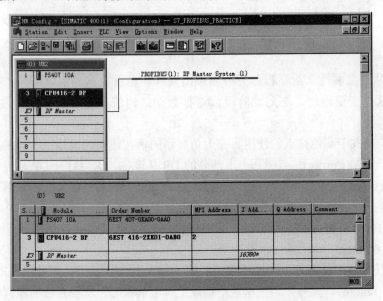

图 4-6　CPU 接口的 Profibus 子网

5. 配置 DP 从设备

图 4-7 为显示出了目前为止配置出的 S7-400 站点的 HW Config 屏幕。带有构成 DP 主设备系统的 S7-400 站点出现在屏幕的上半部分。

图 4-7　在 Hw Config 中组态 DP 主站系统

1）ET 200B 站点

下一步，DP 从设备必须连接到 DP 主设备系统。为此，在仍然显示于屏幕右侧的硬件目录中，打开 Profibus-DP 文件夹。打开 ET 200B 文件夹并且选择站点 ET 200B-16DI/16DO。通过把这个 DP 从设备拖到屏幕左上部分的集成 DP 主设备接口的方法，将其连接到 DP 主设备系统。"属性—Profibus"节点 B 16DUI6DO DO 对话框自动地打开。在这里，把这个 DP 从设备的 Profibus 地址设置为"4"，然后单击"OK"按钮返回 HW Config 站点屏幕。

屏幕较低部分中的构成 ET 200B 站点的详细关点（ET 200B 站点必须被选），表明了被这个 DP 从设备（输入字节 I"0"到"1"和输出字节 Q"0"到"1"）占有的地址。图 4-8 为 HW Config 中的 ET 200B DP 从设备的站点屏幕。如果想要改变被 HW Config 建议的地址，在表上双击有关的线。

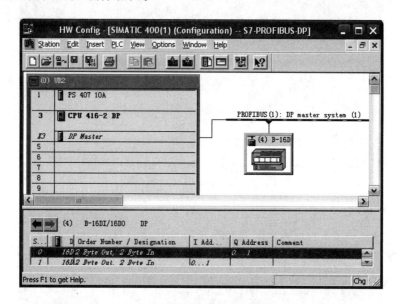

图 4-8　HW Config 中的 ET 200B DP 从设备的站点屏幕

"DP 从设备属性"对话框打开并显示出输入和输出数据的实际结构。如果需要的话可以在这里变更地址。在启动阶段，这种数据结构信息随配置电报一同被送到 DP 从设备。

为了获得关于其他站点的使用在左上角显示的箭按钮来切换站点的详细关点。现在，双单击位于 HW Config 站点屏幕上半部分的 DP 从设备。这将打开 DP 从设备属性对话框和 Properties 栏（如图 4-9 所示）。在属性中将看到一些参考信息，诸如编号，设备系列，类型和描述。其他一些重要的特性必须自行设置（<--显示选择出的 DP 从设备（缺省设置）的详尽资料。-->显示 DP 主设备系统的详尽资料）。

（1）Addresses Diagnostic 诊断地址。

CPU 使用这个诊断地址来表明带组织块 OB86 的 DP 从设备的故障（Rack 失败和 DP 从设备 failure）。此外，还能从这个地址上读取解释 DP 从设备故障原因诊断信息。诊断地址是被 HW Config 建议的。如果必要的话可以改变它。

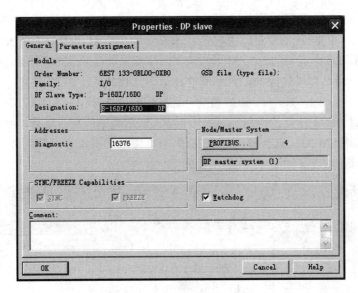

图 4-9 DP 从设备属性对话框和 Properties 栏

（2）SYNC/FREEZE Capabilities。

这个领域表明 DP 从设备是否有执行由 DP 主设备发布的 SYNC 和 FREEZE 控制指令的能力。HW Config 从 DP 从设备的 GSD 文件（设备的主设备文件）中得到这个信息。在这个点，只是表明了 SYNC 和 FREEZE 能力，不能改变其设置。

（3）Watchdog。

反应监控应该被打开，用来允许 DP 从设备对发生在与 DP 主设备通信过程中的故障发出响应。如果在预先规定的反应监控延迟时间内没有从设备与主设备之间的数据通信，DP 从设备将切换到安全状态。所有输出被设置在发信号状态"0"，或者，如果 DP 从设备支持的话，设置为替代值。

注意，如果 Watchdog 失灵，可能会进入冒险系统状态。反应监控对所有的单独 DP 从设备打开和关断。

在 DP 从设备属性对话框的分配十六进制参数栏上，可以规定与 DP 从设备相关从设备参数。至于这数据的内容和意义，参见 DP 从设备的设备文件。对于在我们的例子中配置的 ET 200B 站点，是不可能设置任何这样的十六进制参数的。

然而，必须设置出 5 个字节的"00"（缺省设置）。储存在这个对话框里面的信息作为参数电报的一部分被传送到 DP 从设备。对于 SIMATIC S7 系列的 DP 从设备，以十六进制的格式规定任何参数都是不必要的。对于参数电报的设置，在 DP 从设备的配置期间由被 HW Config 配置工具直接提供。

2）ET 200M 站点

ET 200M 站是模块化的远程 I/O。本次 ET 200M 的组态中将包含有一个 8DI/8DO 模块、一个 AI2×12 位模块和一个 AO2×12 位模块。与配置 ET 200B 站点遵循同样的配置过程。在硬件目录中，打开硬件 Profibus-DP 文件夹，然后打开 ET 200M 文件夹并且选择接口模块 IM153-2。通过把它拖到集成 DP 主设备接口的方法把模块连接到 S7-Profibus-DP 网络。在"属性—Profibus"节点 ET 200M IM 153-2 对话框中，把这个

DP 从设备的 Profibus 地址设置为"5"。

构成的 ET 200M 站的详尽的资料是一张编号从4到11的8行配置表。这8行表示能在 ET 200M 站点上安装的 S7-300 系列最大限度模块数为8。要找到能被插到 ET 200M 部件中的 IM 153-2 型硬件模块，请在硬件目录中打开 IM 153-2 文件夹。子文件夹列出可供使用的模块。打开 OI/DO-300 文件夹，选择信号模块 SIM323 DI8/DO8×24V/0.5A 并且把它移到 ET 200M 站点的详尽资料的槽4中，在屏幕的底部。然后，用相同的过程来将模拟输入模块 SM 331 AI2×12 位放置在槽"5"中，而模拟输出模块 SM 332 AO2×12 位放在 ET 200M 站点（如图 4-10 所示）的槽"6"中。

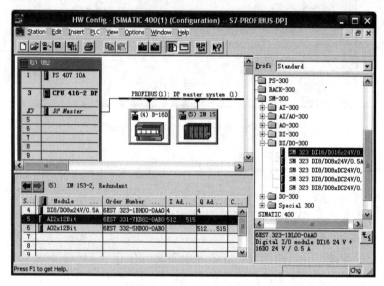

图 4-10　在 HW Config 中的 ET 200M 站详细资料的站屏幕

双击位于详细的资料第5行上的模拟输入模块 SM 331 AI2×12 以打开属性 AI2×12 位对话框。打开输入栏根据需要设置模拟输入参数。下列的设置可供使用。

（1）一般中断能力。

（2）单独能够诊断切断。

（3）为过程能够和放置限制价值切断。

（4）测量的类型。

（5）测量范围。

（6）测量的范围模块的位置。

（7）综合时间。

（8）要激活诊断中断，并且单击"OK"按钮退出输入栏。

在模拟的性对话输出栏能为模块 SM 332 AO2×12 位设置下列参数（双击行详尽资料的第6行）。

（1）激活诊断中断。

（2）输出的类型。

（3）输出范围。

（4）对 CPU-STOP 的响应。

（5）能适用的替代值。

在我们的例子配置中，为模拟输出模块选用建议的缺省设置，并且单击"OK"按钮确认并退出。

现在，SIMATIC 400（1）主设备站点已经完成。用"站点"→"存储"及"编辑存储"设置，然后用"站点"→"出口"退出 SIMATIC 400（1）站点。

3）S7-300 和 CPU 315-2DP 作为 I 从设备

在把 S7-300 的可编程的控制器连接到 DP 主设备系统之前，必须在项目中建立 PLC（对象）。其过程与我们将 S7-400 站点插到项目中时描述的一样。

为了给 S7-300 站点配置模块，以 SIMATIC 管理器为开始并且为 HW Config 中的 S7-300 打开站点屏幕。打开硬件目录，并且选择 SIMATIC 300 和 RACK-300。然后，选择对象轨道并且把它拖到站点屏幕上面的段中。将会出现一张表明 S7-300 安装轨道槽的配置表。从模块支架的槽 1 中的"PS-300"硬件目录中设置电源 PS307 2A。然后，打开文件夹 CPU-300 和 CPU 315-2DP 并且选择带有"6ES7 315-2AFOI-0AB0"设计的 CPU 315-2DP。将它移动到模块支架中的槽 2 中。

属性—Profibus 节点 DP 主设备对话框自动地打开。在网络设置栏上，为集成在 CPU 上的 DP 接口设置参数。把 Profibus 地址设置为"6"，并在下面的表中，选择想要连接到 Profibus 子网的 CPU DP 接口。将构成一个 Profibus 子网。

例子中，将使用 S7-300 可编程的控制器作为 DP 从设备。因此，必须把 CPU315-2DP 的 DP 接口设置（重设置）为 DP 从设备。为此，双击分槽表中的 DP 主设备行。这将打开属性 DP 主设备对话框。在操作方式栏上，选择选项"DP-从设备"。

现在，转到配置栏，按图 4-11 填写表格。在配置栏上，需要定义下列 DP 接口参数和特性。包括：DP 从设备上用于主-从设备通信的输入/输出区域的配置；DP 从设备上用于直接数据交换（交插通信）的输入/输出区域的配置；DP 从设备接口的本地诊断地址。当 CPU 按从设备方式运行时，地址栏的诊断地址，是非相关的。

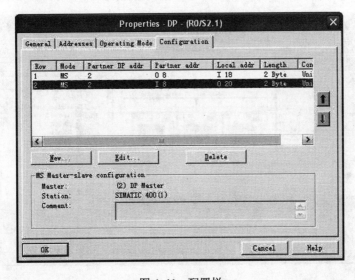

图 4-11　配置栏

单击"OK"按钮返回到 S7-300 站点的 HW Config 的主屏幕。新近构成的操作方式"DP-从设备"现在被显示为 DP 接口。把站点配置存储为 HW Config 中的 S7-300 站点，并且用按键结合"CTRL+TAB"返回 S7-400 站点屏幕。为了把 S7-300 站点设置为 DP 从设备，打开硬件目录，选择 Profibus-DP，并且打开配置站点文件夹。通过把它拖到 DP 主设备系统的方法把 CPU315-2DP 连接到网络上。DP 从设备属性对话框自动地打开。在连接栏上，选择列在表（Profibus 地址＝"6"）上的 SIMATIC 300 站点，并且用连接按钮来把这个站点连接到 SIMATIC 400 站点的 DP 主设备系统中。可规定其他地址，只要总是确保 DP 主设备的输出区域被分配到 DP 从设备的输入区域，反之亦然。单击"OK"按钮返回 SIMATIC 400 站点（如图 4–12、4–13 所示）的 HW Config 站点屏幕。用"项目"→"存储及编辑"完成项目的配置。

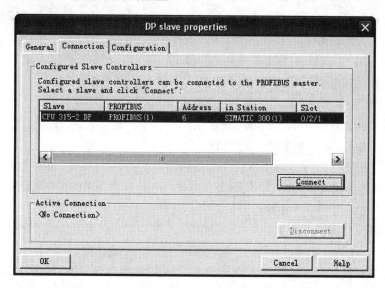

图 4–12　HW Config 站点屏幕

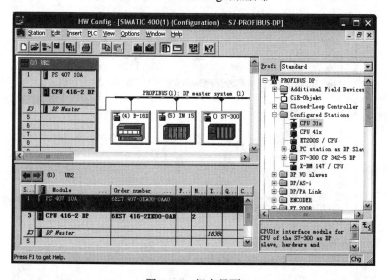

图 4–13　组态界面

114

4.2　DP 用户程序接口基础

4.2.1　有关 DP 的系统功能 SFC

SIMATIC S7 系统提供一些重要的有关 DP 的系统功能。它们由集成在 S7 CPU 中的操作系统中的特殊功能来调用，即 SFC（系统功能调用）。

1. 通用的 SFC 参数

一些 SFC 参数与在本章后面将介绍的所有 SFC 调用中的 SFC 参数具有相同的意义和作用。这特别适用于 SFC 输入参数 REQ、BUSY、LADDR 和 SFC 输出参数 RET_VAL。

（1）REQ：REQ 为"1"时，则调用该系统功能。注意有些 SFC 非同步地进行处理（即通过若干 SFC 调用，这样就需要经过若干个 CPU 周期）。别忘了考虑 BUSY 参数。

（2）BUSY：BUSY 为"1"时，所调用的系统功能仍在激活状态（没有结束）。BUSY 为"0"时，则调入的功能结束。

（3）LADDR：LADDR 确定是 HW Config 程序中输入/输出模块的逻辑起始地址或 DP 从设备的诊断地址。虽然这个地址以十进制的格式配置在 HW Config 程序中，但是在块中必用十六进制的格式。

（4）RET_VAL：所有 SFC 都有一个 RET_VAL 输出参数。它的返回值表示系统功能的执行是否是成功的。如果在处理 SFC 时有差错发生，返回值包含错误代码。SFC 中的 RET_VAL 返回值分成 2 个类别：通用故障代码和与 SFC 相关的故障代码。返回值如图 4-14 所示，表明了故障代码是通用的还是特殊的。

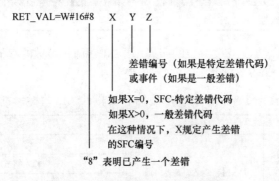

图 4-14　RET_VAL SFC 参数的布局

表 4-2 所描述的通用故障代码对所有的系统功能是相同的。故障代码的格式是十六进制的。错误代码数字中的字母"x"指示故障地点，它代表了造成差错的系统功能的参数号。通用故障代码的描述见表 4-2。

表 4-2　一般 RET_VAL 故障代码

差错代码 W#16#…	解 释 说 明
8x7F	内部故障。这一故障代码表明参数 x 内部产生了故障。这个故障不是由用户造成的，因此，也不能由用户来纠正
8x22	读取参数时产生的区域长度故障

（续）

差错代码 W#16#…	解 释 说 明
8x23	写参数时产生的区域长度故障。这一故障代码表明参数 x 全部或部分地超出了地址范围，或 "ANY-POINTER" 型参数的一位区域的长度不能被 8 整除
8x24	读取参数时产生的区域长度故障
8x25	写参数时产生的区域长度故障。这一故障代码表明参数 x 被放置于系统功能不被允许的区域上了。这个相关功能的描述表明这一功能在这个区域上是无效的
8x28	读取参数时发生偏移故障
8x29	写参数时发生的偏移故障。这一故障代码表明参数 x 的参考地址是一个位地址非 "0" 的地址
8x30	参数被放置于写了保护的全局 DB 上了
8x31	参数被放置于写了保护的立即 DB 上了。这一故障代码表明参数 x 被放置于写了保护的数据块上了。如果数据块被系统功能本身所打开，则它的输出中总是提供 W#16#8x30 值
8x32	参数包含了过大的 DB 编号（DB 编号故障）
8x34	参数包含了过大的 FC 编号（FC 编号故障）
8x35	参数包含了过大的 DB 编号（DB 编号故障）。这一故障代码表明参数 x 包含的一个块编号大于最大允许块编号
8x3A	参数包含了没有被装载的 DB 的编号
8x3C	参数包含了没有被装载的 FC 的编号
8x3E	参数包含了没有被装载的 FB 的编号
8x42	系统从输入的 I/O 区域中读取参数时产生的访问故障
8x43	系统试图向输出的 I/O 区域中写入参数时产生的访问故障
8x44	已发生一次故障后，在第 n 次（n>1）读取访问过程中产生的故障
8x45	已发生一次故障后，在第 n 次（n>1）读取访问过程中产生的故障。这一故障表明对所要求的参数的访问是非法的

图 4-14 中 RET_VAL SFC 参数的布局用于 SFC 调入参数的存储器区域。对于用在带有 SFC 参数的存储器区域上的标识符，见表 4-3。

表 4-3　带有 SFC 参数的存储器区域上的标识符

型　号	存储区域	单　元
I	过程映像输入表	输入位（bit）
		输入字节（IB）
		输入字（IW）
		输入双字（ID）
Q	过程映像输出表	输出位（bit）
		输出字节（OB）
		输出字（OW）
		输出双字（OD）
M	存储器	位存储（位）
		存储字节（MB）
		存储字（MW）
		存储双字（MD）

（续）

型　号	存储区域	单　元
D	数据块	数据位（bit）
		数据字节（DBB）
		数据字（DBW）
		数据双字（DBD）
L	本地数据	本地数据位（bit）
		本地数据字节（LB）
		本地数据字（LW）
		本地数据双字（LD）

4.2.2　SIMATIC S7 数据记录基础

所有的系统数据和参数以数据记录的形式存储在 S7 模块上，每个数据记录编号为 0 到最大值 240 之间的数，并非所有模块都能存取所有的数据记录。依赖于所使用的 S7 型模块，有些系统数据区域只能被用户程序写入或只能被用户程序读出。表 4-4 显示了只写 S7 模块上的系统数据区域的布局。它列出了每个数据记录可能有多大，以及可利用哪种 SFC 向系统数据区写数据。

表 4-4　只写 S7 模块上的系统数据的布局

数据记录编号	内　容	大　小	约 束 条 件	写入访问工具
0	参数	对于 S7-300：2 字节～140 字节	对 S7-400 仅写存取	SFC56 WR_DPARM SFC57 PARM_MOD
1	参数	对于 S7-300：2 字节～140 字节 （DR0 和 DR1 正好 16 字节）	—	SFC55 WR_PARM SFC56 WR_DPARM SFC57 PARM_MOD
2～127	用户数据	最大 240 字节	—	SFC55 WR_PARM SFC56 WR_DPARM SFC57 PARM_MOD SFC58 WR_RsEC
128～240	用户数据	最大 240 字节	—	SFC55 WR_PARM SFC56 WR_DPARM SFC57 PARM_MOD SFC58 WR_REC

表 4-5 显示了只读模块上的系统数据区域的布局。表列出了每个数据记录可能有多大以及哪种 SFC 能用于访问它们。

对于所有新触发的数据记录的传输资源（即存储器空间）被分配在处理异步工作的 SFC 的 CPU 上。当几项工作同时被激活时，可以认为所有工作都将被完成，并且它们相互不影响。但是只有一定数量的 SFC 调用可以被同时激活。因为存在 SFC 调用的最大可能值，参见 S7 CPU 的性能数据。当达到可定位资源的最大值时，RET_VAL 参数将传送出一个适当的故障代码。如果发生这种情况，SFC 必须被重新触发。数据记录中的每个参数可以是静态的也可以是动态的。要改变一个静态模块参数，诸如数字输入模块的输入延迟，必须使用 HW Config 程序。动态参数可在在运行期间更改。例如若要更改一个模拟量输入模板的限定值，可以调入一个 SFC 来完成。

表 4-5　只读模块上的系统数据区域的布局

数据记录编号	内　　　容	大　　　小	读取访问工具
0	相关模块诊断数据	4 字节	SFC51 RDSYSST（INDEX 00B1H）SFC59 RD_REC
1	与通道有关的诊断数据（包括数据记录 0）	对于 S7-300：16 字节 对于 S7-400 7～220 字节	SFC51 RDSYSST（INDEX 00B2H 和 00B3H）SFC59 RD_REC
2～127	用户数据	最大 240 字节	SFC59 RD_REC
128～240	诊断数据	最大 240 字节	SFC59 RD_REC

4.3　DP 用户数据通信和过程中断功能

4.3.1　用 SFC14 DPRD_DAT 和 SFC15 DPWR_DAT 交换连续的 DP 数据

在 STEP 7 中的 I/O 访问命令中，不允许用单字节、单字或双字命令去存取具有 3 字节或大于 4 字节的连续的 DP 数据区域（模块）。此时可使用系统功能 SFC14 "DPRD_DAT" 和 SCF15 "DPWR_DAT"。使用系统功能 SFC 14 "DPRD_DAT"，每次读取 DP 从设备的连续数据涉及一个专用输入模板。如果一个 DP 从设备有若干个连续的输入模块，则必须为所要读的每个输入模块分别安排一个 SFC14 调用。表 4-6 列出必须定义的 SFC 14 DPRD_DAT 的输入和输出参数。

表 4-6　SFC 14 DPRD_DAT 的参数

参　　数	说　　明	数据类型	存储器区域	描　　　述
LADDR	INTPUT	WORD	I、Q、M、D、L	HW 结构的 DP 从设的输入模块的起始地址的说明（十六进制）
RET_Val	OUTPUT	INT	I、Q、M、D、L	SFC 的返回值
RECORD	OUTPUT	ANY	I、Q、M、D、L	所读用户数据的目的区域

RECORD：参数描述了 S7 CPU 从 DP 从设备读来的用户数据的目的区域。在这里定义的长度必须与在 HW Config 程序中为 DP 从设备上的输入模块定义的长度相一致。请注意：RECORD 参数的数据类型是 ANY_POINTER。

RET_VAL：系统功能 SFC 14 DPRD_DAT RET_VAL 参数的故障代码显示见表 4-7。

表 4-7　SFC 14 DPRD_DAT RET_VAL 参数的返回值

错误代码 W#16#⋯	说　明
0000	无错误发生
8090	对于指定的逻辑地址，没有被组态的模版，或超出连续数据所允许的长度
8092	在数据类型 ANY-POINTER 参数种，所指定的类型不是 BYTE
8093	由 LADDER 指定的的逻辑地址，不存在可以读取相连续数据的模块
80A0	所选择的模块有缺陷
80B0	在外部 DP 接口上从站故障
80B1	指定目的区域的长度与通过 HW Config 指定的用户数据长度不匹配
808X	外部 DP 接口的系统错误
80B2	外部 DP 接口的系统错误
80B3	外部 DP 接口的系统错误
80C0	外部 DP 接口的系统错误
80C2	外部 DP 接口的系统错误
80FX	外部 DP 接口的系统错误
87XY	外部 DP 接口的系统错误

使用系统功能 SFC15 "DPWR_DAT"，向 DP 从站传送连续数据。从 S7 CPU 传送一个连续的输出数据到 DP 从站，可使用系统功能 SFC15 "DPWR_DAT"。每次写数据涉及一个专用的输出模板。如果 DP 从站有若干个连续的数据输出模板，则对每次要写入的输出模板必须分别安排一次 SFC15 调用。SFC15 DPWR_DAT 的输入和输出参数见表 4-8。

表 4-8　SFC15 DPWR_DAT 的参数

参数	说明	数据类型	内存区	说　明
LADDR	INPUT	WORD	I、Q、M、D、L	用 HW Config 组态的的 DP 从设的输出模块的起始地址没，必须使用十六进制数
RECORD	OUTPUT	ANY	I、Q、M、D、L	所要写的用户数据的源区域
RET_VAL	OUTPUT	INT	I、Q、M、D、L	SFC 的返回值

RECORD：参数描述将要从 S7 CPU 写到 DP 从设备的连续输出数据的源区域。在这里规定的长度必须与在 HW Config 中设置的 DP 从设备的输出模块的长度相一致。请注意：RECORD 参数的数据类型是 ANY-POINTER。只有 BYTE 型数据被允许用作 ANY-POINTER。

SFCI5 DPRD_DAT 的 RET_VAL 参数的错误代码列出见表 4-9。

表 4-9　SFC15 DPRD_DAT 规定的返回值

故障代码 W#16#⋯	说　明
0000	无错误
8090	对于指定的逻辑地址，没有被组态的模版，或超出连续数据所允许的长度
8092	在数据类型 ANY-POINTER 参数里，所指定类型不是 BYTE
8093	由 LADDER 指定的的逻辑地址，不存在可以读取相连续数据的模块

（续）

故障代码 W#16#···	说　明
80A1	所选择的模块有缺陷
80B0	在外部 DP 接口上从站故障
80B1	指定目的区域的长度与通过 HW Config 指定的用户数据长度不匹配
80B2	外部 DP 接口系统故障
80B3	外部 DP 接口系统故障
80C1	在模板上先前写存取的数据还未被模板处理完
808X	外部 DP 接口的系统故障
80FX	外部 DP 接口的系统故障
85XY	外部 DP 接口的系统故障
80C2	外部 DP 接口的系统故障

4.3.2　用 SFC11 DPSYC_FR 传送的 SYNC 和 FREEZE 控制命令

使用系统功能 SFC11 DPSYC_FR 可以实现一组 DP 从站将主站发来的数据同步输出（SYNC 同步输出），或者得到一组 DP 从站地同一时刻的输入数据（FREEZE 输入冻结或锁定）。所涉及到的一组 DP 从站必须在组态期间被组合在 SYNC/FREEZE 组中。一个主站系统最多可以建立 8 个组。

也可以使用系统功能 SFC11 DPSYC_FR，实现 UNSYNC（解除同步）和 UNFREEZE（取消锁定）。表 4-10 列 SFC11 DPSYC_FR 的输入和输出参数。

表 4-10　SFC11 DPSYC_FR 的参数

参数	说明	数据类型	内存区	说　明
REQ	INPUT	BOOL	I、Q、M、D、L	REQ= "1" 触发一个 SYNC/FREEZE 工作
LADDR	INPUT	WORD	I、Q、M、D、L	DP 主设的逻辑地址
GROUP	INPUT	BYTE	I、Q、M、D、L	GROUP 选择器 Bit x=0；不起作用的组 Bit x=1；起作用的组
MODE	INPUT	BYTE	I、Q、M、D、L	作业标识符
RET_VAL	OUTPUT	INT	I、Q、M、D、L	SFC 返回值
BUSY	OUTPUT	BOOL	I、Q、M、D、L	BUSY= "1" 意味着被触发的 STC11 "DPSYC-FR" 没有结束

GROUP：在 HW Config 组态阶段，已经指定了 DP 从设备属于某一组，现在用参数 GROUP 指定哪一组将被 SFC11 寻址。可以用一个作业激活若干个组，值 "0"（所有位为 "0"）不能用作一个组。GROUP 参数的分配见表 4-11。

表 4-11　在 STC11 DPSYC_FR 的 GROUP 参数的分配

	位 7	位 6	位 5	位 4	位 3	位 2	位 1	位 0
GROUP	7	6	5	4	3	2	1	0

MODE：参数 MODE 用于指派和传送一个控制命令给一个组。MODE 参数的位与

控制命令的关系见表 4-12。

表 4-12　在 STC11 DPSYC_FR 的 MODE 参数的控制命令

	7	6	5	4	3	2	1	0
MODE			SYNC	UNSYNC	FREEZE	UNFREEZE		

参数 MODE 允许只用 1 个 SFC11 调用，发送若干个控制命令给 DP 从站。对每个 SFC11 调用，可以设置多于 1 个控制命令并发送它们到 DP 从设。MODE 参数可能的组合见表 4-13。

表 4-13　SFC11 DPSYC_FR MODE 参数可能的组合

位数	7	6	5	4	3	2	1	0
模式				UNSYNC				
				UNSYNC		UNFREEZE		
				UNSYNC	FREEZE			
			SYNC					
			SYNC			UNFREEZE		
			SYNC		FREEZE			
						UNFREEZE		
					FREEZE			

SFC11 DPSYC_FR 中 RET_VAL 参数的错误代码见表 4-14。

表 4-14　SFC11 DPSYC_FR 的错误代码，存储在 RET_VAL 中

错误代码 W#16#	说　明
0000	任务正确执行
7000	用 REQ = "0" 首先调用。无 SFC11 DPSYC-FR 激活。BUSY = "0"
7001	用 REQ = "1" 首先调用。一个过程中断请求被送到 DP 主设；BUSY = "1"
7002	中间调用（与 REQ 无关）：已经触发的 SFC11 DPSYC-FR 还是没用结束 BUSY = "1"
8090	指定的逻辑基址无效 LADDR 不是一个 DP 主设
8093	这个 SFC 不能被用作在 LADDR 中选择的模块
80B0	无配置组
80B1	没有配置给这个 CPU 的组
80B2	SYNC 模式不适合这个组
80B3	FREEZE 模式不适合这个组
80C2	在此时模块正在处理相对于一个 CPU 的最大量任务。这个 CPU 的所有资源都被占用
80C5	没有提供分布式 I/O，DP 子系统失败（总线错误或者 ET-CR 操作模式开关状态为 STOP）
80C6	被 CPU 拒绝的 I/O（终止任务）
80C7	由于 ET-CR 的热启动而终止。热启动不可能
8325	组参数错误
8425	模式参数错误

4.3.3 用 SFC7 DP_PRAL 触发 DP 主设备上的硬件中断

DP 总线上的 I 从站，通过调用系统功能 SFC7 DP_PRAL，可以触发 DP 主站系统上的硬件中断（或过程中断）。SFC7 DP_PRAL 的输入和输出参数见表 4-15。

表 4-15　SFC7 DP_PRAL 的参数

参数	声明	数据类型	存储器区域	说　明
REQ	INPUT	BOOL	I、Q、M、D、L 常量	请求触发 DP 主站上的过程中断
IOID	INPUT	WORD	I、Q、M、D、L 常量	DP 从站发送存储器地址区的表示符 B#16#54=I/O 输入（PE） B#16#55=I/O 输出（PA） 属于混合模板的区域标识符是 2 个地址中较低的标识符。如果地址相同，则地址相同，则指定为 B#16#54
LADDR	INPUT	WORD	I、Q、M、D、L 常量	DP 从站发送存储器地址的起始地址，如果这是一个属于混合模板的区域，则指定为两个地址中较低者
AL_INFO	INPUT	DWORD	I、Q、M、D、L 常量	中断标识符，提供给 DP 主站上将要启动 OB40（变量 OB40_POINT_ADDR）
RET_VAL	OUTPUT	INT	I、Q、M、D、L	SFC 的返回值
BUSY	OUTPUT	BOOL	I、Q、M、D、L	BUSY= "1"；已触发的 SFC7 "DP_PRAL" 未被 DP 主站确认

输入参数 AL_INF0：用于传送与用户有关的中断标识符。此中断标识符被传送到 DP 主站（变量 OB40_POINT_ADDR：），并在 DP 主站中由一个中断 OB（OB40~OB47）进行评估。参数 IOID 和 LADDR 明确地定义所请求的过程中断。确切地说，对于 I 从站的发送存储器中的每个已组态的模板，可随时触发一个过程中断。

SFC7 "DPYML" 是异步执行的，需要执行多个 SFC 调用周期（即需要若干个 SFC 调用来实现，因此也要经过若干个 CPU 循环）。当 REQ= "1" 时，就启动了硬件中断申请。当相应的中断 OB（OB40~OB47）被完全处理后，过程中断由 DP 主站确认时，作业就结束。

如果 CPU31x-2DP 是一个标准 DP 从站，DP 主站一旦取得诊断报文，SFC7 作业就结束。表 4-16 显示 RET_VAL 参数表示出的 SFC7 可能出现的错误的代码。

表 4-16　SFC7 DP_PRAL 的指定返回值

错误代码 W#16#…	解　释
0000	任务被正确地执行
7000	首先调用 REQ= "0"。没有过程中断请求被激活。BUSY= "0"
7001	首先调用 REQ= "1"。一个过程中断请求被送给 DP 主设。BUSY= "1"
7002	中间调用（与 REQ 无关）：触发的过程中断没有被 DP 从设承认。BUSY= "1"
8090	传送内存地址区的起始地址错误
8091	配置的中断关闭
8093	参数对 IOID 和 LADDR 用来确定模块的地址，在这个模块中没有中断过程请求
80C6	此时没有分布式 I/O

4.4　SFC 的 DP 诊断功能

4.4.1　用 SFC13 "DPNRM_DG" 读取 DP 从设备的标准诊断数据

DP 从设备提供诊断数据用于检查和定位从站错误，其诊断数据的基本结构见表 4-17。

表 4-17　DP 从设备诊断数据的基本结构

0 字节	站状态 1
1 字节	站状态 2
2 字节	站状态 3
3 字节	DP 从站的 Profibus 地址
4 字节	生产者的识别符（高字节）
5 字节	生产者的识别符（低字节）
6 字节	附加的与从站有关的诊断数据

DP 从站的诊断数据可以用 SFC13 来读取。SFC13 DPNRM_DG 的输入和输出参数见表 4-18。

表 4-18　SFC13 DPNRM-DG 的参数

参数	说明	数据类型	内存区	说　明
REQ	输入	BOOL	I、Q、M、D、L 常量	请求读 DP 从站诊断数据
LADDR	输入	WORD	I、Q、M、D、L 常量	DP 从站的诊断地址（十六进制数）
RET_VAL	输出	INT	I、Q、M、D、L	SFC 的返回的错误代码
RECORD	输出	ANY	I、Q、M、D、L	存放读取诊断数据的目的区域（6-240B）
BUSY	输出	BOOL	I、Q、M、D、L	BUSY= "1"：读过程未结束

LADDR 用来设置要读取诊断数据的 DP 从站的诊断地址。从 DP 从站读出的诊断数据存放在 RECORD 指定的目的区域。

如果从 DP 从站读出的诊断数据的字节数大于指定的目的区域，则此诊断数据被拒绝，同时由 RET_VAL 发送一个相应的故障代码。如果所读出的诊断参数的长度等于或小于 RECORD 指定的长度，则所读出数据被接收在目的区域中，并且所读的实际字节数用 RET_VAL 来报告。

要读的诊断数据的最小长度是 6 字节，最大长度是 240 字节。如果 DP 从站提供的诊断数据，多于 RECORD 指定的 240 字节的诊断数据（最大允许到 244 字节），则前 240 字节被传送到目的区域，溢出位被置位。如果 DP 从站提供多于 240 字节的诊断数据，而由 RECORD 指定的长度小于 240 字节，则整个诊断数据被拒绝。

4.4.2　与 DP 相关系统状态表（SZL）

系统状态表（SZL）是一个信息功能，它描述一个自动化系统的当前状态。系统状态表只能由 SFC51 读而不能更改。与 DP 相关的局部系统状态表是 "虚拟" 表，它们仅在请求时由操作系统生成。

系统状态表包含如下信息。

（1）系统数据：系统数据包括 CPU 的属性数据，用于描述 CPU 的硬件配置、优先权等级和通信的状态。

（2）CPU 的诊断状态数据：用于描述系统诊断功能所监视的所有部件的现行状态。

（3）模板的诊断数据：对于有诊断能力的模板，将生成和存储诊断信息及诊断数据。

（4）诊断缓存区：所有诊断事件都按它们出现的先后次序登录在诊断缓存区中。

4.4.3　局部系统状态表的结构

局部系统状态表由标题以及实际要求的数据记录组成。标题包含局部系统状态表的标识符（SZL_ID）、索引、所需数据记录的字节长度和表中包含的数据记录个数。

4.4.4　用 SFC51 RDSYSST 读取局部系统状态表

用系统功能 SFC51 RDSYSST（Read System Status）可以读一个子表或其摘录的内容。SFC51 的参数 SZL_ID 和 INDEX 决定读取哪一个子表或哪一个子表的摘录。SFC51 RDSYSST 的参数见表 4-19。

表 4-19　SFC51 RDSYSST 的参数

参　　数	说明	数据类型	内　存　区	说　　　明
REQ	输入	BOOL	I、Q、M、D、L 常量	REQ= "1"：请求读
SZL_ID	输入	WORD	I、Q、M、D、L 常量	要读取的 SZL 或局部 SZL 的 ID
INDEX	输入	WORD	I、Q、M、D、L 常量	局部 SZL 对象的类型或编号
RET_VAL	输出	INT	I、Q、M、D、L	SFC 返回的故障代码
BUSY	输出	BOOL	I、Q、M、D、L	BUSY= "1"：读还没有结束
SZL_HEADER	输出	STRUCT	D、L	看参数说明
DR	输出	ANY	I、Q、M、D、L	存放读取 SZL 或局部 SZL 的目标区域

SZL_ID：一个系统状态表（SZL_ID）的 ID 由子表号、子表摘录号和模板类别组成。系统状态表的每个子表有自己的标识号（SZL_ID）。其结构如图 4-15 所示。为了请求读取一个完整的系统状态子表或其摘录，必须指定相关的 ID。

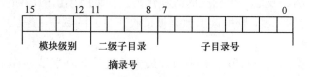

图 4-15　SZL_ID 的结构

系统状态子表的可能摘录是预先定义的，它们用标识号来标识，不能更改。子表摘录的标识号和其意义依赖于所请求的子表。标识号 SZL_ID 还包含标识模板类别的 4 个位。根据这些位读取子表或子表摘录的模板类别，分配给不同类别模板的标识号。标识号见表 4-20。

INDEX：如果某些子表或摘录需要一个对象类型标识符或一个对象号，此时必须使用参数 INDEX。

SZL_HEADER：SZL_HEADER 参数有下列结构

SZL_HEADER：STRUCT

LENGTHDR：WORD

N_DR：WORD

END_STRUCT

读操作之后，LENGTHDR 的内容为所读取数据记录的字节长度。如果仅仅读出 SZL 中的标题信息，NDR 中包含所读取数据记录的个数，否则为传送到目标区的数据记录的个数。

RET_VAL 参数：RET_VAL 参数传送的错误代码描述见表 4-21。

表 4-20　模板类别的标识号

标 识 号	模块类型
0000	CPU
1100	CP
0100	IM
0101	模拟模块
1111	数字模块

表 4-21　SFC51 RDSYSST 的 RET_Val 参数的错误代码

错误代码 W#16#…	解　释
0000	无错误
0081	结果域的长度太短（尽可能多的数据记录被提供，它们的号码在 SZL 的首部被指出。）
7000	首先调用 REQ="0"：没有数据传输被激活。BUSY="0"
7001	首先调用 REQ="1"：数据传输被激活。BUSY="1"
7002	中间调用（与 REQ 无关）：数据传输已被激活。BUSY="1"
8081	结果域的长度太短（对于一个数据记录没有足够空间。）
8082	CPU 或者 SFC 上的 SZL_ID 错误或未知
8083	INDEX 错或者不被允许
8085	此时系统没有提供信息（比如资源缺乏）
8086	由于系统（如总线、模块、操作系统）出错没有读数据记录
8087	由于模块不存在或者不接受读任务而不读数据记录
8088	由于实际类型识别器与设置类型识别器不同而不读数据记录
8089	由于模块没有诊断能力而不读数据记录
808A	对于 DR 参数数据类型不被允许（数据类型 BOOL、BYTE、CHAR、WORD、DWORD、INT 和 DINT 被允许），或着比特地址不是"0"
80A2	DP 协议错误（第 2 层错误）（暂时错误）
80A3	用于用户接口/用户的 DP 协议的错误（暂时错误）
80A4	通信总线上的通信被中断（CPU 和外部 DP 接口之间发生错误）（暂时错误）
80C5	没有提供分布式 I/O（暂时错误）
80C6	由于高优先程序过程层（优先层）被操作系统调用数据记录传输被终止

4.4.5　可供使用的系统状态子表

部分可供使用的系统状态字表及标识符见表 4-22。

表 4-22　可供使用的系统状态子表

子　表	标识符 SZL_ID	子　表	标识符 SZL_ID
模块所有 SZL ID 的列表	W#16#xy00	用户存储器区域	W#16#xy13
模块识别	W#16#xy11	系统区	W#16#xy14
CPU 特性	W#16#xy12	块类型	W#16#xy15

（续）

子 表	标识符 SZL_ID	子 表	标识符 SZL_ID
优先级	W#16#xy16	诊断状态列表	W#16#xy33
小于 1000 号码的可能 SDB 的列表	W#16#xy17	起始信息列表	W#16#xy81
对于 S7-300 的最大 I/O 配置	W#16#xy18	起始事件列表	W#16#xy82
模块 LED 的状态	W#16#xy19	模块框架/站点状态信息	W#16#xy91
中断/错误配置	W#16#xy21	框架/站点状态信息	W#16#xy92
中断状态	W#16#xy22	CPU 上的诊断缓存器	W#16#xyA0
优先级	W#16#xy23	模块诊断信息（DR0）	W#16#00B1
操作状态	W#16#xy24	通过物理地址的模块诊断信息（DR1）	W#16#00B2
通信：性能参数	W#16#xy31	通过逻辑地址的模块诊断信息（DR1）	W#16#00B3
通信：状态数据	W#16#xy32	DP 从设的诊断数据	W#16#00B4

4.4.6　SFC51 RDSYSST 的专用特性

系统功能 SFC51 通常是异步执行。只有当 SFC51 在诊断中断块 OB82 中被调用，并且具有系统状态标识符（SZL_ID）W#16#OOB1、W#16#OOB2 或 W#16#OOB3，以及 INDEX 参数包含造成中断的模块地址时，SFC51 才将立即被处理。即 SFC51 是同步处理。

在 CPU 上，每个 SFC51 的异步执行都要占用资源（存储器区域），用于处理作业。如果有若干个作业同时被激活，则必须确保所有作业的执行互不影响。

4.5　读、写数据记录/参数

4.5.1　用 SFC55 WR_PARM 写动态参数

系统功能 SFC55 WR_PARM（Write Parameter）用参数 RECORD 传送指定的数据记录给所寻址（由 IOID 和 LADDR 指定）的 S7 模板。SFC55 传送给模板的参数不改写该模板上的参数，而是存放在 S7 CPU 上相关 SDB（System Data Block）中。WR_PARM 的调用参数列出在表 4-23 上。

表 4-23　SFC55 WR_PARM 的参数

参 数	声 明	数据类型	内 存 区	说 明
REQ	INPUT	BOOL	I、Q、M、D、L 常量	REQ="1"：写请求
IOID	INPUT	BYTE	I、Q、M、D、L 常量	地址区的识别器： B#16#54=I/O 输入； B#16#55=I/O 输出
LADDR	INPUT	WORD	I、Q、M、D、L 常量	HW Config 中的这个模块的逻辑地址设置（十六进制形式）
RECNUM	INPUT	BYTE	I、Q、M、D、L 常量	数据记录号码
RECORD	OUTPUT	ANY	I、Q、M、D、L	数据记录
RET_VAL	OUTPUT	INT	I、Q、M、D、L	SFC 的返回值
BUSY	OUTPUT	BOOL	I、Q、M、D、L	BUSY="1" 写程序还没有结束

注意：这里要传送的数据记录不是静态数据记录（如数据记录 0）。如果要写的数据记录保存在 SDB100-SDB129 中，则要保证 "Static bit" 不被设置。

IOID：参数 IOID 规定了与 LADDR 一同被提出的模块的地址区域的标识符。如果所提出的模块是合成模块，也就是说如果它是既有输入又有输出的模块或子模块，那么就必须指明 IOID 中最低 I/O 地址的区域标识符。如果输入和输出的地址是相同的，则规定 B#16#54 作为输入的标识符。

LADDR：如果希望提出的模块是合成模块，在这里规定出 2 个地址中较低的那个。

RECORD：RECORD 参数规定了在 CPU 上将要传送的 ANY_POINTER 型数据的动态记录。数据记录在第一次调用系统功能时被读取。如果传输数据记录的时间比一个 CPU 循环长，将会导致对同一工作的重复的系统功能调用，储存在 RECORD 参数里面的信息也将不再适用于那些后来的调用。

RET_VAL：RET_VAL 输出参数表明 SFC55 的连续或不连续的过程。错误代码在 SFC56 和 SFC57 上都适用。不是由 SFC 的输入或输出参数的不正确定义造成的工作处理错误（错误代码 W#16#8xyz）能被划分成 2 部分：

（1）临时性故障（错误代码 W#16#80A2 80A4 和 80Cx）。能通过重新调入 SFC 的方法纠正这种性质的故障。故障信息 "W#16#80C3" 是一个临时性的故障的例子。它表明需要的资源（存储器空间）在调用发生时正被其他功能使用。

（2）永久性故障（错误代码 W#809x、80AI、80Bx 和 80Dx）。永久的故障必须被纠正，只有在确定报告故障被纠正以后才能重新调用 SFC，例如 RECORD 参数中的不正确长度（W#16#80B1），如表 4-24 所示。

表 4-24　运用于 SFC55、SFC56 和 SFC57 的错误代码

错误代码 W#16#…	说　　明	限　　制
7000	用 REQ= "0" 首先调用：无数据传送有效 BUSY 的值为 "0"	—
7001	用 REQ= "1" 首先调用：数据传送被触发 BUSY 的值为 "1"	分散式 I/O
7002	中间调用（REQ 无关）：数据传送已经有效 BUSY 的值为 "1"	分散式 I/O
8090	指定逻辑基址无效。在 SDB1/SDB2x 无分配存在或无基址被指定	—
8092	一个不是 BYTE 的类型在数据类型 ANY-Pointer 的参数中被指定	只适用于为 SFC55 WR_PARM 的 S7-400
8093	这种 SFC 不适合以 LADDR 和 IOID 方式选择的模块（适合的是华为 S7-300 的 S7300 模块，华为 S7-400 的 S7400 模块，华为 S7-300 和 S7-400 的 S7 DP 模块）	—
80A1	当数据记录被送到模块时被否定接受（在数据传送期间模块故障或被删除）	—
80A2	在 2 层有 DP 协议错误，可能的硬件故障	分散式 I/O
80A3	对直接数据连接映射程序的 DP 协议错误或在用户界面上的 DP 协议错误，也可能是硬件故障	分散式 I/O
80A4	通信总线（K 总线）故障	错误发生在 CPU 和 扩展 DP 界面之间

（续）

错误代码 W#16#…	说　明	限　制
80B0	SFC 不适用于模块类型因为不能识别数据记录	—
80B1	传递的数据记录的不正确的长度	—
80B2	配置的插槽不适用	—
80B3	实际的模块类型与 SDB1 中设置的模块类型不匹配	—
80C1	在模块上的先前的写任务的为同一数据类型的数据还没有被模块处理	—
80C2	此时，模块正在处理相对于一个 CPU 的最大量任务	—
80C3	所需的资源（内存等等）在此时正忙	—
80C4	通信错误：奇偶校验错误；SW-Ready 没设置；块长度的错误；CPU 上的检查和错误；模块上的检查和错误	—
80C5	分布式 I/O 不可用	分散式 I/O
80C6	由于一个被操作系统调用的更高级别的程序处理水平（优先级），数据记录传输被终止了	分散式 I/O
80D0	相关的 SDB 没有进入模块的入口	—
80D1	数据记录号没有被配置在与模块相关的 SDB 中（数据记录 241 被 STEP 7 拒绝）	—
80D2	根据类型识别器，模块不能依靠一个参数设置装载	—
80D3	SDB 不能被分配因为它不存在	—
80D4	内部 SDB 结构错误：内部 SDB 结构管理指示字正指到 SDB 外的一个区域	只对 S7-300
80D5	数据记录是静态的	只对 SFC55 WR_PARM

4.5.2　用 SFC56 WR_DPARM 在 SDB 中写入预定的数据记录/参数

系统功能 SFC56 WR_DPARM（Write Default Parameter）用 S7 CPU 的 SDB 中的编号 RECNUM，传送静态的或动态的数据记录给由 LADDR 和 IOID 寻址的模板。在 S7-300 系统中，系统数据块的范围可以是 SDB100～SDB103。表4-25 显示了 SFC56 WR_DPARM 的输入和输出参数。

表 4-25　SFC56 WR_DPARM 的参数

参数	声明	数据类型	存储器区域	说　明
REQ	INPUT	BOOL	I、Q、M、D、L 常量	REQ= "1"：请求写
IOID	INPUT	BYTE	I、Q、M、D、L 常量	地址区的标识符：B#16#54=I/O 输入；B#16#55=I/O 输出
LADDR	INPUT	WORD	I、Q、M、D、L 常量	在 HW Config 中为此模板设定的逻辑地址（此处为十六进制格式）
RECNUM	OUTPUT	BYTE	I、Q、M、D、L 常量	数据记录号
RET_VAL	OUTPUT	INT	I、Q、M、D、L	SFC 的返回值
BUSY	OUTPUT	BOOL	I、Q、M、D、L	BUSY= "1"：写过程还没有结束

IOID：这个参数规定了由 LADDR 提出的模块的地址区域的标识符。如果所提出的模块是合成模块，也就是说如果它是既有输入又有输出的模块或子模块，那么必须指明

IOID 中最低 I/O 地址的区域标识符。如果输入和输出的地址相同，则规定 B#16#54 作为输入标识符。

　　LADDR：如果希望提出的模块是合成模块，在这里规定出 2 个地址中较低的那个。

　　RET_VAL：SFC56 的错误代码与显示表 4–24 上的 SFC55 的 RET_VAL 值的错误代码一样。

4.5.3　用 SFC57 PARM-MOD 写来自 SDB 的全部预定的数据记录/参数

　　SFC57 PARM_MOD（Para Meterize Module）是从相关的系统数据块（SDB）中传送全部静态或动态的数据记录给被寻址的模板。在 HW Conng 程序中，已经定义此 SDB。在 S7-300 系统中，SDB 的范围是 SDB100～SDB103。表 4–26 显示出 SFC57 PARM_MOD 的输入和输出参数。

表 4–26　SFC57 PARM_MOD 的参数

参数	声明	数据类型	内　存　区	说　　　明
REQ	INTPUT	BOOL	I、Q、M、D、L 常量	REQ= "1"：写请求
IOID	INTPUT	BYTE	I、Q、M、D、L 常量	地址区域的标识符：B#16#54=I/O 输入；B#16#55=I/O 输出
LADDR	INTPUT	WORD	I、Q、M、D、L 常量	在 HW Config 中为此模板设定的逻辑地址（十六进制形式）
RET_VAL	OUTPUT	INT	I、Q、M、D、L	SFC 的返回的故障代码
BUSY	OUTPUT	BOOL	I、Q、M、D、L	BUSY= "1"：写过程还没有结束

　　IOID：这个参数规定了由 LADDR 提出的模块的地址区域的标识符。如果所提出的模块是合成模块，也就是说如果它是既有输入又有输出的模块或子模块，那么必须指明 IOID 中最低 I/O 地址的区域标识符。如果输入和输出的地址相同，则规定 B#16#54 作为输入标识符。

　　LADDR：如果希望提出的模块是合成模块，在这里规定出 2 个地址中较低的那个。

　　RET_VAL 参数：SFC57 的错误代码与显示在表 4–24 上的 SFC55 的 RET_VAL 值的错误代码一样。

4.5.4　用 SFC58 WR_REC 写数据记录/参数

　　SFC58 WR_REC（Write Record）传送由参数 RECORD 指定的数据记录给用 LADDR 和 IOID 寻址的模块。与 SFC55 相比，SFC58 仅能用于传输记录号为 2～240 的数据记录。表 4–27 列出了 SFC58 WR_REC 的输入和输出参数。

　　IOID：这个参数规定了由 LADDR 提出的模块的地址区域的标识符。如果所提出的模块是合成模块，也就是说如果它是既有输入又有输出的模块或子模块，那么必须指明 IOID 中最低 I/O 地址的区域标识符。如果输入和输出的地址相同，则规定 B#16#54 作为输入标识符。

　　LADDR：如果希望提出的模块是合成模块，在这里规定出 2 个地址中较低的那个。

　　RET_VAL：被 RET_VAL 参数传送的错误代码见表 4–28。

表 4-27　SFC58 WR_REC 的参数

参数	声明	数据类型	存储器区域	说　明
REQ	INTPUT	BOOL	I、Q、M、D、L 常量	REQ= "1"；请求写
IOID	INTPUT	BYTE	I、Q、M、D、L 常量	地址区的标识符：B#16#54=I/O 输入；B#16#55=I/O 输出
LADDR	INTPUT	WORD	I、Q、M、D、L 常量	在 HW Config 中为此模板设定的逻辑地址（16 进制格式）
RECNUM	INTPUT	BYTE	I、Q、M、D、L 常量	数据记录号（允许值：2~240）
RECORD	INTPUT	ANY	I、Q、M、D、L	数据记录，允许数据类型 BYTE
RET_VAL	OUTPUT	INT	I、Q、M、D、L	SFC 的返回的故障代码
BUSY	OUTPUT	BOOL	I、Q、M、D、L	BUSY= "1"：写过程还没有结束

表 4-28　运用于 SFC58 WR_REC 的错误代码

错误代码 W#16#…	说　明	限　制
7000	用 REQ= "0" 首先调用：无数据传输激活	—
7001	用 REQ= "1" 首先调用：已触发数据传输	分散式 I/O
7002	中间调用（REQ 无关）：数据传送已经有效，BUSY 的值为 "1"	分散式 I/O
8090	指定的逻辑基址无效，对指定的逻辑地址在 SDB1/SDB2x 中未分配或在功能调用时未指定地址	—
8092	在 ANY-POINTER 参数中指定的数据类型不是 BYTE	只适用于 S7-400
8093	这种 SFC 不适合以 LADDR 和 IOID 方式选择的模块（适合的是华为 S7-300 的 S7300 模块，华为 S7-400 的 S7400 模块，华为 S7-300 和 S7-400 的 S7 DP 模块）	—
80A0	当从一个模块读取时它消极的应答（模板损坏或在读取时模板被移走）	仅对 SFC59 PR_REC 适用
80A1	写一个模板时，消极地应答（模板损坏或在取时模板被移走）	仅对 SFC58 WR_REC 适用
80A2	在 2 层的 DP 协议错误。可能是硬件故障	分散式 I/O
80A3	对直接数据连接映射期间或在用户界面上的 DP 协议错误.也可能是硬件故障	分散式 I/O
80A4	通信总线（K 总线）故障	错误发生在 CPU 和 DP 接口间出现错误
80B0	可能的情况： 这个模块类型的 SFC 调用是不可能的； 模块不识别数据记录； 大于 240 的数据记不允许； 带 SFC58 WR_REC 的数据记录 0 和 1 不允许	—
80B1	在 RECORD 参数中的长度说明是错误的 对 SFC58 WR_REC：数据记录长度是错误的 对 SFC59 RD_REC（仅当使用旧型号 S7-300FMs 和 S7-300CPs 被使用时是可能的）：规定>数据记录长度 带 SFC13 DPNRM_DG：规定<数据记录长度	—
80B2	配置的插槽未占用	—

（续）

错误代码 W#16#…	说　　明	限　　制
80B3	实际的模块类型与 SDB1 中设置的模块类型不匹配	—
80C0	对 SFC59 RD_REC：虽然模块保持着数据记录，但仍没有数据被读 SFC13 DPNRM_DG：无诊断性数据可用	仅对 SFC59 RD_REC 或对 SFC13 适用
80C1	对于相同的数据记录，在模板上先前写作业的数据还未被模板处理完	—
80C2	模块正在处理 CPU 的最大数量的任务	—
80C3	所需的资源（内存等）在此时正忙	—
80C4	内部通信错误： 奇偶校验错误； SW-Ready 没设置； 块长度的错误； CPU 校验和故障； 模块上的校验和故障	—
80C5	分散式 I/O 不可用	分散式 I/O
80C6	由于一个被操作系统调用的更高级别的程序处理水平（优先级），数据记录传输被终止了	分散式 I/O

4.5.5　用 SFC59 RD_REC 读取数据记录

SFC59 RD_REC（Read Record）是从被寻址的模板中读取数据记录 RECNUM（区域 0~240）并且将它存储在由 RECORD 参数指定的目的地区域中。表 4-29 列出了 SFC59 RD_REC 的输入和输出参数。

表 4-29　SFC59 DP_PEC 的参数

参数	声明	数据类型	存储器区域	说　　明
REQ	INTPUT	BOOL	I、Q、M、D、L 常量	REQ="1"：写请求
IOID	INTPUT	BYTE	I、Q、M、D、L 常量	地址区的标识符：B#16#54=I/O 输入； B#16#55=I/O 输出
LADDR	INTPUT	WORD	I、Q、M、D、L 常量	在 HW Config 中为此模块设定的逻辑 地址（十六进制）
RECNUM	INTPUT	BYTE	I、Q、M、D、L 常量	数据记录号码（允许值从 0 到 240）
RET_VAL	OUTPUT	INT	I、Q、M、D、L	故障代码
BUSY	OUTPUT	BOOL	I、Q、M、D、L	BUSY="1" 读过程还未结束
RECODE	OUTPUT	ANY	I、Q、M、D、L	用于所读数据记录的目的区域

IOID：这个参数规定了由 LADDR 提出的模块的地址区域的标识符。如果所提出的模块是合成模块，也就是说，如果它是既有输入又有输出的模块或子模块，那么必须指明 IOID 中最低 I/O 地址的区域标识符。如果输入和输出的地址相同，则规定 B#16#54 作为输入标识符。

LADDR：如果希望提出的模块是合成模块，在这里规定出 2 个地址中较低的那个。

RET_VAL：如果故障发生在功能执行过程中，RET_VAL 参数将传送出一个错误代码。错误代码与列出在表 4-28 上的 SFC58 的错误代码相同。在 S7-400 系统中，SFC59 也能返回错误代码 W#16#80FX。这表示已发生了不能精确定位的故障。

RECORD：规定要从所选数据记录中读取的数据记录的长度，即所规定的长度必须不能大于数据记录的实际长度。因此，应保证在 RECORD 中规定的长度与要读取的实际数据记录的长度正好相等。

此外，当 SFC59 被异步处理时，要记住，RECORD 参数使所有随后的调用包含了相同长度的信息。还要记住，只能使用 BYTE 型数据。

4.6　Profibus 式数据通信的典型方案

SIMATIC S7 系统处理通过 Profibus-DP 网络与 DP 从站进行数据通信时，可以根据 HW Config 程序硬件组态时所分配的地址，通过过程映像直接交换或通过 I/O 命令进行输入/输出数据的交换，如图 4-16 所示。

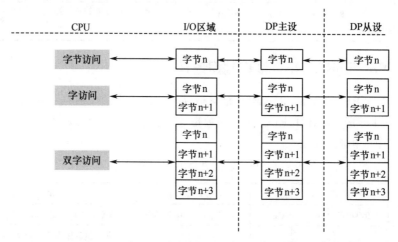

图 4-16　使用 STEP 7 和 I/O 访问命令与 DP 从设进行输入/输出数据通信

由于 Profibus 网络频繁的使用具有多于 4 个连续字节的数据，因此，在与具有复杂功能和复杂数据结构的 DP 从站进行数据通信时，不能由用户程序中的简单 I/O 存取命令（L 或 T）来处理。这时可以用 SIMATIC S7 系统提供特殊的系统功能 SFC 与这类 DP 从站进行通信。如图 4-17 所示。

4.6.1　带有 I/O 访问命令的数据通信

SIMATIC S7 系统的 CPU 通过在 STEP 7 程序中编写特殊的 I/O 访问命令指定分布式的外围模块的 I/O 数据。这些命令通过调用直接 I/O 访问或者通过过程映像进行 I/O 访问。读写分布式 I/O 信息的数据格式可能是字节、字或者双字。

然而，一些 DP 从设模块有更复杂的数据结构。输入和输出数据区域有一段 3 个字

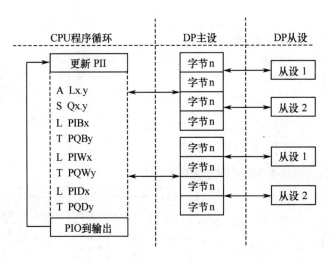

图 4-17　DP 从设的输出/输入数据

节或者多于 4 个字节的，这些是所谓的一致 I/O 数据区域。在使用一致的数据区域的 DP 从设的参数设置中，参数"一致"必须被设置为"全长"。有了一致的数据，输入和输出数据不能再通过过程映像，也不能再通过调用正常的 I/O 访问命令进行数据交换。这原因在于 CPU 在 DP 主设上的输入和输出数据的更新循环。DP 输入和输出数据的更新还取决于 DP 主设与 DP 从设间循环性的数据交换。

4.6.2　交换连续的数据的实例

在 STEP 7 中的 I/O 存取命令中，不允许用单字节、单字或双字命令去存取具有 3 字节或大于 4 字节的连续的 DP 数据区域。此时可使用系统功能 SFC14 DPRD_DAT 和 SFC15 DPWR_DAT。

1）使用系统功能 SFC14 DPRD_DAT，读取 DP 从站的连续数据

使用系统功能 SFC14 DPRD_DAT，每次读取 DP 从站的连续数据涉及一个专用输入模板。如果一个 DP 从站有若干个连续的输入模板，则必须为所要读的每个输入模板分别安排一个 SFC14 调用。

2）使用系统功能 SFC15 DPWR_DAT，向 DP 从站传送连续数据

从 S7 CPU 传送一个连续的输出数据到 DP 从站，可使用系统功能 SFC15 DPWR_DAT。每次写数据涉及一个专用的输出模板。如果 DP 从站有若干个连续的数据输出模板，则对每次要写入的输出模板必须分别安排一次 SFC15 调用。

SFC14 和 SFC15 的 DP 从设的输入/输出数据过程如图 4-18 所示。

例如：DP 主站为 S7-400，智能从站为 S7-300（CPU315-2DP）。智能从站的输入数据区和输出数据区各有 10 字节长（IB100-IB109 和 QB100-QB109），用系统功能 SFC14 和 SFC15 完成连续数据交换。

3）在智能 DP 从站 OB1 的用户程序

（1）用 SFC14 和 FSC15 的方法与 I 从设进行 I/O 数据通信，如图 4-19 所示。

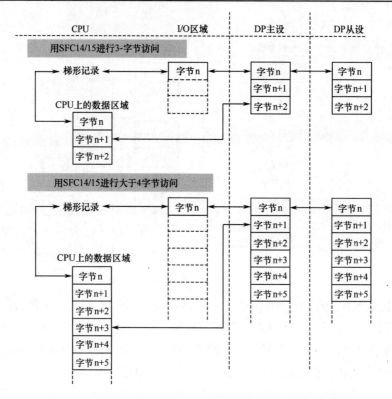

图 4-18　使用 SFC14 和 SFC15 的 DP 从设的输入/输出数据

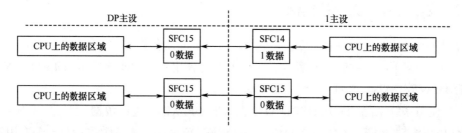

图 4-19　用 SFC14 和 SFC15（例子项目）的方法与 I 从设间进行 I/O 数据通信

具体程序设计如下：

```
CALL    SFC14
LADDR    :=W#16#3E8              //从站输入区的起始地址（十进制数 1000）
RET_VAL  :=EW200                 //返回值
RECORD   :=P#I 100.0 BYTE 10     //CPU 存放输入数据的输入映像区的指针
L    IB 100                      //将输入数据 IB100 装入累加器 1
T    QB100                       将累加器 1 中的数据输出到 QB100
CALL    SFC15
LADDR    :=W#16#3E8              //从站输出区的起始地址（1000）
RECORD   :=P#Q100.0 BYTE 1O      //CPU 存放输出数据的输出映像区的指针
RET_VAL  :=MW202
```

程序输入后保存 OB1，关闭 STL 程序编辑器，切换到 SIMATIC 管理器，在从站的
"Blocks"中，应包含 System data、OB1、SFC14、SFC15。

当 DP 主站改变它的运行模式时，从站的操作系统将调用 OB82 和 OB86。如果从站没有对这些 OB 编程，CPU 将进入到 STOP 模式，因此，应在从站上建立相关的中断处理程序，防止 CPU 在此情况下进入 STOP 模式。

4）在主站 OB1 中的用户程序

程序中使用数据块 DB10 和 DB20 作为存放输入数据和输出数据的存储区，在生成 OB1 前，应先生成 DB10 和 DB20 数据块，生成长度为 10 个字节的数组（ARRAY）。

```
CALL SFC14
LADDR   : =W#16#3E8          //从站输入区的起始地址（十进制数 1000）
RET_VAL : =MW200             //返回值
RECORD  : =P#DB10.DBX10.0BYE 1O   //存放输入数据的输入映像区的指针
CALL SFC15
LADDR   : =W#16#3E8          //从站输出区的起始地址（十进制数 1000）
RECORD  : =P#Q 100.O BYTE 1O    //存放输出数据的输入映像区的指针
RET_VAL   : =MW202           //返回值
```

为了便于监视数据通信，在从站的用户程序中，用 L、T 指令将从站中接收到的第 1 个数据字节 IB100，传送到要发送的第 1 个数据字节 QB100。因此，通过 DP 主站与 DP 的周期性通信和从站内部的数据传送，来自主站输出数据区的 DB20.DBBO 的数据，立即被从站返回到主站，存放到输入数据区中的第 1 个字节 DB10.DBB0。

4.6.3　处理过程中断

与本地连接在 SIMATIC S7 的中央支架或者扩展支架相似，分布式 I/O 设备也能生成过程中断。在 Profibus 网络中，过程中断可由 DP 从设或 DP 从设设备中包含的单独的模块生成，包括 DP 从设或者支持中断处理的 I/O 模块。带有过程中断能力的输入模块能够触发过程中断，例如一个测量有界值越界、用户程序被过程中断、中断 OB 被调用。注意，在 SIMATIC S7 中的过程中断有时也被称作硬件中断。

下列的例子描述了在 Profibus-DP 网络中从设如何生成过程中断，和这个过程中断如何在 DP 主设上被承认和评价。从设是 CPU 315-2DP 的一个 S7-400 的可编程的控制器当 I 从设，而主设站是一个 S7-400 的可编程的控制器。用 S7-400（CPU315-2DP）作为 I 级从设产生过程中断如图 4-20 所示。

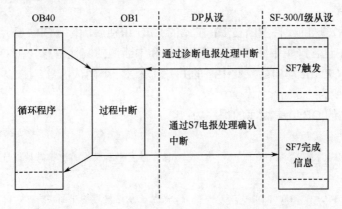

图 4-20　用 S7-400（CPU315-2DP）作为 I 级从设产生过程中断

4.6.4　在 I 从设（S7-400）上生成硬件中断

DP 总线上的 I 从站，通过通用系统功能 SFC7 "DP_PRAL"，可以触发 DP 主站系统上的硬件中断（或过程中断）。

例如，主站为 S7-400，I 从站为 CPU 315-2DP，起始地址为 1000 的输出模板触发一个硬件中断。为了便于中断功能的测试和监控，可在 I 从站上循环触发过程中断。

从站发送 2 条附加信息给主站：在 SFC7 的 AL_INFO 的前半部分，传送 SFC7 的中断 ID "W#16#ABCD"；在 SFC7 的 AL_INFO 的后半部分（MW106），是中断次数计数器，每中断一次，该计数器的当前值加 1。与此同时，中断 ID 被作为硬件中断报文发送给 DP 主站。DP 主站处理 OB40 时，可通过局域变量 OB40_POINT_ADDR 获得中断 ID。

I 从站的 OB1：

```
L     W#16#ABCD            //预置中断标识符
T     MW104                //中断 ID 送 MW104
CALL  SFC7
REQ     :=M100.0           //中断请求
IOID    :=B#16#55          //DP 从站发送存储器地址区为输出
LADDR   :=W#16#3E8         //输出模板的起始地址位十进制数 1000
AL_INFO :=MD104            //中断 ID
RET_VAL :=MW102            //返回故障代码
BUSY    :=M100.1           //主站未确认时，BUSY=1
A     M100.1               //如果主站未确认
BEC                        //结束 OB1
=     M100.0               //否则触发新的过程中断
L     MW106
+     1                    //中断计数器加 1
T     MW106
```

BEC 为块结束指令，如果主站未确认（BUSY=1），结束 OB1 的执行，不执行后面的程序。下一次循环扫描再从第 1 条指令开始。如果主站确认了（BUSY=O），则执行 BEC 后面的程序。

由 DP 从站发送的硬件中断被 DP 主站的 CPU 识别后，主站 CPU 调用 OB40。OB40 的变量声明表中包含产生中断模板的逻辑地址和中断源的其他信息。在 OB40 执行结束后，DP 主站的 CPU 自动向触发此中断的 I 从站发送一个确认信号，使 I 从站的 SFC7 的 BUSY 从 "1" 变为 "0"。

在 DP 主站的 OB40 中编写的程序为：

```
OB40:
L  #OB40_MDL_ADDR          //保存触发中断模板的逻辑基址地址
T  MW10
L  #OB40_POINT_ADDR        //保存 I 从站发送的中断 ID
T  MD12
```

4.6.5　传送数据记录和参数

　　SIMATIC S7 的可编程控制器允许从用户程序到 SIMATIC S7 模块传送数据记录。这是在运行操作期间改变 S7 模块的参数设置的一种方法。数据记录的联机传送能被运用于集中式的 S7 模块和分布式的 S7 模块。能区别传送到 S7 模块的 2 种类型数据记录：动态的数据记录和静态的数据记录。动态的数据记录通常由用户程序提供，而同时静态的数据记录在 HW Config 程序中生成并被永久地储存在 CPU 的系统数据块里面。SIMATIC S7 为传送数据记录到 S7 模块提供一些系统功能（SFC 为系统功能调用）。调用 SFC55/SFC56 的方法把数据记录传输到 S7 模块如图 4-21 所示。

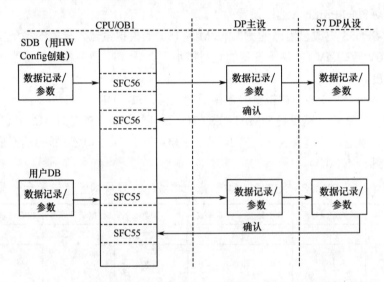

图 4-21　调用 SFC55/SFC56 的方法把数据记录传输到 S7 模块

　　下列的例子描述如何把模块数据记录或者参数写到 S7 模块中。为这个目的需要使用特殊的功能块 SFC55 WR_PARM 和 SFC56 WR_DPARM。SFC55 传送根据需要定义其内容的一种动态的数据记录。SFC56 传送"静态"数据记录，它们在 HW Config 生成和被储存在 CPU 上的系统数据块（SDB）里面。在系统启动期间，这个数据记录自动地被传送到适当的模块。

　　在我们的例子中我们将使用系统功能 SFC55 来改变配置在 ET200M 站上的模拟输入模块的测量范围。测量的范围将从±10 V 被改变成为±2.5 V。然后，我们将取消通过调用 SFC56 而设置的参数变化，这样模块将再一次使用以前在 HW Config 的配置期间指定的参数。

　　实际上，当一种已测量的输入达到一定的状态或者值时，可以使用这种功能，并且在一段短的时期内提高分辨率。

4.6.6　用 SFC55 WR_PARM 写动态参数

　　系统功能 SFC55 WR_PARM（Write Paramweter）用参数 RECORD 传送指定的数据记录给所寻址（由 IOID 和 LADDR 指定）的 S7 模板。SFC55 传送给模板的参数不改写该模板上的参数，而是存放在 S7CPU 上相关 SDB（System Data Block）中。

注意：这里要传送的数据记录不是静态数据记录（如数据记录 0）。如果要写的数据记录保存在 SDB 100-SDB129 中，则要保证"Static bit"不被设置。

例：Profibus-DP 系统中，主站 S7-300 CPU315-2DP，从站 ET 200M。当前对 ET 200M 站的模拟量输入模板组态如下。

Diagnosis（诊断）	组诊断"ON"
Type of measurement（测量类型）	电压（V）
Measuring range（测量范围）	±10V
Integration time（积分时间）	20ms

ET 200M 站的 Profibus 地址设置为"5"。

现在用 SFC55 更改已组态的 ET 200M 从站上的模拟量输入模板的测量范围，将测量范围从±10V 改±2.5V。当被测变量的绝对值小于 2.5V 时，改变模板的量程可以提高模板的控制精度。

1）SIMATIC S7-300 中模拟量输入模板的数据记录（DR1）的结构

采用的模拟量输入模板是 SIMATIC S7-300 系列的模板"SM331 AI2×12bit"，它有 2 个模拟量输入通道，分辨率为 12 位-14 位。SIMATIC S7-300 控制器的模拟量输入模板的数据记录见表 4-30。

表 4-30　SIMATIC S7-300 控制器的模拟输入模块的数据记录和参数

参数	数据记录号码	SFC55 能设置的参数	参数	数据记录号码	SFC55 能设置的参数
组诊断	0	没有	干扰频率禁止		有
包括写间断检测的中断	0	没有	测量类型	1	有
极限值警报允许	1	有	上限		有
诊断警报允许		有	下限		有

由于数据记录号"0"（DR0）只能被系统功能读取，但不能写，因此不能用 SFC55 把它传送到模拟量输入模板。

数据记录号"1"（DR1）的长度为 14 字节，其结构如图 4-22 所示。

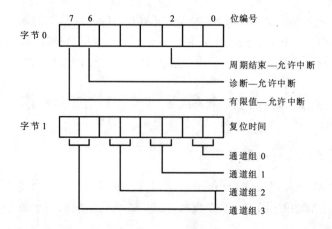

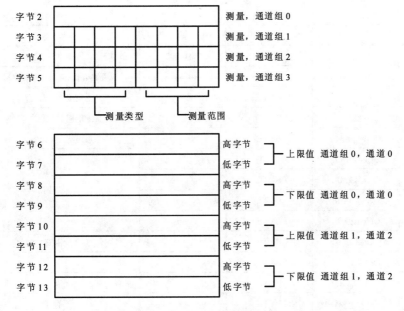

图 4-22　S7-300 上的模拟输入模块的数据记录的布局

对模拟量输入模板的干扰频率抑制可能设置的积分时间见表 4-31。

表 4-31　S7-300 系统模拟输入模块可设置的积分时间

接口频率禁止/Hz	积分时间/ms	设　置	接口频率禁止/Hz	积分时间/ms	设　置
400	2.5	2#00	50	20.0	2#10
60	16.7	2#01	10	100.0	2#11

对 S7-300 模拟量输入模板的测量类型 "Voltage"，可能设置的测量范围见表 4-32。

表 4-32　S7-300 模拟输入模块的测量类型 "电压" 的测量范围

测量类型	设　置	测量范围	设　置	测量类型	设　置	测量范围	设　置
电压	2#0001	±80mV	2#0001	电压	2#0001	1V～5V	2#0111
		±250mV	2#0010			±10V	2#1001
		±500mV	2#0011			±25mV	2#1010
		±1V	2#0100			±50mV	2#1011
		±2.5V	2#0101			±50mV	2#1011
		±5V	2#0110				

2）用 SFC55 "WR_PARM" 改变模拟输入模块的参数

在 SIMATIC 300（1）文件夹中打开 Blocks 文件夹，建立数据块 DB30，DB30 的变量声明见表 4-33。

表 4-33　为模拟输入模块把测量范围转变为 ±2.5V 准数据备的记录

字 节 号 码	名　　称	类　型	初 始 值	内　　容
0.0		STRUCT		
+0.0	AlarmEnable	BYTE	B#16#00	禁止极限值/诊断中断

（续）

字 节 号 码	名 称	类 型	初 始 值	内 容
+1.0	IntTime	BYTE	B#16#02	积分时间：21ms
+2.0	M-kgr-0	BYTE	B#16#15	通道组 0（电压：±2.5V）
+3.0	M-kgr-1	BYTE		通道组 1（无关）
+4.0	M-kgr-2	BYTE		通道组 2（无关）
+5.0	M-kgr-3	BYTE		通道组 3（无关）
+6.0	OGr-Kgr-0H	BYTE		
+7.0	OGr-Kgr-0L	BYTE		
+8.0	UGr-Kgr-0H	BYTE		未启用
+9.0	UGr-Kgr-0L	BYTE		
+10.0	OGr-Kgr-1H	BYTE		不存在
+11.0	OGr-Kgr-1L	BYTE		不存在
+12.0	UGr-Kgr-1H	BYTE		不存在
+13.0	UGr-Kgr-1L	BYTE		不存在
+14.0		END-STRUCT		

在主站 SIMATIC 300（1）文件夹中打开 Blocks 文件夹和 OB1，编写 OB1 的调用系统功能 SFC55 WR_PARM 的程序：

```
OB1:
CALL  SFC55                            //用 M30.0 触发操作
REQ  : = M30.0                         //输入模板的标识符
IOID :=B#16#200                        //输入模板的地址（十进制数 512）
RECNUM :=B#16#1                        //数据记录 1
RECORD : =P#DB30.DBX30.0 BYTE 14       //指向 DB30 中数据记录 DR1 的指针
RET_VAL :=MW32                         //返回的故障代码
BUSY : =M30.1                          //操作完成，M30.1=0
AN  M30.1                              //如果操作完成
R  M30.0                               //复位操作的启动信号
```

3）测试用 SFC55 WR_PARM 改变的模拟量输入模板的参数

使用 STEP 7 功能 Monitor/Modify Variables，调用已编程的系统功能 SFC55，并观察 SFC 怎样把 ET 200M 站上的模拟量输入模板的测量范围由±10V 改变为±2.5V。

在 "Address" 下的变量表中，输入 2 个变量 MB30（M30.0=REQ 和 M30.1=BUSY）和 W32（RET_VAL）。对 MB30 指定一个修改值 B#16#01。在菜单条中选择 "VARIABLE" → "DISPLAY FORCE VALUES" 命令，激活监视值的显示。对 MB30 的监视值是 W#16#700，选择 "ACTIVATE MODIFY VALUES" 命令，激活为 MB30 输入的值。这样就启动了已编程的系统功能 SFC55。

注意：当 DP 主站被再启动时，用这种方法更改的模拟量输入模板的参数将丢失，此时，模拟量输入模板将从存放在系统数据块中的静态 DR1 中接收它的参数。

4.6.7　使用 SFC56 WR_DPARM 改变模拟量输入模板的参数

用 SFC56 将数据块 DR1 中用 "HW Config" 定义的模块参数传送给 ET 200M 从站上的模拟输入模块。DR1 是为模拟量输入模板预定义的,并存放在 CPU 相应的 SDB 中。为了编写系统功能调用程序,打开 SIMATIC 300(1)文件夹,其后打开 Blocks 文件夹,再打开组织块 OB1,编写 OB1 的调用系统功能 SFC56 WR_DPARM 的程序。

```
OB1:
CALL    SFC56
REQ     : =M40.0                  //用 M40.0 触发传送操作
IOID    : =#B#16#54               //输入模板的标识符
LADDR   : =W#16#200               //输入模板的地址(十进制数 512)
RECNUM  : =#B#16#1                //数据记录为 1
RET_VAL : =MW42                   //返回的故障代码
BUSY    : =M40.1                  //操作完成,M40.0
AN      M40.1                     //如果操作完成
R       M40.0                     //复位操作的启动信号
```

程序安装后,CPU315-2DP 必须处于 RUN 模式,而且与 DP 有关的故障 LED("SFDP"或 "BUSF" LED)不应点亮或闪烁。ET 200M 站上的 LED 也应如此。如果与 DP 有关的所有 LED 都不亮,这说明 DP 主站与 ET 200M 站间的用户数据通信正确运行。

4.6.8　为模拟输入模块测试参数随 SFC56 WR_DPAM 而变化

使用 SIEP7 功能 Monitor/Modify Variables,调用已编程的 SFC56,并观察 SFC56 怎样将 ET 200M 站上模拟量输入模板的参数恢复为它的原来状态。在变量表中,输入 2 个变量 MB40(M40.0=REQ 和 M40.1=BUSY)和 MW42(RET_VAL)。为 MB40 指定监视值 B#16#01。选择 "DISPLAY FORCE VALUES" 命令,显示监视值。此时 MB40 的监视值为 B#16#00。RET_VAL(MW42)的状态值必须显示为 W#16#7000。选择 "ACTIVATE MODIFY VALUES" 命令,激活 MB40 的输入值。这样就启动了所编程的 SFC56。

4.6.9　SYNC/FREEZE

通常情况下,DP 主站按照 Profibus 的总线周期,周期性地将输出数据发送到 DP 从站的输出模板上,或者周期性地从 DP 从站读取数据,完成数据交换。使用系统功能 SFC11 DPSYC_FR,可以实现一组 DP 从站将主站发来的数据同步输出(SYNC 同步输出),或者得到一组 DP 从站地同一时刻的输入数据(FREEZE 输入冻结或锁定)。所涉及到的一组 DP 从站必须在组态期间被组合在 SYNC/FREEZE 组中。一个主站系统最多可以建立 8 个组。

4.6.10　带有 DP 主设 CPU315-2DP 的 SYNC 和 FREEZE 的例子

主站为 CPU315-2DP,Profibus 的站地址为 2,主站的逻辑地址设为 256。3 个 ET 200B 从站,模板均为 "B-16 DI/16DO DP",Profibus 的主站地址分别为:3、4、5、6。如图 4-23 所示。

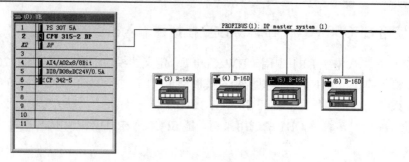

图 4-23　主/从机架组态

双击"DP master sestem"网络线，进入"DP master sestem"的属性画面，选择"Group Properties"，根据需要定义锁定组或同步组。例如，Group 1 为 FREEZE 组，Group 2 为 SYNC 组，还可以在"Comment"列为各组添加简单注释，如图 4-24 所示。

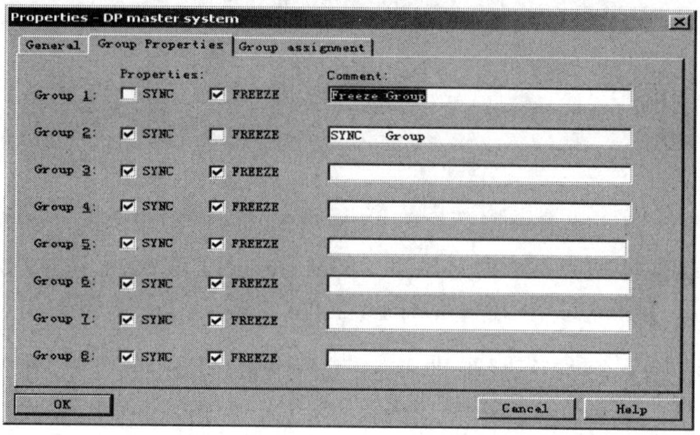

图 4-24　分组属性

在"DP master syetem"的属性画面，选择"Group assignment"标签，可以对各个 DP 从站按照 Profibus 的站地址进行分组。例如，3 号从站分别属于"Group 1"和"Group 2"，4 号从站属于"Group 2"，5 号从站属于"Group 1"6 号从站属于"Group 2"，如图 4-25 所示。

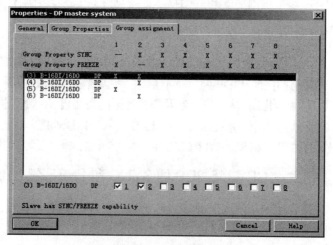

图 4-25　从站分组

　　为测试 SYNC/FREEZE 功能,可编写程序,在 I0.0 上升沿发送 FREEZE 命令,在 I0.0 的上升沿发送 SYNC 命令。

```
OB1:
Network 1: 检测 I0.0 的上升沿
A      I0.0
FP     M01                        //检测 I0.0 的上升沿
=      M02                        //使 M0.2 接通 1 个扫描周期
Network2: 发送 FEEEZZ 命令
SO1:   CALL   SFC11               //调用 SFC11
REQ : =M0.2                       //激活信号为 M0.2
LADDR: =W#16#100                  //DP 主站的基准地址(十进制数 256)
GROUP: =B#16#1                    //选择第 1 组
MODE: =B#16#8                     //选择 FREEZE 模式
RET_VAL: =MW10                    //返回值
BUSY: =M0.3                       //BUSY 保存在 M0.3
A   M0.3                          //如果没有执行完 SFC11(BUSY=1)
JC S01                            //跳转到标号 S01 处继续执行
Network 3: 检测 I0.1 的上升沿
A      I0.1
FP     M0.4                       //检测 I0.1 的上升沿
 =    M0.5                        //使 M0.5 接通 1 个扫描周期
Network 4: 发送 SYNC 命令
SO2    CALL   SFC11               //调用 SFC11
REQ    : =M05                     //激活信号为 M0.5
LADDR   : =W#16#100               //DP 主站的基准地址
GROUP   : =B#16#2                 //选择第 2 组
MODE   :   =B#16#20               //选择 SYNC 模式
RET_VAL  :  =MW12                 //返回值
BUSY   :   =M0.6                  //BUSY 保存在 0.6
A     M0.6H                       //如果没有执行完 SFC11(BUSY=1)
JC      S02                       //跳转到标号 S02 处继续执行
```

　　启动 DP 总线系统,将 I0.0 置“1”后,SFC11 发送 FREEZE 命令,使 3 号站和 5 号站的输入处于锁定模式,如果改变 3 号(或 5 号)站的输入状态,这些变化不会传送给主站,在主站的变量表中不会观察到这些状态的变化。同样,如果将 I0.1 置“1”后,SFC11 发送 SYNC 命令,使 3 号站、4 号站和 6 号站的输出处于同步模式。

　　只有在 I0.0 的下一个上升沿,才能重新发送 FREZZE 命令,读取第 1 组的输入数据。同样,只有在 I0.1 的下一个上升沿,才能重新发送 SYNC 命令,将设置好的数据发送到第 2 组的输出模板上。

4.6.11　用交叉通信交换数据

交叉通信又称直接数据交换（Direct Data Exchange），简称 DX，用于直接将 DP 从设的输入数据提交给其他的 DP 从设和 2 类 DP 主站。使用交叉通信，用 HW Config 程序组态交叉通信连接，DP 从站通过 1 对多连接（代替 1 对 1 的连接）发送它的响应报文给 DP 主站。

带有 I 从设（CPU 315-2DP）的交叉通信的例子项目：

1）组态 DP 主站系统

某 Profibus-DP 主站系统有 3 台 S7-300 的 PLC，均为 CPU315-2DP。DP 主站 CPU 的符号名为"DP 主站 2"，站地址为 2。2 个智能从站的符号名分别为"I 从站 3"和"I 从站 4""I 从站 3"的站地址为 3，"I 从站 4"的站地址为 4。在各自的机架上完成相应的组态，系统组成如图 4-26 所示。

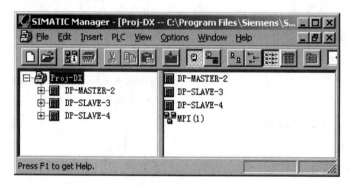

图 4-26　交叉通信的系统组成

2）通信要求

3 号站发送连续的 5 个字到 DP 主站；

DP 主站发送连续的 10 个字节给 3 号站；

4 号站发送连续的 6 个字到 DP 主站；

4 号站用交叉通信的方式接收从 3 号站发往 DP 主站的第 2 个～4 个字。

3）连接智能从站

在"DP 主站 2"的"HW config"屏幕中，在右边的硬件目录窗口中，打开"Profibus-DP"→"Configured Station"命令，将"CPU31x"图标拖到 Profibus 网络线上。"DP Slave"对话框自动打开，在选项"Connection"中选择列在表中的职能从站，单击"Connect"将智能从站连接到 DP 网络中，组态后的 DP 主站系统如图 4-27 所示。

4）组态 3 号站的地址区

在主站的"HW Config"窗口，双击 3 号站图标，在"DP Slave Properties"对话框中选择"Configuration"标签，单击"New"按钮，配置 3 号站的输入/输出的地址，如图 4-28 所示。

5）组态 4 号站的地址区

在主站的"HW Config"窗口，双击 4 号站图标，在"DP Slave Properties"对话框

中选择"Configuration"标签，单击"New"按钮，配置 4 号站的输入/输出区的地址，如图 4-29 所示。

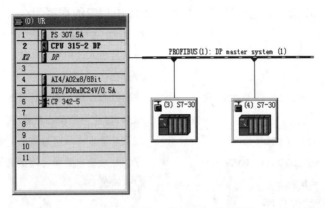

图 4-27　组态后的 DP 主站系统

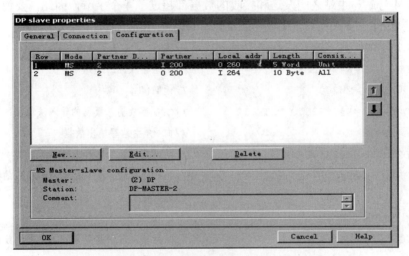

图 4-28　3 号站的输入/输出区的地址组态

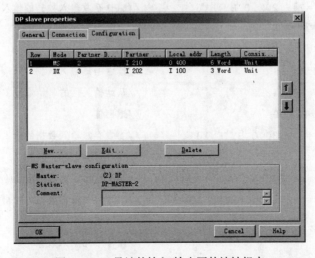

图 4-29　4 号站的输入/输出区的地址组态

6）编写 3 号站的程序

由于 3 号站与主站之间发送和接收的数据都超过了 4 个字节，因此，要使用系统功能 SFC15 和 SFC14 来完成通信任务，3 号站 OB1 中相应的程序为：

```
CALL   SFC14                      //读 MS 主站输入数据
LADDR   :=W#16#3E8                //从站输入区的起始地址（十进制数 1000）
 RET_VAL :=MM200                  //返回值
RECORD   :=P#I200.O BYTE 10       //CPU 存放输入数据的输入映像区的指针
CALL   SFC15                      //向 MS 主站写输出数据
LADDR   :=W#16#3E8                //从站输出区的起始地址（十进制数 1000）
RECORD   :=P#Q100.O BYTE 1O       //CPU 放输出数据的输出映像区的指针
RET_VAL :=MW202                   //返回值
```

7）编写 4 号站的程序

由于 4 号站与主站之间发送和接收的数据都超过了 4 个字节，因此，要使用系统功能 SFC15 和 SFC14 来完成通信任务，4 号站 OB1 中相应的程序为：

```
CALL    SFC14                     //读 MS 主站输入数据
LADDR   :=W#16#3E9                //从站输入区的起始地址（十进制 1001）
RET_VAL :=MW200                   //返回值
RECORD   :=P#I 220.O BYTE 12      //CPU 存放输入数据的输入映像区的指针
CALL SFC15                        //向 MS 主站写输出数据
LADDR   :=W#16#3E9                //从站输出区的起始地址（十进制 1001）
RECORD   :=P#Q 140.O BYTE 12      //CPU 存放输出数据的输出映像区的指针
RET_VAL :=MW202                   //返回值
CALL SFC14                        //DX 通信
LADDR   :=W#16#3E9                //从站输入区的起始地址（十进制数 1001）
RET_VAL :=MW204                   //返回值
RECORD   :=P#I 202.0 BYTE 6       //CPU 存放输入数据的输入映像区的指针
```

8）编写主站程序

主站 OB1 中相应的程序为：

```
CALL    SFC14                     //读 3 号站输入数据
 LADDR   :=W#16#3E8               //从站输入区的起始地址（十进制数 1001）
 RET_VAL :=MW200                  //返回值
 RECORD   :=P#I 80.O BYTE 10      //CPU 存放输入数据的输入映像区的指针
CALL SFC15                        //向 3 号站写输出数据
LADDR   :=W#16#3E8                //从站输出区的起始地址（十进制数 1001）
 RECORD   :=P#Q 180.O BYTE 1O     //CPU 存放输出数据的输出映像区的指针
 RET_VAL :=MW202                  //返回值
CALL SFC14                        //读 4 号站输入数据
LADDR   :=W#16#3E9                //从站输入区的起始地址（十进制数 1001）
```

```
RET_VAL   : =MW204                      //返回值
RECORD    : =P#I 220.0BYTE 12           //CPU 存放输入数据的输入映像区的指针
CALL  SFC15                             //向 4 号站写输出数据
LADDR     : =W#16#3E9                   //从站输出区的起始地址（十进制数 1001）
RECORD    : =P#Q140.0BYTE 12            //CPU 存放输出数据的输出映像区的指针
RET_VAL   : =MW206                      //返回值
```

第5章 Profibus-DP 智能从站接口的开发

5.1 Profibus-DP 现场总线从站开发概述

西门子公司提供了完整的从站开发工具、协议芯片和软件测试环境，以便用户能开发出满足要求的现场总线设备。用户可以使用 SPC3 和 LSM2 开发 Profibus-DP 从站，也可以直接使用 IM183-1 或 IM184 开发 Profibus-DP 从站。Profibus 协议的关键部分由协议芯片实现，其余部分则由用户开发的应用软件完成。这些智能通信芯片可独立完成全部或部分 Profibus-DP 通信功能，协议芯片的使用可加速通信协议的执行，并且可以减少微处理器中的软件程序代码。目前用于从站开发的芯片的主要有西门子公司的 SPC4、SPC3、SPM2 和 LSPM2，LAM 公司的 PBS，Motorola 公司的 68302、68360，以及 VIPA 公司的 VPM2L。为了设备的组态和认证，从站开发者应以设备数据库的形式完成 GSD 文件，以便组态软件能够识别所开发的设备。使用西门子公司的 GSD 文件编辑器能方便的为所开发的设备建立 GSD 文件，从而可减少定制 GSD 文件的周期，并能保证文件格式的正确性。

给出了系统硬件的总体设计框架，并详细介绍了处理器和 SPC3 芯片以及处理器和用户接口之间的设计和工作原理。在软件设计方面，本章首先给出了系统软件的整体结构，详细分析了用户程序模块以及中断程序模块。最后，本章说明了 GSD 文件的重要性，并对 GSD 文件内容的各部分进行了讲解。本章通过软件和硬件设计，开发出了具有数字量输入输出功能 Profibus-DP。

5.1.1 Profibus-DP 从站开发方案

Profibus 是开放的、与制造商无关、无知识产权保护的标准。因此，世界上任何人都可以获得这个标准并设计各自的软、硬件解决方案。原则上，Profibus 协议在任何微处理器上都可以实现，在微处理器内部或外部安装通用异步串行通信接口（UART）即可完成。基于上述特点，在开发 Profibus-DP 从站时有以下 2 种方案可供选择。

1. 单片机＋软件的解决方案

在这种方案中，Profibus-DP 的数据链路层协议通过软件在单片机中实现，同时单片机还实现一些用户程序，物理层通信由异步串行通信接口（UART）完成。这种方案的优点是开发成本比较低，缺点是需要开发人员透彻了解 Profibus 技术细节，因此开发的周期长，而且波特率不能做到 1.5Mb/s 以上。

2. 单片机＋Profibus 通信 ASIC 的解决方案

在这种方案中，Profibus-DP 协议完全由 Profibus 通信 ASIC 来实现，单片机主要处理用户程序。利用这种方案实现 Profibus-DP 从站的开发，只要开发者了解 Profibus 协议相关内容，特别是基本概念、基本术语，以及 ASIC 芯片的技术内容即可，因此采用这种方案开发所需的时间要比第一种方案少很多。鉴于上述 2 种方案的比较，这里详细介绍采用单片机＋Profibus 通信 ASIC 来实现 Profibus-DP 从站开发的解决方案。

5.1.2　用 SPC3 开发 Profibus-DP 从站的步骤

利用 SPC3 进行 DP 从站的开发，首先需要确定开发方案，明确是开发简单从站还是开发智能从站、协议芯片如何选型、是采用接口模块进行开发还是直接应用 SPC3 和常规微处理器进行开发、根据设备的应用场合对传输速度的要求以选择相应的器件。另外，用户还需要在调试之前建立设备的 GSD 文件以便对设备进行相应的测试。DP 从站的开发流程如图 5-1 所示。

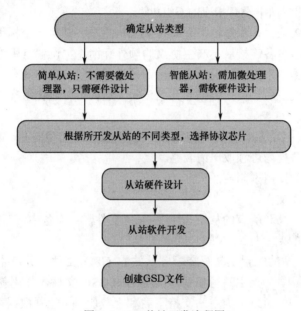

图 5-1　DP 从站开发流程图

5.1.3　设备数据库文件（GSD）

1．GSD 文件的作用和组成

Profibus 设备具有不同的性能特征，特性的不同在于具体功能（I/O 信号的数量和诊断信息）或总线参数的不同，如波特率和时间的监控等。这些参数对每种设备类型和不同生产厂商来说均有差异，为达到 Profibus 简单的即插即用配置，这些特性均在电子数据文件（有时称为设备数据库文件或 GSD 文件）中具体说明。标准化的 GSD 数据使得通信可以由操作员控制，使用基于 GSD 的组态工具可将不同厂商生产的设备集成在一个总线系统中，且使用简单、用户界面友好。

对每一种设备类型的特性，GSD 都以一种准确定义的格式给出其全面而明确的描述。GSD 文件由生产厂商分别针对每一种设备类型准备并以设备数据库清单的形式提供给用户，这种明确定义的文件格式便于读出任何一种 Profibus-DP 设备的设备数据库文件，并在组态总线系统时自动使用这些信息。GSD 文件分为以下 3 个部分。

1）总体说明

包括厂商和设备名称、软硬件版本情况、支持的波特率、可能的监控时间间隔及总线插头的信号分配等。

2）DP 主设备相关规格

包括所有只适用于 DP 主设备的参数（例如可连接的最多从设备数目或加载和卸载能力），从设备没有这样的规定。

3）从设备的相关规格

包括与从设备有关的所有规定（例如 I/O 通道的数量和类型、诊断测试的规格及 I/O 数据的一致性信息等）。

所有 Profibus-DP 设备的 GSD 文件均按 Profibus 标准进行了一致性试验，并在 Profibus 用户组织的网站中设有相应的 GSD 库。

每种类型的 DP 从设备和每种类型的 1 类 DP 主设备都有一个标识号。主设备用此标识号识别哪种类型设备连接后不产生协议的额外开销。主设备将所连接的 DP 设备的标识号与在组态数据中用组态工具指定的标识号进行比较，直到具有正确站址的正确的设备类型连接到总线上后，用户数据才开始传输。这样可以避免组态错误，从而大大提高安全级别。

厂商必须为每种 DP 从设备类型和每种 1 类 DP 主设备类型向 Profibus 用户组织申请标识号，各地区办事处均可领取申请表格。

2．GSD 文件的使用说明

1）谁需要 GSD 文件

对于每个 1 类主站和所有的从站都需要 GSD 文件，由设备生产商提供。

2）GSD 文件可以做什么

Profibus-DP 主站的配置工具解释配置从站的 GSD 文件，并产生一个参数化文件集，供 1 类主站使用。2 类主站也需要一类主站的 GSD 文件，作用就是将配置数据如何下载到 1 类主站中，如果 1 类主站支持下载和上载服务，配置数据可以在线下载到 1 类主站中。

基于 GSD 文件的内容，1 类主站可以配置的信息主要有总线的扩展能力、从站支持哪种服务、数据交换以什么格式进行等。

3）配置工具如何处理 GSD 文件

在配置过程中使用到 GSD 文件，每一个 1 类设备的生产商都提供一个 GSD 文件配置工具，能够解释 GSD 文件的内容，只需要将所需的 GSD 文件复制到 PC 机硬盘上即可，配置工具说明了应该复制到哪个文件夹中。配置过程中该配置工具解释连接到总线上的现场设备的 GSD 文件，另外还能检查 GSD 文件结构的正确性。

配置完成之后，用户还能够选择以什么方式将配置数据下载到 1 类主站中（磁盘、Flash-EPROM、在线）。

4）用户如何得到 GSD 文件

设备生产商提供针对他们各自设备的 GSD 文件，并和产品一起提供给用户。配置工具中也提供部分 GSD 文件，一些 GSD 文件可以通过以下途径得到。

（1）通过 Internet：网址为 http：//www.ad.siemens.de 提供了西门子公司的所有 GSD

文件。

（2）通过 PNO（Profibus Trade Organization）：网址为 http：//www.Profibus.com。

（3）通过磁盘：由设备生产商提供。

5）如何编写 GSD 文件

GSD 文件是 ASCII 格式的，可以由任何文本编辑器编写，通过标准的关键词描述设备属性。

6）如何验证 GSD 文件的正确性

GSD 文件创建以后，必须通过 GSD Checker 检查文件的正确性，GSD Checker 可以从 http://www.Profibus.com 网站上下载。软件运行在 Windows 3.11、Windows 95、Windows NT 上。

如果 GSD 文件中有错误，GSD 文件将标出错误所在的行，如果没有错误，GSD Checker 显示 GSD()OK。

3．GSD 文件的格式

GSD 文件与语言无关，如果用某种语言创建，从扩展名的最后一个字母区分出（下面用？代表文件名扩展名最后一个字符）。形如：**Abc_0008.gsd**

Default（与语言无关）：	?=d
German	?=g
English	?=e
French	?=f
Italian	?=I
PortugIses	?=p
Spanish	?=s

例如：Abc_0008.gsd

Abc_=任何 4 个字符，

0008=PNO 分配的标识号，.gsd=default。Language-independent GSD file。

1）GSD 文件中 PROIBUS-DP 关键词

每一行都以一个关键词开始，以下描述了各关键词的具体含义。公司可以按规定定义自己的关键词，自己定义的关键词只能被自己公司的配置软件读出，在其他公司的配置软件中却不能使用。整个 Profibus-DP 的 GSD 文件由关键词#Profibus_DP 开始。

在下面的说明中用到关键词 M、O、D、G，它们主要含义说明如下：

Mandatoy(M)：必须需要的

Optional(O)：可选的

Optional with default(D)：可选的，默认值是 O

At least one of the group(G)：表示在一组选项中，至少选择其中一个

GSD_Revision：（M，从 GSD_Revision 1 开始出现）

GSD 文件格式的版本号

类型：Unsigned8

例如：GSD_Revision=1

Vendor Name: (M)

销售商

类型：Visible String (32)

例如：Vendor-Name="Corp-ABC&Co"

Model_ Name:(M)

DP 设备的控制器类型

类型：Visible String(32)

例如：Model Name="Modular I/O Station"

Revision:(M)

DP 设备的版本号

类型：Visible String(32)

例如：Revision="Version01"

Revision_Number:(O starting with GSD_Revision 1)

版本 ID，该 ID 必须与 slave-specific diagnosis 中的 Revision_Number 一致

类型：Unsigned8(1 bis 63)

例如：Revision_Number=05

Ident_Number:(M)

标示 DP 设备的类型，每一个现场设备必须有一个 PNO 分配的唯一的标识号。不同的现场设备可以使用相同的标识号，这个标识号必须与现场设备中初始化时的标识号一致。

类型：Unsigled16

例如：Ident_Number=0x00A2

Protocol_Ident:(M)

DP 设备使用的协议

类型：Unsigned8 0:Profibus-DP，生产商可以使用 16-255

例如：Protocol_Ident=0

Station_Type:(M)

DP 设备类型

类型：Unsigned8

0：DP 从站

1：DP 主站（1 类主站）

例如：Station_type=0

FMS_supp:(D)

设备是 FMS/DP 混合设备

类型：Boolean(1:True)

例如：FMS_supp=0:纯 DP 设备

Hardware_Release:(M)

DP 设备的硬件版本号

类型：Visible String(32)

例如：Hardware_Release="Hardware Release HW=01"

software_Release(M)

DP 设备的软件版本号

类型：Visible String(32)

例如：Software_Release= "Software Release HW=1.01"

9.6_supp:(G)

DP 设备支持 9.6kbaud

类型：Boolean(1:True)

例如：9.6_supp=1:设备支持 9.6kbaud

19.2_supp:(G)

DP 设备支持 19.2kbaud

类型：Boolean(1:True)

例如：19.2_supp=1:设备支持 19.2kbaud

31.25_supp:(G)

DP 设备支持 31.25kbaud

类型：Boolean(1:True)

例如：31.25_supp=1: 设备支持 31.25kbaud

45.45_supp:(G)

DP 设备支持 45.45kbaud

类型：Boolean(1:True)

例如：45.45_supp=1: 设备支持 45.45kbaud

93.75_supp:(G)

DP 设备支持 93.75kbaud

类型：Boolean(1:True)

例如：93.75_supp=1: 设备支持 93.75kbaud

187.5_supp:(G)

DP 设备支持 187.5kbaud
类型：Boolean(1:True)
例如：187.5_supp=1：设备支持 187.5kbaud

500_supp:(G)
DP 设备支持 500kbaud
类型：Boolean(1:True)
例如：500_supp=1：设备支持 500kbaud

1.5M_supp:(G)
DP 设备支持 15M Baud
类型：Boolean(1:True)
例如：1.5M_supp=1：设备支持 1.5M Baud

3M_supp:(G)
DP 设备支持 3M Baud
类型：Boolean(1:True)
例如：3M_supp=1：设备支持 3M Baud

6M_supp:(G)
DP 设备支持 6M Baud
类型：Boolean(1:True)
例如：6M_supp=1:设备支持 6M Baud

12M_supp:(G)
DP 设备支持 12M Baud
类型：Boolean(1:True)
例如：12M_supp=1：设备支持 12M Baud

MaxTsdr_9.6:(G)(Value=60)
在 9.6kbaud 时从站必须响应从站的最大延迟时间
类型：Unsigned16
单位：bit time

MaxTsdr_19.2:(G)(Value=60)
在 19.2kbaud 时从站必须响应从站的最大延迟时间
类型：Unsigmd16
单位：bit time

MaxTsdr_19.2:(G)(Value=60)

在 19.2kbaud 时从站必须响应从站的最大延迟时间

类型：Unsig1ed16

单位：bit time

MaxTsdr_31.25:(G)(Value=60)

在 31.25kbaud 时从站必须响应从站的最大延迟时间

类型：Unsig1ed16

单位：bit time

MaxTsdr_455:(G)(Value=60)

在 455kbaud 时从站必须响应从站的最大延迟时间

类型：Unsig1ed16

单位：bit True

MaxTsdr_93.75:(G)(Value=60)

在 93.75kbaud 时从站必须响应从站的最大延迟时间

类型：UnsigIed16

单位：bit time

MaxTsdr_187.5:(G)(Value=60)

在 187.5kbaud 时从站必须响应从站的最大延迟时间

类型：Unsigned16

单位：bit time

MaxTsdr_500:(G)(Value=100)

在 500kbaud 时从站必须响应从站的最大延迟时间

类型：Unsigned16

单位：bit time

MaxTsdr1.5M:(G)(Value=150)

在 1.5MBaud 时从站必须响应从站的最大延迟时间

类型：Unsigled16

单位：bit time

MaxTsdr_3M:(G)(Value=250)

在 3MBaud 时从站必须响应从站的最大延迟时间

类型：Unsigmd16

单位：bit time

MaxTsdr_6M:(G)　(Value=450)

在 6MBaud 时从站必须响应从站的最大延迟时间

类型：Unsigned16

单位：bit time

MaxTsdr_12M:(G)(Value=800)

在 12MBaud 时从站必须响应从站的最大延迟时间

类型：Unsigned16

单位：bit time

2）与从站相关的关键词

Freeze-Mode-supp:(D)

DP 设备支持锁定模式，在上电期间，参数报文规定了从站设备是否支持锁定模式。

类型：Boolean(1:True)

Sync-Mode-supp:(D)

DP 设备支持同步模式，在上电期间，参数报文规定了从站设备是否支持同步模式。

类型：Boolean(1:True)

Auto-Baud_supp:(D)

DP 设备是否支持自动配置通信波特率，类型：Boolean(1:True)

Set-Slave-Add-supp:(D)DP 设备是否支持设置从站地址，类型：Boolean(1:True)

Max-Input-Len:(M)输入数据的最大字节数，类型：Unsigned8

Max-Output-Len:(M)输出数据的最大字节数，类型：Unsigned8

Max Data Len:(M)

通信数据的最大字节数，是最大输入数据和最大输出数据字节数的和，类型：Unsigned8

5.2 Profibus-DP 开发包 4

西门子公司为了方便用户利用其通信控制器芯片开发 Profibus 产品，提供了一些相关的开发套件，其中开发包 4（PACKAGE 4）是由西门子公司专门针对 ASIC 芯片 SPC3 开发智能从站而提供的开发套件，它包括 SPC3 与单片微控制器的接口电路图以及主站和从站的所有源代码，有了开发包 4 将会加快用户 Profibus-DP 产品的开发，西门子公司所提供的接口模块的优点在于开发人员不需要再开发附加的外围电路，不同的接口模块可用于各种需求及应用场合。

5.2.1　开发包 4（PACKAGE 4）的组成

开发包 4 能够非常容易的将一个总线产品快速连接到 Profibus-DP 总线上。

开发包 4 主要由硬件、软件和应用文档组成，主站和从站都可以使用 PACKAGE 4 进行开发，其最大数据传输速率为 12Mb/s。

1. 硬件组成

1）IM180 主站接口模块

IM180 可将第三方设备作为主站连接到 Profibus-DP 上。该模块可完全独立完成总线控制。IM180 可以接替 PLC、PC、驱动器、人机接口的通信处理任务，其最大数据传输速率为 12Mb/s。

（1）组成。

IM180 接口模块主要由 ASIC 芯片 ASPC2、80C165 微处理器和 FLASH、RAM 组成。ASPC2 由 48MHz 晶振提供时钟脉冲。模块尺寸为 100mm×100mm，适合 Face-to-Face 方式的安装。IM180 还需要一块称之为 IM181 的母板，IM181 是一块 ISA 短卡，可用于一般编程设备或 PC。

（2）操作。

专用集成电路 ASPC2 芯片可独立处理总线协议，与主系统的通信通过双口 RAM 来完成。数据交换由应用程序完成。

（3）主要技术指标。

① 最大数据传输速率为 12Mb/s。

② Profibus-DP 协议由 ASPC2 进行处理，ASPC2 芯片使用 48MHz 晶振。

③ 模块核心组件：80C165CPU、40MHz 晶振、2×128KB RAM、256KWords EPROM。

④ 主系统接口：16/8 位数据总线连接双口 RAM（8K×16bit）；64 针连接器（4 排），可选的 16/8 位数据总线连接表。

⑤ 通过双口 RAM 实现高效数据交换。

⑥ 5V DC 供电。

⑦ 工作温度：0℃~70℃。

⑧ 外形尺寸：W×H=100mm×100mm。

（4）固态程序。

固态程序运行于微处理器中，可完成全部的协议处理和所有主站具有的功能。

（5）驱动。

提供 Windows NT 的驱动。

（6）演示软件。

IM180/181 演示软件可演示在 DOS 环境下使用 IM180 双口 RAM 的方法和使用 IM180 用户接口的各种操作。

（7）配置。

IM180 可使用 COM Profibus 软件包完成配置，用户不必开发自己的配置工具。IM180 主站接口模块框图如图 5-2 所示。

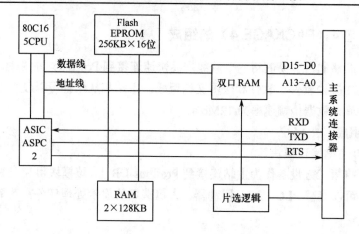

图 5-2　IM180 主站接口模块框图

2）IM183-1 从站接口模块

IM183-1 可将第三方设备作为从站简便的连接到 Profibus-DP 上，其最大数据传输速率为 12Mb/s，IM183-1 主要用于智能从站。

（1）组成。

IM183-1 从站接口模块主要由 ASIC 芯片 SPC3、80C32 微处理器和 EPROM、RAM 和一个用于 Profibus-DP 的 RS-485 接口组成。IM183-1 还提供一个 RS232 接口，可将具有 RS232 接口的设备，如 PC 机连接到 Profibus-DP 上。SPC3 由 48MHz 晶振提供脉冲源，其模块尺寸如支票夹大小，适合于 Face-to-Face 方式的安装。

（2）操作。

专用集成电路 SPC3 芯片可独立处理总线协议，与主系统的通信通过数据和地址总线，由连接器连接，数据交换操作由应用程序完成。

（3）主要技术指标。

① 最大数据传输速率为 12Mb/s，可自动检测总线数据传输速率。

② Profibus 协议由 SPC3 处理，SPC3 芯片使用 48MHz 晶振。

③ 模块核心组件：80C32CPU、20MHz 晶振、32KB SRAM、32KB/64KB EPROM。

④ 连接器：50 针连接器用于连接主设备，14 针连接器用于连接 RS232，10 针连接器用于连接 RS-485。

⑤ 可软件复位 SPC3。

⑥ 隔离的 RS-485 用于连接 Profibus-DP。

⑦ 5V DC 供电：典型功耗 11mA，具有反向保护。

⑧ 工作温度：0℃～70℃。

⑨ 外形尺寸：W×H=86mm×76mm。

（4）固态程序。

固态程序（以 C 源码方式提供）可实现在 SPC3 内部寄存器与应用接口之间的连接。固态程序的运行基于微处理器，为应用提供了简单集成化的接口。固态程序大约 6KB 并包含了一定的实例。使用 IM183-1 并不是一定要使用固态程序，因为 SPC3 中的寄存器是完全格式化的，但是使用固态程序可使用户节省自主开发的时间。IM183-1 接口模块框图如图 5-3 所示。

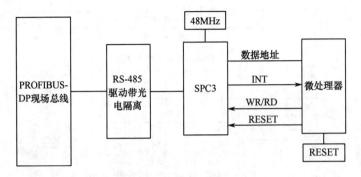

图 5-3　IM183-1 接口模块框图

3）IM184 从站接口模块

IM184 可将第三方设备作为从站简便的连接到 Profibus-DP 上。最大数据传输速率为 12Mb/s。IM184 用于简单从站，如传感器和执行机构等。

（1）组成。

IM184 接口模块主要由 ASIC 芯片 LSPM2、EEPROM 扩展槽和一个用于 Profibus-DP 的 RS-485 接口组成。LED 可显示"RUN"、"BUS ERROR"和"DIAGNOSTICS"3 种状态。LSPM2 由 48MHz 晶振提供脉冲源，其模块尺寸如支票夹大小，适合于 Face-to-Face 方式的安装。

（2）操作。

专用集成电路 LSPM2 芯片可独立处理总线协议，与主系统的通信通过连接器实现，因此，输入输出信号也必须由连接器的端子提供。

（3）主要技术指标。

① 最大数据传输速率为 12Mb/s，可自动检测总线数据传输速率。

② Profibus 协议由 ASIC 芯片 LSPM2 处理，LSPM2 芯片使用 48MHz 晶振。

③ 32 个可配置输入/输出，其中最多可有 16 个诊断输入。

④ 8 个独立的诊断输入。

⑤ 连接器：2×34 针连接器用于连接主设备，10 针连接器用于连接 RS-485。

⑥ 隔离的 RS-485 用于连接 Profibus-DP。

⑦ EEPROM 插槽，64×16bit。

⑧ 5VDC 供电：典型功耗为 150mA，具有反向保护。

⑨ 工作温度：0℃～70℃。

⑩ 外形尺寸：W×H=85mm×64mm。

（4）固态程序

IM184 不需要任何固态程序，模块上的 ASIC 可处理全部协议。

IM184 接口模块框图如图 5-4 所示。

2. 软件部件

（1）用于组态总线系统和 IM180 接口模板的 COM Profibus。

（2）用于 IM183-1 和 IM180 接口模板的固件，它包括主站与从站的源代码。

（3）演示软件，它特别适宜于开发包的配置。

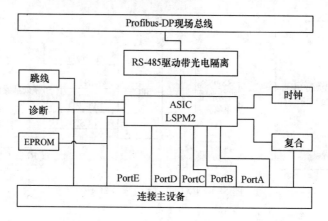

图 5-4　IM184 接口模块框图

3．文档

西门子提供了相当详细的资料。为了减少查找工作，现列出最关键的 2 份资料：

（1）SPC3.pdf：这个文件是从站芯片 SPC3 的器件手册；

（2）IM180-e.pdf：这个文件是主站接口板 IM180 的用户手册。

5.2.2　硬件安装

首先打开 2 张随包附带光碟中的文件 IM180-e.pdf，找到有关主站接口卡 IM181-1 的设置与安装说明，按上面的说明设置 IM181-1 的双口 RAM 基址与中断号、IO 地址。然后打开文件 Dpmt.cfg，将修改后的硬件参数在文件的对应位置修改。接着可以将带有 IM181-1 ISA 接口板的主站模板 IM180 安装在一台计算机上或一个 PLC 上，最后将智能从站模块 IM183 和简单从站模块 IM184 接上电源和电缆。

5.2.3　软件使用

1．GSD 编辑器 GSDEdit.exe 和 GSD 检验工具 Gsdcheck.exe

获取途径：网络 www.Profibus.com。

为了使 Profibus 能成为一个国际性的、开放的总线，Profibus 要求生产商必须遵守一个互操作的规定 EN50170 V.2 "Device Description Data Files GSD"。简单地说，它要求生产商为每个 Profibus 设备提供一个 GSD 文件，这个文件对设备的通信属性进行了一个比较明确的描述。IM184 接口模块的 GSD 文件如下：

```
;GSD-File for IM184              西门子  AG
;MLFB:6ES7 184-OAAOOO-0XAO
;Sync-supp, Freeze-supp, Auto_Baud_supp, 12MBaud
;Stand:14.11.96 fr
;File:SIEMFFFF.GSD
#Profibus_DP
;Unit-Definition-List:
```

```
GSD-Revision=1
Vendor_Name="SIEMENS"
Model_Name="TEST IM184"
Revision="Rev.1"

Ident_Number=0xFFFF Protocol_Ident=0
Station_Type=0
Hardware_Release="Axxx"
Software_Release="Vxxx"
9.6_supp=1
19.2_supp=1
93.75_supp=1
187.5_supp=1
500_supp=1
1.5M_supp=1
3M_supp=l
6M_supp=1
12M_supp=1
...
```

从上面可以看出，这个文件有许多关于总线参数定义和生产商的名称等。有了这个文件主站才能知道从站的速度如何、是不是支持波特率自适应等。看了这么多的定义是不是令你感到不知所措呢？别担心，Profibus 的用户组织（PNO）为方便生产商开发提供了一些很方便的软件，用于 GSD 文件的产生和检验的小工具，大家可以从网上下载，也可以从 Profibus 技术支持中心免费得到。

GSD 编辑器用于开发者方便地产生自己所需的 GSD 文件，有开发包 4 的工程师可用其从开发包 4 内找到开发包内所有模块的 GSD 文件，然后你只要对一些相应的地方作一些改动就行了，接着可以用 Gsdcheck-exe 对这个文件进行检验，看它是否符合 GSD 协议。如果没有开发包 4 也没关系，可以在 GSD 编辑器中新建一个文件，并根据你的设备类型选取各自的属性，当然想简单点的话，可从网上或从当地的 Profibus 技术支持中心免费获取所有注册过的 Profibus 设备的 GSD 文件，也许能从中找到一个和开发类似的设备，并在它上面进行修改。

2．Profibus 总线配置软件 COM Profibus（Comet.exe）

获取途径：开发包 4

COM Profibus 对系统的配置和参数化将是非常简单的，先将各个设备的 GSD 文件复制到 COM Profibus 的相应路径下，再新建一个项目文件，并在项目文件中加入各个设备，并设置好设备的属性和总线参数，最后导出一个二进制的参数化文件并将这个文件送到主站的参数化块内。开发包 4 内有演示系统的项目文件 Ekit4v3.et2，可以用 COM Profibus 打开这个项目文件，在 COM Profibus 内双击项目文件，会看见 1 个主站（IM180）和 2 个从站（IM183、IM184）组成的一个小型系统。通过这个软件的帮助可很快学会如何配置系统及产生 1 个二进制文件。当然也可以输出 1 个 ASIC 文件来验证系统是不是符合要求。演示系统的二进制文件在开发包 4 内已经有了（EKit4v3.2bf）。在 COM Profibus

中的一个功能是如果有 V3.0 版以上的 IM180，可通过 COM Profibus 在线参数化系统如同 Profibus 的二类主站一样。最后补充一句，西门子公司的 STEP7 中也可以做上述工作，只不过需要按说明书复制几个文件到相应的目录下。

3. 主站演示软件 DPMT. EXE

获取途径：开发包 4

安装好硬件后，可以运行光盘中的主站演示软件 DPMT.EXE，如果接口卡 IM181 设置正确，它会提示"Hardware reset to IM180?（jJyY）"，这时请输入 Y，如果成功则进入系统，表明硬件安装成功了，如果提示"!!!SYSTEM ERROR FUNCTION !!!"则表明设置不对，软件没有找到主站卡，这时应该看看是不是 PC 上的硬件有冲突。

硬件安装成功后会看见一个简明的界面，可以根据开发包的说明文档进行一些简单测试，不过由于没有参数化文件，所以不能访问从站。这时将用 COM Profibus 产生的二进制参数化文件或者在开发包内找个现成的参数化文件 EKit4v32bf，将它的路径填入菜单 IM180-command 中的 paramater IM180 目录中，然后选择"software reset"，通过功能键将系统开启。这时就可以通过菜单的 IM180-new-command 向从站送数据和接收数据。当然，这个软件最大的好处是可以用来调试新开发的主站和从站。

5.3 从站通信控制器 SPC3

Profibus-DP 协议可以通过软件实现。原则上只要微处理器或微控制器配有内部或外部的异步串行通信接口（UART），就可以实现 Profibus-DP 协议。但是，如果协议的传输速率超过 500Kb/s 时，则应当使用专用集成电路（Application Specific Integrated Circuit，ASIC）通信协议芯片。表 5-1 列出了一些厂商设计的 ASIC。

表 5-1　Profibus ASIC

厂商	芯片	类型	特　　点	FMS/DP/PA
西门子	SIM1	调制解调器	调制解调器芯片，用于 IEC 1158-2 传输技术	PA
西门子	SPC3	从站	可依赖微处理器的 I/O 芯片，最大波特率 12Mb/s，第 2 层和 DP 实现	DP
西门子	SPC4	从站	可依赖微处理器的 I/O 芯片，最大波特率 12Mb/s，第 2 层和 DP 实现	FMS、DP、PA
西门子	SPM2	从站	单芯片，DP 全实现，64I/O 位直接与芯片连接	DP
西门子	ASPC2	主站	可依赖微处理器的 I/O 芯片，最大波特率 12Mb/s，第 2 层完全实现	FMS、DP、PA
西门子	LSPM2	从站	单芯片，DP 全实现，32 I/O 位直接与芯片连接	DP
摩托罗拉	68302	主站-从站	带 Profibus 核心功能的 16 位微控制器，最大波特率 500Kb/s，第 2 层部分实现	FMS、DP
摩托罗拉	68360	主站-从站	带 Profibus 核心功能的 16 位微控制器，最大波特率 500Kb/s，第 2 层部分实现	FMS、DP
Delta-t	IXI	主站-从站	单芯片或可依赖微处理器的 I/O 芯片，1.5Mb/s，可加载协议	FMS、DP、PA
IAM	PBM	主站	可依赖微处理器的 I/O 芯片，最大波特率 3Mb/s，第 2 层实现	FMS、DP
IAM	PBS	从站	可依赖微处理器的 I/O 芯片，最大波特率 3Mb/s，第 2 层实现	FMS、DP

西门子公司为 PLC（Programmable Logic Controller）之间实现简单高速的数字通信提供了用户 ASIC。参照 Profibus DIN 19245 第 1 部分和第 3 部分设计的这些 ASIC 支持并可以完全处理 PLC 站之间的数据通信。

下列的 ASIC 与微处理器结合可以提供智能从站的解决方案。

SPC（Siemens Profibus Controller）的设计基于 OSI 参考模型的第 1 层，需要附加一个微处理器，用于实现第 2 层和第 7 层的功能。

SPC2 中已经集成了第 2 层中执行总线协议的部分，它需要附加一个微处理器，执行第 2 层的其余功能（即接口服务和管理）。

ASPC2 集成了第 2 层的大部分功能，但它仍然需要一个微处理器的支持，它可以支持 12 Mbaud 总线。基于 ASPC2 的复杂性，它主要用于主站的设计。

SPC3 集成了全部的 Profibus-DP 协议，从而减轻了 Profibus 智能从站的压力，它可以用于 12MBaud 总线。

然而，在自动化领域也有一些简单的设备，如开关、热元件等不需要微处理器记录它们的状态。另一种称作 LSPM2（Lean Siemens Profibus Multiplexer）/SPM2 的 ASIC 是适应这些设备的低成本改造。这 2 种 ASIC 都可以作为总线系统上的从站（根据 DIN E 19245 T3），并可工作在 12Mbaud 速率下。主站在 7 层模型的第 2 层寻址这些 ASIC，2 个 ASIC 收到正确的报文后，自动生成所要求的响应报文。

LSPM2 与 SPM2 有相同的功能，只是减少了 I/O 端口和诊断端口的数量。

5.3.1　SPC3 功能简介

SPC3 为 Profibus-DP 智能从站提供了廉价的配置方案，可支持以下处理器。

（1）Intel：80C31，80X86。

（2）西门子：80C166/165/167。

（3）Motorola：HC11-，HC16-，HC916 types。

SPC3 的内部结构如图 5-5 所示。与 SPC2 相比，SPC3 中存储器的内部管理和组织有所改进，因此 Profibus-DP 协议已经由 SPC3 支持。

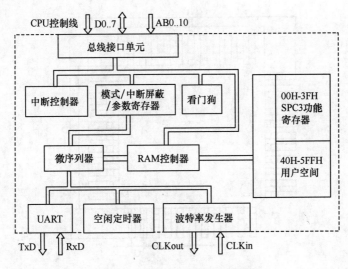

图 5-5　SPC3 内部结构示意图

　　SPC3 只集成了传输技术的部分功能，而没有集成模拟功能（RS-485 驱动器）、现场总线数据链路（Fieldbus Data Link，FDL）传输协议。它支持接口功能、FMA 功能和整个 DP 从站协议（USIF：用户接口让用户很容易访问第2层）。第2层的其余功能（软件功能和管理）需要通过软件实现。

　　SPC3 内部集成了 1.5KB 的双口 RAM 作为 SPC3 与软件/程序的接口。整个 RAM 被分为 192 段，每段 8 个字节。用户寻址由内部 MS（Microsequencer）通过基址指针（Base-Pointer）来实现，基址指针可位于存储器的任何段。所以，所有缓存都必须位于段首。

　　如果 SPC3 工作在 DP 方式下，SPC3 将完成所有的 DP-SAPs 的设置。在数据缓冲区生成各种报文（如参数数据和配置数据）。为数据通信提供 3 个可变的缓存器，2 个输出和 1 个输入。通信时可以使用可变的缓存器，因此不会出现资源冲突问题。SPC3 为最佳诊断提供了 2 个诊断缓存器，用户可以存入刷新的诊断数据。在这个过程中，一个诊断缓存总是分配给 SPC3。

　　总线接口对各种 Intel 和 Motorola 处理器/微处理器是一个参数化的 8 位同步/异步接口，用户可以通过 11 位地址总线直接访问 SPC3 内部的 1.5KB RAM 或参数锁存器。当处理器上电后，程序参数（站地址、控制字等）必须传送到参数寄存器和方式寄存器。通过状态寄存器，可以随时浏览 MAC 的各种状态。中断处理器能够处理各种事件（不同状态、错误发生等），这些事件可由一个中断寄存器独立完成，并可以通过读取方式寄存器来读取数据。SPC3 有一个公共的中断输出。

　　集成的看门狗定时器有 3 种不同的工作状态为：波特率检测、波特率控制和从站控制。

　　微顺序控制器（MS）控制整个工作过程。程序参数（缓冲器指针、缓冲器长度和站地址等）和数据缓冲器集成在 1.5Kb RAM 中，其中一个控制器作为双端口 RAM 使用。在 UART 中，并行数据流可以转化成串行数据流，反之亦然。空闲定时器（Idle Timer）直接控制串行总线的时序。

5.3.2　SPC3 引脚介绍

　　SPC3 为 44 引脚 PQFP 封装，其外形示意图如图 5-6 所示，引脚说明如表 5-2 所示。

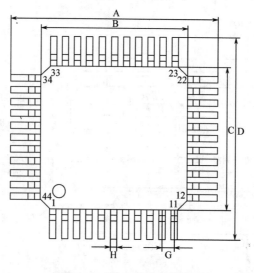

图 5-6　SPC3 芯片外形图

表 5-2　SPC3 芯片引脚定义

引脚	名　　称	In/Out	功　能　描　述	源/目标
1	XCS	I	片选，C32 模式下接地	CPU（80C165）
2	XWR/E_Clock	I	写信号	CPU
3	DIVIDER	I	设置时钟分频模式，低电平 4 分频	
4	XRD/R-W	I	读信号	CPU
5	CLK	I（TS）	时钟脉冲输入	System
6	VSS			
7	CLKOUT2/4	O	时钟 2 分频或 4 分频	System CPU
8	XINT/MOT	I	<log>0=Intel　接口 <log>1=Motorola 接口	System
9	X/INT	O	中断	CPU Interrupt Ctrl
10	AB10	I（CPD）	地址总线	
11	DB0	I/O	数据总线	CPU memory
12	DB1	I/O		
13	XDATAXCH	O	Profibus-DP 数据交换状态	LED
14	XREADY/XDTACK	O	外部 CPU 准备	System CPU
15	DB2	I/O	数据总线，C32 模式下数据/地址总线复用	
16	DB3	I/O		
17	VSS			
18	VDD			
19	DB4	I/O	数据总线，C32 模式下数据/地址总线复用 C165 模式下数据/地址总线分离	CPU memory
20	DB5	I/O		
21	DB6	I/O		
22	DB7	I/O		
23	MODE	I	<log>0=80C165 准备信号<log>1=80C32 定时	System
24	ALE/AS	I	地址锁存允许	CPU（80C32）
25	AB9	I	地址总线	CPU（C165）memory
26	TXD	O	串行发送口	RS-485
27	RTS	O	请求发送	RS-485
28	VSS	I		
29	AB8	I	地址总线	
30	RXD	I	串行接受口	RS-485 receiver
31	AB7	I	地址总线	System CPU
32	AB6	I		System CPU
33	XCTS	I	清除发送 <log>0=发送允许	FSK modem
34	XTEST0	I	引脚必须接+5V	
35	XTEST1	I		
36	RESET	I	与 CPU 的 RESET 输入引脚连接	
37	AB4	I	地址总线	System CPU

（续）

引脚	名　称	In/Out	功 能 描 述	源/目标
38	VSS			
39	VDD			
40	AB3	I		
41	AB2	I		
42	AB5	I	地址总线	System CPU
43	AB1	I		
44	AB0	I		
注：1. 所有以 X 开头的信号低电平有效；				
2. VDD = +5V，VSS = GND				

5.3.3　SPC3 存储器分配及参数

1．SPC3 存储器分配

SPC3 的整个 RAM 被划分为 192 段，每段包括 8 字节，物理地址是按 8 的倍数建立的，如表 5-3 所示。

HW 禁止超出地址范围，也就是说如果用户写入或读取超出存储器末端，用户将得到一个新的地址，即原地址减去 400H。禁止覆盖处理器参数，在这种情况下，SPC3 产生一个访问中断。如果由于 MS 缓冲器初始化有误导致地址超出范围，也会产生这种中断。

表 5-3　SPC3 内存分配

地　址	功　能	
000H	处理器参数锁存器/寄存器（21 字节）	内部工作单元
016H	组织参数（42 字节）	
040H … 5FFH	DP 缓存器 Data In (3)* Data Out (3) ** Diagnostics (2) Parameter Setting Data (1) Configuration Data (2) Auxiliary Buffer (2) SSA-Buffer(1)	
注：1. "*" 代表 Data In 指数据由 Profibus 从站到主站；		
2. "**" 代表 Data Out 指数据由 Profibus 主站到从站		

2．处理器参数（锁存器/寄存器）

这些单元只可读或只可写。在 Motorola 方式下，SPC3 为了有权使用地址空间 00H-07H（字寄存器）执行"地址交换"。表 5-4、表 5-5 分别详细列出了各寄存器在只读和只写状态下的功能说明。

表 5–4　只读时内部参数锁存器的分配

地址 Intel/Motorola		名　称	位号	功能（只读）
00H	01H	Int_Req_Reg	7..0	中断控制寄存器
01H	00H	Int_Req_Reg	15..8	
02H	03H	Int_Reg	7..0	
03H	02H	Int_Reg	15..8	
04H	05H	Status_Reg	7..0	状态寄存器
05H	04H	Status_Reg	15..8	
06H	07H	Reserved		
07H	06H			
08H		DIN_Buffer_SM	7..0	DP_Din_Buffer_State_Machine 缓冲器设置
09H		New_DIN_Buffer_Cmd	1..0	用户在 N 状态下得到可用的 DP Din 缓冲器
0AH		DOUT_Buffer_SM	7..0	DP_Dout_Puffer_State_Machine 缓冲器设置
0BH		Next_DOUT_Buffer_Cmd	1..0	用户在 N 状态下得到可用的 DP Dout 缓冲器
0CH		DIAG_Buffer_SM	3..0	DP_Diag_Puffer_State_Machine 缓冲器设置
0DH		New_DIAG_Buffer_Cmd	1..0	用户使一个新的 DP 诊断缓冲器应用于 SPC3
0EH		User_Prm_Data_OK	1..0	用户肯定地响应 Set_Param 保文的参数设定数据参数设定数据
0FH		User_Prm_Data_NOK	1..0	用户否定地响应 Set_Param 报文的参数设定数据
10H		User_Cfg_Data_OK	1..0	用户肯定地响应 Check_Config 报文的配置数据报文的配置数据
11H		User_Cfg_Data_NOK	1..0	用户否定地响应 Check_Config 报文的配置数据
12H		Reserved		
13H				
14H		SSA_Bufferfreecmd		用户从 SSA 缓冲器中取数据并使缓冲器再次可用
15H		Reserved		

表 5–5　只写时内部参数锁存器的分配

地址 Intel / Motorola		名　称	位　号	功能（只写）
00H	01H	Int_Req_Reg	7..0	中断控制寄存器
01H	00H	Int_Req_Reg	15..8	
02H	03H	Int_Ack_Reg	7..0	
03H	02H	Int_Ack_Reg	15..8	
04H	05H	Int_Mask_Reg	7..0	
05H	04H	Int_Mask_Reg	15..8	
06H	07H	Mode_Reg0	7..0	按位设置参数
07H	06H	Mode_Reg0_S	15..8	
08H		Mode_Reg1_S	7..0	
09H		Mode_Reg1_R	7..0	
0AH		WD_Baud_Ctr_Val	7..0	波特率监视器的初值
0BH		MinTsdr_Val	7..0	最小 Tsdr 时间

（续）

地址 Intel / Motorola		名　称	位　号	功能（只写）
0CH				
0DH				
0EH				
0FH				
10H				
11H		Reserved		
12H				
13H				
14H				
15H				

3. 组织参数（RAM）

用户在特定的地址下将组织参数存入 RAM。这些参数可以被读和写，具体含义如表 5-6 所列。

表 5-6　SPC3 组织参数的分配

地址 Intel/Motorola		名　称	位号	功　能
16H		R_TS_Adr	7..0	设置 SPC3 相关从站地址
17H		R_FDL_SAP_Lisr_Ptr	7..0	指向 RAM 地址的指针，预先设置为 0FFH
18H	19H	R_User_Wd_Value	7..0	基于一个内部的看门狗定时器，用户在 DP 模式下被监控
19H	18H	R_User_Wd_Value	15..8	
1AH		R_Len_Dout_buf		3 个数据输出缓冲器的长度
1BH		R_Dout_buf_Ptr1		数据输出缓冲器 1 的段基址
1CH		R_Dout_buf_Ptr2		数据输出缓冲器 2 的段基址
1DH		R_Dout_buf_Ptr3		数据输出缓冲器 3 的段基址
1EH		R_Len_Din_buf		3 个数据输入缓冲器长度
1FH		R_Din_buf_Ptr1		数据输入缓冲器 1 的段基址
20H		R_Din_buf_Ptr2		数据输入缓冲器 2 的段基址
21H		R_Din_buf_Ptr3		数据输入缓冲器 3 的段基址
22H		R_Len_DDBout_buf		缺省为 00H
23H		R_DDBout_Ptr		缺省为 00H
24H		R_Len_Diag_buf1		诊断缓冲器 1 的长度
25H		R_Len_Diag_buf2		诊断缓冲器 2 的长度
26H		R_Diag_Buf_Ptr1		诊断缓冲器 1 的段基址
27H		R_Diag_Buf_Ptr2		诊断缓冲器 2 的段基址
28H		R Len Cntrl Buf1		辅助缓冲器 1 的长度，包括控制缓冲器，如 SSA_Buf、Prm_Buf、Cfg_Buf、Read_Cfg_Buf
29H		R Len Cntrl Buf2		辅助缓冲器 2 的长度，包括控制缓冲器，如 SSA_Buf、Prm_Buf、Cfg_Buf、Read_Cfg_Buf
2AH		R Aux Buf Sel		位排列，在这里辅助缓冲器的可被定义为控制缓冲器，如 SSA_Buf、Prm_Buf、Cfg_Buf
2BH		R_Aux_buf_Ptr1		辅助缓冲器 1 的段基址
2CH		R_Aux_buf_Ptr2		辅助缓冲器 2 的段基址

（续）

地址 Intel/Motorola	名　称	位号	功　　能
2DH	R_Len_SSA_Data		设置站地址缓冲器的输入数据的长度
2EH	R SSA buf Ptr		设置站地址缓冲器的段基址
2FH	R_Len_Prm_Data		参数缓冲器的输入数据的长度
30H	R_Prm_buf_Ptr		参数缓冲器的段基址
31H	R_Len_Cfg_Data		配置缓冲器的输入数据的长度
32H	R Cfg Buf Ptr		配置缓冲器的段基址
33H	R_Len_Read_Cfg_Data		读配置缓冲器的输入数据的长度
34H	R_Read_Cfg_buf_Ptr		读配置缓冲器的段基址
35H	R LenDDB Prm Data		缺省为 00H
36H	R DDB Prm buf Ptr		DDBOut 缓冲器的段基址
37H	R Score Exp Byte		缺省为 00H
38H	R Score Error Byte		缺省为 00H
39H	R_Real_No_Add_Change		这个参数具体指定 DP 从站地址是否可以被改变
3AH	R_Ident_Low		标识号低位的值
3BH	R_Ident_High		标识号高位的值
3CH	R_GC_Command		最后接收的 Global_Control 命令
3DH	R_Len_Spec_Prm_buf		如果设置了 Spec_Prm_Buffer_Mode（参见方式寄存器 0），这个单元定义为参数缓冲器长度

5.3.4　ASIC 接口

下面将要介绍的寄存器规定了 ASIC 硬件功能和报文处理过程。

1. 方式寄存器

控制器直接访问或设置的参数与 SPC3 中的方式寄存器 0 和方式寄存器 1 有关。

1）方式寄存器 0

只能在离线状态下（如合上开关）设置方式寄存器 0，当方式寄存器装载所有的处理器参数、组织参数后，SPC3 才结束离线状态（START_SPC3=1，方式寄存器 1）。方式寄存器 0 各位的定义如表 5-7 所列。

表 5-7　方式寄存器 0（位 12..0 离线可写）

Bit 0	DIS_START_CONTROL	
	在 UART 中监视起始位，在 DP 方式下 Set-Param 报文覆盖该单元（参见 user-specific 数据）	
	0=使能起始位监视	
	1=关闭起始位监视	
Bit 1	DIS_STOP_CONTROL	
	在 UART 中监视停止位，在 DP 方式下 Set-Param 报文覆盖该单元（参见 user-specific 数据）	
	0=使能停止位监视	
	1=关闭停止位监视	
Bit 2	EN_FDL_DDB	
	Reserved	
	0=关闭 The FDL_DDB 接收	

（续）

Bit 3	MinTSDR
	复位后 DP 操作或 combi 操作的 MinTSDR 缺省设置
	0=纯 DP 操作（默认设置）
	1=combi 操作
Bit 4	INT_POL
	中断输出的极性
	0=中断输出低有效
	1=中断输出高有效
Bit 5	EARLY_RDY
	准备信号前移
	0=当数据有效（读）或数据接收（写）时产生准备好信号
	1=准备好信号前移 1 个时钟脉冲
Bit 6	Sync_Supported
	支持同步方式
	0=不支持同步方式
	1=支持同步方式
Bit 7	Freeze_Supported
	支持锁定方式
	0=不支持锁定方式
	1=支持锁定方式
Bit 8	DP_MODE
	DP 方式使能
	0=关闭 DP 方式
	1=DP 方式使能，SPC3 设置所有的 DP_SAPs
Bit 9	EOI_Time base
	中断脉冲结束的时间基准（time base）
	0=中断无效时间至少 1μs
	1=中断无效时间至少 1ms
Bit 10	User_Time base
	User_Time_Clock-Interrupt 周期的时间基值（time base）
	0= User_Time_Clock-Interrupt 每 1ms 发生一次
	1= User_Time_Clock-Interrupt 每 10ms 发生一次
Bit 11	WD_Test
	看门狗定时器的测试方式，非运行方式
	0=在运行方式下 WD 工作
	1=不允许
Bit 12	Spec_Prm_Puf_Mode
	特殊参数缓存器
	0=无特殊参数缓存器
	1=特殊参数缓存器方式，参数数据直接存储在特殊参数缓存器
Bit 13	Spec_Clear_Mode
	特殊清除方式（故障安全模式）
	0=不是特殊清除方式
	1=特殊清除方式，SPC3 接收 data unit = 0 的数据保文

2）方式寄存器 1

一些控制位必须在操作中改变，这些控制位与寄存器 1 有关，可以单独设置（Mode_Reg_S），也可以单独被清除（Mode_Reg_R）。在设置和清除地址时必须在位地址写入逻辑 1。方式寄存器 1S 和 1R 各位的定义如表 5-8 所列。

表 5-8　方式寄存器 1S 和方式寄存器 1R（位 7..0 可写）

Bit 0	START_SPC3
	退出离线状态
	1=SPC3 退出离线状态，进入 Passive-Idle 状态，并且启动总线定时器和看门狗定时器，设置 Go_Offline=0
Bit 1	EOI
	中断结束
	1=中断结束，SPC3 中断输出无效，并重新设置 EOI=0
Bit 2	Go_Offline
	进入离线状态
	1=在当前请求结束后，SPC3 进入离线状态，并重新设置 Go_Offline=0
Bit 3	User_Leave_Master
	要求 DP_SM 进入 Wait_Prm 状态
	1=用户使 DP_SM 进入 Wait_Prm 状态，并重新设置 User_Leave_Master=0
Bit 4	En_Change_Cfg_Puffer
	缓存器交换使能（Cfg buffer for Read_Cfg buffer）
	0=通过 User_Cfg_Data_Okay_Cmd，只读配置缓存器，不可交换配置缓存器
	1=通过 User_Cfg_Data_Okay_Cmd，只读配置缓存器，可以交换配置缓存器
Bit 5	Res_User_Wd
	重新设置 User_WD_Timer
	1=SPC3 重新将 Res_User_WD_Timer 参数化为 User_WD_Value 的值，然后重新新设置 Res_User_WD 为 0

2. 状态寄存器

状态寄存器反映 SPC3 当前的状态并且为只读，状态寄存器各位的定义如表 5-9 所列。

表 5-9　状态寄存器（只读）

Bit 0	Offline/Passive-Idle
	Offline/Passive-Idle 状态
	0=SPC3 处于 offline 状态
	1=SPC3 处于 passive idle 状态
Bit 1	FDL_IND_ST
	临时缓存器中有无 FDL 标识（indication）
	0=临时缓存器中有 FDL 标识
	1=临时缓促器中无 FDL 标识
Bit 2	Diag_Flag
	状态诊断缓存器
	0=DP 主站得到诊断缓存器的数据
	1=DP 主站还未得到诊断缓存器的数据

（续）

	RAM Access Violation
Bit 3	存取内存 1.5kbyte
	0=无地址冲突
	1=如果地址大于 1536bytes，从当前地址中减去 1024bytes，然后访问这一新的地址
	DP-State1..0
	DP 状态机的状态
Bit4、Bit5	00= Wait_Prm 状态
	01= Wait_Cfg 状态
	10= DATA_EX 状态
	11=不允许
	WD-State1..0
	看门狗状态机制的状态
Bit6、Bit7	00 = Baud_Search
	01= Baud_Control
	10 = DP_Control
	11=不允许
	Baud rate3..0
	SPC3 正常工作的波特率
	0000 = 12 MBaud
	0001 = 6 MBaud
	0010 = 3 MBaud
	0011 = 1.5 MBaud
Bit8、Bit9、Bit10、Bit11	0100 = 500 kbaud
	0101 = 187.5 kbaud
	0110 = 93.75 kbaud
	0111 = 45.45 kbaud
	1000 = 19.2 kbaud
	1001 = 9.6 kbaud
	其他=不允许
	SPC3-Release3..0
Bit12、Bit13、Bit14、Bit15	Release no. for SPC3
	0000 = Release 0
	Rest =不允许

3．中断控制器

SPC3 通过中断控制器通知处理器各种中断信息和各种错误事件。中断控制器最多可以存储 16 个中断事件，中断事件传送到一个中断输出，中断控制器不提供优先级和中断矢量（与 8259A 不兼容）。

中断控制器包括中断请求寄存器（IRR）、中断屏蔽寄存器（IMR）、中断寄存器（IR）和中断响应寄存器（IAR）。

中断事件存储在 IRR 中，个别事件通过 IMR 被屏蔽，IRR 中的中断输入与中断屏蔽无关。在 IMR 没有被屏蔽的中断信号经过网络综合产生 X/INT 中断。用户调试时可在 IRR 中设置各种中断。

中断处理器处理过的中断必须通过 IAR（New_Prm_Data、New_DDB_Prm_Data、New_Cfg_Data 除外）清除，在相应位上写入 1 即可清除。如果前一个已经确认的中断正在等待时，IRR 中又接收到一个新的中断请求，则此中断被保留。接着处理器使能屏蔽，以确保 IRR 中的中断请求被及时处理。出于安全考虑，使能屏蔽之前必须清除 IRR 中的位。

退出中断程序之前，处理器必须在方式寄存器中设置 end of interrupt−signal（EOI）=1，此跳变使中断失效，如果另一个中断保留着，则至少经过 1 μs 或 1ms～2ms 中断失效时间后，该中断输出将再次被激活。中断失效时间可以通过 EOI_Timebase 位设置，这样可以利用边沿触发的中断输入再次进入中断程序。

中断输出的极性可以通过 INT_Pol 方式位设置，硬件复位后输出低有效。中断请求寄存器中各位的定义如表 5−10 所列。

表 5−10　中断请求寄存器（可写、可读）

Bit 0	MAC_Reset
	当处理完当前的请求，SPC3 进入离线状态（通过设置 Go_Offline 位或由于 RAM 访问冲突）
Bit 1	Go/Leave_DATA_EX
	DP_SM 进入或离开 DATA_EX 状态
Bit 2	Baudrate_Detect
	SPC3 找到合适的波特率，并离开 Baud_Search 状态
Bit 3	WD_DP_Control_Timeout
	在 DP_Control' WD 状态下，看门狗定时溢出
Bit 4	User_Timer_Clock
	User_Timer_Clocks 的时间基值（time base）溢出（1/10ms）
Bit 5	Res
	保留
Bit 6	Res
	保留
Bit 7	Res
	保留
Bit 8	New_GC_Command
	SPC3 接受到带有变化的 GC_Command-Byte 的 Global_Control 报文，把这一字节存储在 R_GC_Command 内存单元中
Bit 9	New_SSA_Data
	SPC3 接受到 Set_Slave_Address 报文，使 SSA 缓存器中的数据可用
Bit 10	New_Cfg_Data
	SPC3 接收到 Check_Cfg 报文，使 Cfg 缓存器中的数据可用
Bit 11	New_Prm_Data
	SPC3 接收到 Set_Param 报文，使 Prm 缓存器中的数据可用
Bit 12	Diag_Puffer_Changed
	由于 New_Diag_Cmd 的请求，SPC3 交换诊断缓存器，并使原来的缓存器对用户可用

（续）

	DX_OUT	
Bit 13	SPC3 接收到 Write_Read_Data 报文，使新的输出数据在 N 状态下对用户可用，对于 Power_On 或 Leave_Master，SPC3 清除 N 缓存器，并产生中断	
Bit 14	Res	
	保留	
Bit 15	Res	
	保留	

其他的中断控制寄存器各位的定义如表 5-11 所列。

表 5-11 IR、IMR、IAR 寄存器

地 址	寄存器	读/写	复位状态	说 明	
02H/03H	1R	只读	清除所有位		
04H/05H	1MR	可写，在操作中可改变	设置所有位	Bit=1	设置屏蔽，中断失效
				Bit=0	清除屏蔽，允许中断
02H/03H	1AR	可写，在操作中可改变	清除所有位	Bit=1	IRR 位清除
				Bit=0	IRR 位未发生变化

New_Prm_Data、New_Cfg_Data 输入不能通过中断响应寄存器清除，只能通过用户确认后由状态机制来清除（如 User_Prm_Data_Okay 等）。

4．看门狗定时器

1）自动确定波特率

SPC3 能自动确定波特率，每次复位或在 Baud_Control_state WD 溢出后，SPC3 自动进入 Baud_Search 状态。

协议规定 SPC3 从最高的波特率开始查询。在监控时间内，如果没有接收到 SD1、SD2 或 SD3 报文，并且没有错误，SPC3 将从下一级波特率开始查询。

一旦确定正确的波特率，SPC3 进入 Baud_Control 状态，并且监视此波特率。监视时间可参数化（WD_Baud_Control_Val）。看门狗的时钟频率是 100Hz（10ms），每接收到一个发往本站的无误报文后，看门狗自动复位。如果看门狗时间溢出，SPC3 重新进入 Baud_Search 状态。

2）波特率监视

在 Baud_Control 状态下，看门狗不停地监视波特率。每接收到发往本站的正确报文后，看门狗自动复位。监视时间是 WD_Baud_Control_Val（用户设置参数）与时间基值（10ms）的乘积。如果监视时间溢出，WD_SM 重新回到 Baud_Search 状态。如果用户执行 SPC3 的 DP 协议（在方式寄存器中 DP_Mode=1），并接收到一能响应时间监视（WD_On=1）的 Set_Param 报文后，看门狗工作在 DP_Control 状态。若 WD_On=0，看门狗一直工作在波特率监视状态。

3）响应时间监视

DP_Control 状态能响应 DP 主站的时间监视。设置的时间值是看门狗因数与有效时

间基值（1ms 或 10ms）的乘积。

$$T_{wd} = (1ms或10ms) \times WD\_Fact\_1 \times WD\_Fact\_2$$

用户可通过参数设置报文（取值可以是 1～255）装载 2 个看门狗（WD_Fact_1 和 WD_Fact_2）的参数和时间基值。

例外：WD_Fact_1=WD_Fact_2=1 是不允许的，电路不检测这种设置。

监视时间可以是 2ms～650s 之间的值，取决于看门狗因子，与波特率无关。

如果监视时间溢出，SPC3 回到 Baud_Control 状态，SPC3 产生 WD_DP_Control_Timeout 中断。另外，DP 状态机制复位，也就是产生缓存器管理的复位。

如果其他主站接收 SPC3，则转入 Baud_Control（WD_On=0），或在 DP_Control 下产生延时（WD_On=1），与响应时间监视使能有关（WD_On=0）。

5.3.5　Profibus-DP 接口

1．DP 缓冲器结构

在 SPC3 中通过设置"DP_Mode=1"来确定 DP 的工作模式。在这个过程中，以下的 SAPs 服务于 DP 模式。

```
Default SAP:    数据交换（Write_Read_Data）
SAP53:          DDB 参数设定报文选择（Set_DDB_Param）
SAP55:          改变站地址（Set_Slave_Address）
SAP56:          读输入（Read_Input）
SAP57:          读输出（Read_Output）
SAP58:          DP 从站控制命令（Global_Control）
SAP59:          读配置数据（Get_Config）
SAP60:          读诊断信息（Slave_Diagnosis）
SAP61:          发送参数设定数据（Set_Param）
SAP62:          检查配置数据（Check_Config）
```

DP 从站协议完全集成在 SPC3 中，并被独立处理。用户必须相应地用参数表示 ASIC，并处理和认可传输的消息。除了 Default SAP、SAP56、SAP57 和 SAP58 外，所有的 SAP 总能使用，而这 4 个 SAP 只有在 DP 从站进入"DATA_EX"状态时才可用。用户可能不使用 SAP55，为此，相关的缓冲器指针 R_SSA_Puf 必须被设置为"00H"。通过已描述 RAM 单元的初始化，使 DDB 无效。

DP_SAP 缓冲器的结构如图 5-7 所示，用户在离线状态配置所有的缓冲器（长度和起始位置）。在操作过程中，除了输入输出缓冲器的长度外，所有的缓冲器配置不允许被改变。

在配置报文后，用户仍可在"Wait_Cfg"状态下调整这些缓冲器。在"DATA_EX"状态下，只有相同的配置可以被接受。

缓冲器结构被分为数据缓冲器、诊断缓冲器和控制缓冲器。

输入/输出数据都有 3 个长度相同的缓冲器。其中，第一个缓冲器被指定为"D"（数据传输），第二个缓冲器被指定为"U"（用户），第三个缓冲器或者在"N"（下一个状态）或者在"F"（自由状态），即这 2 个状态中的 1 个总是不被占用。

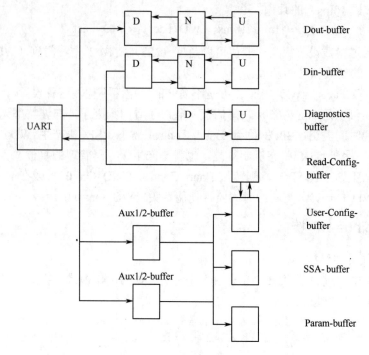

图 5-7　DP-SAP 缓冲器结构

2 个长度可变的诊断缓冲器提供了诊断功能。一个诊断缓冲器通常被指定为"D"，用于向 SPC3 的发送；另一个诊断缓冲器"U"属于用户，用来准备新的诊断数据。

SPC3 首先读位于辅助寄存器 1 或辅助寄存器 2 中的不同参数设定报文（Set_Slave_Address、Set_Param）和配置报文（Check_Config）。数据在相应的目标缓冲器间交换（SSA buffer、Prm buffer 和 Cfg buffer），每一个要交换的缓冲器必须有相同的长度。用户在"R_Aux_Puf_Sel"参数单元中定义哪一个辅助缓冲器将被用于以上命名的报文。辅助缓冲器 1 必须总是可用的，辅助缓冲器 2 是任选的。如果这些 DP 报文的数据范围非常悬殊，如在设定参数报文中的数据量要比其他报文的明显要大许多，对于这个报文建议使用辅助缓冲器 2（Aux_Sel_Set_Param=1）。那么，其他报文通过辅助寄存器 1 被读取（Aux_Sel_Set_Param=0）。如果缓冲器太小，SPC3 会反应"no resources！"。

辅助缓冲器管理如表 5-12 所列。

表 5-12　辅助缓冲器管理

地址 RAM 寄存器	位　地　址								说　　明
2AH	7	6	5	4	3	2	1	0	
	0	0	0	0	0	Set_Slave_Adr	Check_Cfg	Set_Prm	R_Aux_Puf_Sel
						X1	X1	X1	
						0	0	0	Aux_Buffer1
						1	1	1	Aux_Buffer2

用户可以在 Read_Cfg 缓冲器中读取配置数据（Get_Config），Read_Cfg 缓冲器长度必须和 Cfg_buffer 缓冲器相同。Read_Input_Data 报文在"D"状态下的数据输入缓冲器

中被操作，而 Read_Output_Data 报文在"U"状态下的数据输出缓冲器中被操作。

所有的缓冲器指针都是 8 位的段地址，因为 SPC3 内部只有 8 位的寄存器。为了进入 RAM，SPC3 给变换为 3 位的段地址加上一个 8 位偏移地址（结果形成 11 位物理地址）。

2．DP 服务简介

1）设置从站地址（Set_Slave_Address）（SAP55）

（1）Set_Slave_Address 顺序。

用户通过设置 R_SSA_Puf_Ptr=00H，使该功能失效，必须确定从站地址，例如可通过拨码开关读取站地址，写入 R_TS_Adr 寄存器。

用户必须使用一个非易失性存储器（如 EEPROM）来支持这项功能。在外部 EEPROM 中必须能够存储站地址和"Real_No_Add_Change"（True=FFH）参数。在每一次由于电源故障引起的重新启动后，用户必须再次使"R_TS_Adr"和"R_Real_No_Add_Change"寄存器中的值对 SPC3 可用。

如果 SAP55 能够工作，并且 Set_Slave_Address 报文被正确接收，SPC3 将所有的网络数据放入辅助缓冲器 Aux1/2-buffer 中，在"R_Len_SSA_Data"中存储数据的长度，产生"New_SSA_Data"中断并在内部存入新的站地址和新的"Real_No_Add_Change"参数，用户不需要再传输这个变化的参数给 SPC3。在用户读取缓冲器之后，用户生成"SSA_Puffer_Free_Cmd"（读地址 14H）。这使得 SPC3 能再一次准备好接收一个额外的 Set_Slave_Address 报文（如来自其他主站）。

当有错误产生时，SPC3 能独立响应。SSA_Buffer_Free_Cmd 的编码如表 5–13 所列。

表 5–13　SSA_Buffer_Free_Cmd 编码

地址控制寄存器	位 地 址								说　明
	7	6	5	4	3	2	1	0	
14H	0	0	0	0	0	0	0	0	SSA_Puffer_Free_Cmd

（2）Set_Slave_Address 报文结构。

SSA 缓冲器中网络数据的存储格式如表 5–14 所列。

表 5–14　SSA 缓冲器中网络数据的存储格式

字节	位 地 址								说　明
	7	6	5	4	3	2	1	0	
0									New_Slave_Address
1									Ident_Number_High
2									Ident_Number_Low
3									No_Add_Chg
4-243									Rem_Slave_Data 其他使用数据

2）设置参数（Set_Param）（SAP61）

（1）参数数据结构。

SPC3 给前 7 个字节赋值（不包括用户参数数据），或给前 8 个字节赋值（包括用户参数数据）。其中，前 7 个字节是根据标准规定的，第 8 个字节被用于 SPC3 的特殊功能，其他的字节用于应用。Set_Param 报文的数据格式如表 5–15 所列。

表 5-15　Set_Param 报文的数据格式

字节	位 地 址								说　　明
	7	6	5	4	3	2	1	0	
0	Lock Req	Unlo Req	Sync Req	Free Req	WD on	Res	Res	Res	站状态
1									WD_Fact_1
2									WD_Fact_2
3									MinTSDR
4									Ident_Number_High
5									Ident_Number_Low
6									Group_Ident
7	0	0	0	0	0	WD_Base	Dis Stop	Dis Start	Spec_User_Prm_Byte
8-243									User_Prm_Data

Set_Param 报文数据第 7 字节的位定义如表 5-16 所列。

表 5-16　Set_Param 报文数据第 7 字节的位定义

字节 7		Spec_User_Prm_Byte		
Bit	名　　称	说　　明		缺 省 状 态
0	Dis_Startbit	接收器起始位监视关闭		1，关闭起始位监视
1	Dis_Stopbit	接收器停止位监视关闭		0，停止位监视使能
2	WD_Base	规定了看门狗时钟的时间基值 0：时间基值 10ms 1：时间基值 1ms		0，时间基值 10ms
3～7	Res	参数化为 0		0

（2）参数数据处理顺序。

在多于 7 个数据字节有效的情况下，SPC3 执行以下响应：

SPC3 把辅助缓冲器 1/2（所有的数据都输入到这里）转换为参数缓冲器，把输入数据的长度存储到 R_Len_Prm_Data，并触发 New_Prm_Data Interrupt 中断。用户必须检查 User_Prm_Data，返回值为 User_Prm_Data_Okay_Cmd 或 User_Prm_Data_Not_Okay_Cmd。所有的报文都输入到该缓存中，也就是与应用有关参数数据只存储在从第 8 个字节开始的单元中。

用户响应（User_Prm_Data_Okay_Cmd 或 User_Prm_Data_Not_Okay_Cmd）触发 New_Prm_Data 中断，在 IAR 寄存器中用户不响应该中断。

User_Prm_Data_Not_Okay_Cmd 报文设置相关的诊断位，并转入 Wait_Prm。

User_Prm_Data_Okay 和 User_Prm_Data_Not_Okay 可进行读访问，相关信号如下。

User_Prm_Finished	当前无其他的参数报文
Prm_Conflict	当前有其他的参数报文，再一次处理
Not_Allowed	当前总线状态下不允许访问

User_Prm_Data_Not_Okay_Cmd 编码和 User_Prm_Data_Not_Okay_Cmd 编码分别如表 5-17 和表 5-18 所列。

表 5-17　User_Prm_Data_Okay_Cmd 编码

地址控制寄存器	位 地 址								说　　明
	7	6	5	4	3	2	1	0	
0EH	0	0	0	0	0	0			User_Prm_Data_Okay
							0	0	User_Prm_Finished
							0	1	PRM_Conflict
							1	1	Not_Allowed

表 5-18　User_Prm_Data_Not_Okay_Cmd 编码

地址控制寄存器	位 地 址								说　　明
	7	6	5	4	3	2	1	0	
0FH	0	0	0	0	0				User_Prm_Data_Okay
							0	0	User_Prm_Finished
							0	1	PRM_Conflict
							1	1	Not_Allowed

如果同时接收到其他的 Set_Param 报文，将返回 Prm_Conflict 信号以响应第一个报文，无论是肯定或否定响应。此时 SPC3 新的参数缓冲器可用，用户可以重新响应新的 Set_Param 报文。

3）检查配置（Check_Config）（SAP62）

用户配置数据的值，SPC3 接收到有效的 Check_Config 报文后，SPC3 把辅助缓存器 1/2（所有的数据都输入到这里）转换成配置缓冲器，把输入数据的长度存储到 R_Len_Cfg_Data 中，并产生 New_Cfg_Data 中断。

用户必须检查 User_Config_Data，返回值为 User_Cfg_Data_Okay_Cmd 或 User_Cfg_Data_Not_Okay_Cmd（对 Cfg_SM 的响应），网络数据按标准格式输入到该换缓冲器中。

用户响应（User_Cfg_Data_Okay_Cmd 或 User_Cfg_Data_Not_Okay_Cmd）产生 New_Cfg_Data 中断，在 IAR 寄存器中用户不响应该中断。

如果配置不正确，则改变诊断位，并转入到 Wait_Prm。

对于正确的配置，如果当前无 Din 缓冲器（R_Len_Din_Puf = 00H），并且参数设置报文和配置报文的触发计数器为 0，则立即进入数据交换状态。否则，只有使用 New_DIN_Puffer_Cmd 使 N 缓存可用后才进入数据交换状态。当进入数据交换状态时，SPC3 产生 Go/Leave_Data_Exchange 中断。

如果从配置缓冲器中接收到正确的配置数据，将导致 Read-Cfg 缓冲器的变化（该变化包括 Get_Config 报文的数据），用户必须在 User_Cfg_Data_Okay_Cmd 响应之前使 Read_Cfg 缓冲器中的 Read_Cfg 数据可用。SPC3 接收到响应之后，且方式寄存器 1 中的 EN_Change_Cfg_buffer = 1，则交换 Cfg 缓存和 Read-Cfg 缓存。

在响应期间，用户可接收有冲突的信息和无冲突的信息。如果处理第一个 Check_Config 报文的同时接收到其他的 Check_Config 报文，无论是肯定或否定响应，将返回 Check_Conflict 信号以响应第一个报文，此时 SPC3 新的参数缓冲器可用，用户可以重新响应新的 Set_Cfg 报文。

可以对 User_Cfg_Data_Okay_Cmd 和 User_Cfg_Data_Not_Okay_Cmd 单元进行读操作，返回值为 Not_Allowed，User_Cfg_Finished 或 Cfg_Conflict，如果在上电过程中同时出现 New_Prm_Data 和 New_Cfg_Data，用户必须先响应 Set_Param 然后再响应 Check_Config。User_Cfg_Data_Okay_Cmd 编码和 User_Cfg_Data_Not_Okay_Cmd 编码分别如表 5-19 和表 5-20 所列。

表 5-19　User_Cfg_Data_Okay_Cmd 编码

地址控制寄存器	位　地　址								说　明
	7	6	5	4	3	2	1	0	
10H	0	0	0	0	0	0			User_Cfg_Data_Okay
							0	0	User_Cfg_Finished
							0	1	Cfg_Conflict
							1	1	Not_Allowed

表 5-20　User_Cfg_Data_Not_Okay_Cmd 编码

地址控制寄存器	位　地　址								说　明
	7	6	5	4	3	2	1	0	
11H	0	0	0	0	0	0			User_Cfg_Data_Okay
							0	0	User_Cfg_Finished
							0	1	Cfg_Conflict
							1	1	Not_Allowed

4）从站诊断（Slave_Diagnosis）（SAP60）

（1）诊断处理顺序。

诊断缓冲器包含两个缓冲器，这两个缓冲器可以有不同的长度。SPC3 通常指定一个诊断缓冲器用来发送诊断电报，用户可以在相同的另一个缓冲器中预处理新的诊断数据。如果现在就要发送新的诊断数据，用户使用"New_Diag_Cmd"来生成交换诊断缓冲器的要求。用户通过"Diag_Puffer_Changed"中断确认缓冲器的交换。

当使用交换缓冲器时，内部的"Diag_Flag"总被设置（总被置 1）。对于一个高电平的"Diag_Flag"，SPC3 在下一个读写数据过程中用高优先权的响应数据作出响应，发信号给相关的主机，新的诊断数据在从站出现。那么，这台主机从 Slave_Diagosis 报文中取出新的诊断数据。然后，"Diag_Flag"被再次重置。然而，如果用户发信号"Diag.Stat_Diag=1"，那么，"Diag_Flag"在相关主机取出诊断数据后仍保持高电平。用户在旧数据和新数据交换之前可以在状态寄存器中查看"Diag_Flag"以便确定主机是否已经取出诊断数据。

诊断缓冲器的状态代码存储在 Diag_Buffer_SM 处理器参数中。Diag_Buffer_SM 分配如表 5-21 所列。

New_Diag_Buffer_Cmd 通过读访问，可以确定在缓冲器交换后哪一个处理器参数属于用户，或者两个缓冲器都分配给 SPC3（No Buffer、Diag_Buf1、Diag_Buf2）。New_Diag_Buffer_Cmd 编码如表 5-22 所列。

表 5-21   Diag_Buffer_SM 分配

地址控制寄存器	位 地 址								说　　明
	7	6	5	4	3	2	1	0	
0CH	0	0	0	0	D_Puf2		D_Puf1		Diag_Puffer_SM
					X1	X2	X1	X2	
					0	0	0	0	D_Buf2 或 D_Buf1
					0	1	0	1	用户
					1	0	1	0	SPC3
					1	1	1	1	SPC3_Send_Mode

表 5-22   New_Diag_Buffer_Cmd 编码

地址控制寄存器	位 地 址								说　　明
	7	6	5	4	3	2	1	0	
0DH	0	0	0	0	0	0			New_Diag_Cmd
							0	0	No Buffer
							0	1	Diag_Puf1
							1	1	Diag_Puf2

（2）诊断缓冲器的结构。

用户传送的 SPC3 的诊断缓冲器的结构如表 5-23 所列。除了第一个字节的低三位，前 6 个字节都是 Spaceholder，第一个字节的低三位分别是 Diag. Ext_Diag，Diag. Stat_Diag，Diag. Ext.Diag_Overflow，其余的位随意安排。当发送时，SPC3 按标准预处理前 6 个字节。

表 5-23   SPC3 的诊断缓冲器的结构

字节	位 地 址								说　　明
	7	6	5	4	3	2	1	0	
0						Ext_Diag Overf	Stat Diag	Ext_Diag	Spaceholder
1									Spaceholder
2									Spaceholder
3									Spaceholder
4									Spaceholder
5									Spaceholder
6-n									Spaceholder

用户在 SPC3 内部诊断数据后，必须把 Ext_Diag_Data 输入到缓冲器中，有 3 种不同格式：Device-related、ID-related 和 port-related。除了 Ext_Diag_Data，缓冲器长度包括 SPC3 的诊断字节（R_Len_Diag_Buf1、R_Len_Diag_Buf2）。

5）（Write_Read_Data / Data_Exchange）（Default_SAP）

（1）写输出（Writing Outputs）。

SPC3 读取 D 缓存器中的输出数据。SPC3 接受到正确的输出数据报文后，SPC3 将

D 缓存器的数据填入到 N 缓存器中，同时产生 DX_OUT 中断。这时用户从 N 缓存器中得到当前的输出数据，通过 Next_Dout_Buffer_Cmd 使缓存器由 N 变到 U，这时当前使用数据返回到主站的 Read_Outputs。

如果用户程序周期短于总线周期，则用户通过 Next_Dout_Buffer_Cmd 在 N 缓存器中找不到新的缓存器，因此禁止缓冲器交换。在通信频率为 12Mbaud 情况下，用户程序周期长于总线周期，这就使用户在得到新的缓冲器之前从 N 缓存器中得到新的输出数据，从而保证用户能得到最新的数据。

由于 Power_On、Leave_Master 和 Global_Control-Telegram 清除，SPC3 清除 D 缓冲器，然后将 D 缓冲器的内容填入到 N 缓冲器中。在上电期间（进入 Wait_Prm 状态）也会发生以上情况。如果用户得到这一缓冲器，它将在 Next_Dout_Buffer_Cmd 期间清除 U 缓冲器。如果在 Check_Config 报文后，用户打算增多输出数据，用户必须在 N 状态下删除 delta（可能只在 Wait_Cfg 状态的上电期间）。

如果 Diag.Sync_Mode=1，当接收到 Write_Read_Data 报文时，可填充 D 缓冲器，但不会交换缓冲器，可能在下一个 Sync 或 Unsync 交换缓冲器。

用户可以读取缓冲器管理的状态，有 4 种状态：Nil、Dout_Puf_Ptr1-1、Dout_Puf_Ptr1-2 和 Dout_Puf_Ptr1-3，当前数据指针在 N 状态下。Dout_Buffer 管理如表 5-24 所列。

表 5-24　Dout_Buffer 管理

地址控制寄存器	位 地 址								说　明
	7	6	5	4	3	2	1	0	
0AH	F		U		N		D		Dout_Buffer_SM
	X1	X2	X1	X2	X1	X2	X1	X2	
	0	0	0	0	0	0	0	0	Nil
	0	1	0	1	0	1	0	1	Dout_Buf_Ptr1
	1	0	1	0	1	0	1	0	Dout_Buf_Ptr2
	1	1	1	1	1	1	1	1	Dout_Buf_Ptr3

用户读取 Next_Dout_Buffer_Cmd 后，可得到用户缓冲器的信息，判断缓冲器是否发生变化或发生变化后哪一个缓冲器属于用户。Next_Dout_Buffer_Cmd 如表 5-25 所示。

表 5-25　Next_Dout_Buffer_Cmd

地址控制寄存器	位 地 址								说　明
	7	6	5	4	3	2	1	0	
0BH	0	0	0	0	U_Buffer Cleared	State_U_Buffer	Ind_U_Buffer		Next_Dout_Buf_Cmd
							0	1	Dout_Buf_Ptr1
							1	0	Dout_Buf_Ptr2
							1	1	Dout_Buf_Ptr3
						0			No new U buffer
						1			New U buffer
					0				U buffer contains data
					1				U buffer was deleted

用户必须在初始化时清除 U 缓存器，保证在第一个数据周期之前为 Read_Output 报文发送定义好的数据。

（2）读输入（Reading Inputs）。

SPC3 从 D 缓存器中发送输入数据。在发送以前，SPC3 从 N 缓存器得到 Din 缓存器数据，然后放到 D 缓存器中。如果当前 N 状态下无新的输入数据，将没有变化。

用户使 U 缓存器中新的数据可用，通过 New_Din_buffer_Cmd，缓冲器从 U 转变到 N。若用户的准备周期短于总线周期，则不会发送全部的输入数据而只发送当前数据。在 12Mbaud 的通信速率下，用户准备时间长于总线周期时间，用户可连续多次发送相同的数据。

在 Start-Up 期间，所有的参数报文和配置报文得到确认以后，SPC3 进入数据交换状态。用户可通过 New_Din_Buffer_Cmd 在 N 中得到第一个有效的 Din 缓冲器。

如果 Diag.Freeze_Mode=1，在发送之前没有缓冲器交换。

用户可读取状态机单元的状态，有 4 种状态：Nil、Dout_Puf_Ptr1-1、Dout_Puf_Ptr1-2 和 Dout_Puf_Ptr1-3，当前数据指针在 N 状态下，数据输入缓存管理如表 5-26 所列。

表 5-26　数据输入缓存管理

地址控制寄存器	位 地 址								说　明
	7	6	5	4	3	2	1	0	
0AH	F		U		N		D		Din_Buffer_SM
	X1	X2	X1	X2	X1	X2	X1	X2	
	0	0	0	0	0	0	0	0	Nil
	0	1	0	1	0	1	0	1	Din_Buf_Ptr1
	1	0	1	0	1	0	1	0	Din_Buf_Ptr2
	1	1	1	1	1	1	1	1	Din_Buf_Ptr3

当读取 New_Din_Buffer_Cmd 时，用户可得知交换后哪一个缓存属于用户。New_Din_Buffer_Cmd 如表 5-27 所示。

表 5-27　New_Din_Buffer_Cmd

地址控制寄存器	位 地 址								说　明
	7	6	5	4	3	2	1	0	
09H	0	0	0	0	0	0			New_Din_Buf_Cmd
							0	1	Din_Buf_Ptr1
							1	0	Din_Buf_Ptr2
							1	1	Din_Buf_Ptr3

（3）用户看门狗定时器（User_Watchdog_Timer）。

当上电（在数据交换状态）后，如果用户没有读取接收到的 Din 缓存器中的数据或没有使新的 Dout 缓存器可用时，SPC3 继续响应 Write_Read_Data 报文。如果用户处理器故障，主站将接收不到该信息。因此，需要在 SPC3 中执行 User_Watchdog_Timer。

User_Wd_Timer 是一内部 16 位 RAM 单元，起始值是 R_User_Wd_Value15..0。用户每从 SPC3 接收到一个 Write_Read_Data 报文，该 RAM 单元的值减 1。如果定时器达到 0000H，SPC3 进入 Wait_Prm 状态，DP_SM 产生 Leave_Master，用户必须周期性地设置定时器的起始值。因此，必须在方式寄存器 1 种设置 Res_User_Wd=1。直至接受到下一个 Write_Read_Data 报文，SPC3 把 User_Wd_Timer 的值装载到 R_User_Wd_Value15..0 中，并设置 Res_User_Wd=0（方式寄存器 1）。在 Power_Up 期间，用户必须设置 Res_User_Wd=1，才能使 User_Wd_Timer 设置为参数化值。

6）全面控制（Global_Control）（SAP58）

SPC3 在已描述过的方式中自己处理 Global_Control 报文，而且这个消息对用户有用。一个有效的 Global_Control 命令的第一个字节被存放在 R_GC_Command RAM 单元中，第二个报文字节（Group_Select）被内部处理。Global_Control 报文的数据格式如表 5-28 所列。

表 5-28　Global_Control 报文数据格式

位	说　明	意　　义
0	Reserved	
1	Clear_Data	通过该指令，在 D 中输出数据被删除，并变为 N
2	Unfreeze	通过该命令，取消锁定输入数据
3	Freeze	从 N 得到输入数据后放到 D 中，并锁定，直到主战发送下一个锁定命令，才能得到新的输入数据
4	Unsync	取消同步命令
5	Sync	通过 WRITE_READ_DATA 报文，从 D 中得到输出数据后放到 N 中，在主站发送下一个同步命令前，要发送的输出数据一直保持在 D 中
6、7	Reserved	用于扩展功能

7）读输入数据（Read_Input）（SAP56）

SPC3 正如它对"Write_Read_Data"报文所作的一样取出输入数据。在发送之前，如果缓冲器 N 中有新的可用的输入数据，则缓冲器 N 中的数据被转换到缓冲器 D 中。对于"Diag_Freeze_Mode"则没有缓冲器变化。

8）读输出数据（Read_Output）（SAP57）

SPC3 从数据输出缓冲器 U 中读取输出数据。用户必须在开始期间预设输出数据为 "0"，以便于将有效数据发送到这里。如果有一个缓冲器在第一个报文和副本之间从"N"转变到"U"（通过"Next_Dout_Buffer_Cmd"），则在报文副本期间，新的输出数据被发送。

9）读配置（Get_Config）（SAP59）

用户使配置数据在 Read_Cfg 缓冲器中可用。在接到 Check_Config 报文后，对于配置的变化，用户将改变的数据写入 Cfg 缓冲器，设置 EN_Change_Cfg_buffer=1，并且 SPC3 交换 Cfg 缓冲器和 Read_Cfg 缓冲器。如果在操作过程中配置数据发生改变，用户必须在离线状态 Go Offline 返回到 SPC3 的 Wait_Prm 状态。

5.3.6　通用处理器总线接口

SPC3 有一个 11 位地址总线的并行 8 位接口。SPC3 支持基于 Intel 的 80C51/52（80C32）的 8 位处理器和微处理器，Motorola 的 HC11 的 8 位处理器和微处理器，西门子 80C166、Intel X86、Motorola HC16 和 HC19 系列的 8/16 位处理器和微处理器。由于 Motorola 和 Intel 的数据不兼容，SPC3 在访问以下 16 位寄存器（中断寄存器、状态寄存器、方式寄存器 0）和 16 位 RAM 单元（R-User_Wd_Value）时，自动进行字节交换。这就使 Motorola 处理器可以正确读取 16 位单元的值。通常对于读或写，要通过 2 次访问完成（8 位数据线）。

总线接口单元（BIU）和控制着 SPC3 处理器内部 RAM 的控制器（DPC）属于 SPC3 的处理器接口。

另外，SPC3 内部集成了一个时钟分频器，能产生 2 分频（引脚 DIVIDER=1）或 4 分频（引脚 DIVIDER=0）输出。因此，不需要附加费用就可实现与低速控制器相连。SPC3 的时间脉冲输入是 48MHz。

1．总线接口单元（BIU）

BIU 是连接处理器与微处理器的接口，它是一个具有 11 位地址总线的 8 位同步或异步接口。可以通过 2 个引脚（XINT/MOT 和 MODE）配置接口。XINT/MOT 引脚决定连接的处理器系列（总线控制信号，如 XWR、XRD、R_W 和数据格式）。MODE 引脚决定是同步还是异步。

2．接口信号

在复位状态下，数据总线的输出成高阻态。在表 5-29 所列的模式下所有的输出都成高阻态。

表 5-29　微处理器总线接口信号

名　　称	输入/输出	类　　型	注　　释
DB（7..0）	I/O	Tristate	复位时为高组态
AB（10..0）	I		AB10 带下拉电阻
MODE	I		设置：同步/异步接口
XWR/E_CLOCK	I		Intel，写/Motorola：E_CLK
XRD/R_W	I		Intel，读/Motorola：读/写
XCS	I		片选
ALE/AS	I		Intel/Motorola：地址锁存允许
DIVIDER	I		CLKOUT2/4 的分频系数 2/4
X/INT	O	Tristate	极性可编程
XRDY/XDTACK	O	Tristate	Intel/Motorola：准备好信号
CLK	I		48MHz
XINT/MOT	I		设置：Intel/Motorola 方式
CLKOUT2/4	O	Tristate	24/12MHz
RESET	I	Schmitt-Trigger	最少 4 个时钟周期

5.3.7 UART

发送器将并行数据结构转变为串行数据流。在发送第一个字符之前，产生 Request-to-Send（RTS）信号，XCTS 输入端用于连接调制器。RTS 激活后，发送器必须等到 XCTS 激活后才发送第一个报文字符。

接收器将串行数据流转换成并行数据结构，并以 4 倍的传输速率扫描串行数据流。为了测试，可关闭停止位（方式寄存器 0 中 DIS STOP CONTROL=1 或 DP 的 Set Param Telegram 报文），Profibus 协议的一个要求是报文字符之间不允许出现其他状态，SPC3 发送器保证满足此规定。通过 DIS START CONTROL=1（模式寄存器 0 或 DP 的 Set Param 报文中），关闭起始位测试。

5.3.8 Profibus 接口

1. 引脚分配

数据传输通过 RS-485，SPC3 通过下列引脚连接到电流隔离接口驱动器。其引脚说明如表 5-30 所列。

表 5-30　引脚说明

引脚名称	输入/输出	功　　能
RTS	输出	发送请求
TXD	输出	输出数据
RXD	输入	输入数据

Profibus 接口是一带有下列引脚的 9 针 D 型插头，具体引脚定义如下。

引脚 1：Free

引脚 2：Free

引脚 3：B 线

引脚 4：请求发送（RTS）

引脚 5：5V 地（M5）

引脚 6：5V 电源（P5）

引脚 7：Free

引脚 8：A 线

引脚 9：Free

必须使用屏蔽线连接插头，根据 DIN 19245，Free pin 可选用。如果使用，必须符合 DIN 192453 标准。

2. Profibus-DP 的 RS-485 传输接口电路

图 5-8 显示出了 Profibus-DP 的 RS-485 传输接口电路，图中 M、2M 为不同的电源地，P5、2P5 为 2 组不共地的+5V 电源。74HC132 为施密特与非门。

5.3.9 Profibus-DP 从站的状态机制

下面简要地介绍 Profibus-DP 从站的状态机制，图 5-9 所示为其简化的状态机制。

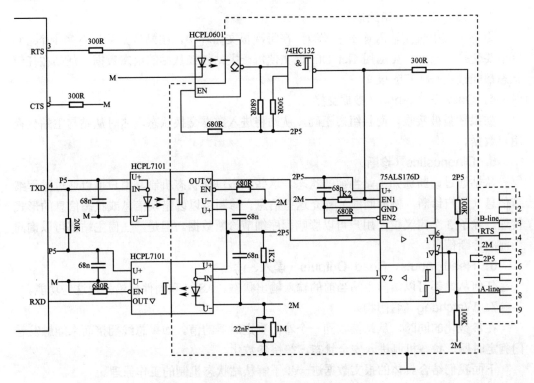

图 5-8　Profibus-DP 的 RS-485 传输接口电路

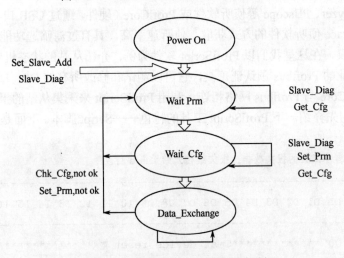

图 5-9　Profibus-DP 从站的状态机制

1. Power On（上电）

仅在 Power On 状态，从站接收二类主站的 Set Slave Add 报文以改变从站地址。

2. Wait Prm（等待参数化）

启动后，从站接收一个参数化报文，从站不接收其他形式的报文或拒绝处理，数据交换不能进行。参数化报文至少含有符合标准要求的信息（如标识号、同步、锁定能力等），此外，它还含有与用户有关的参数数据并由用户定义这些数据。

3. Wait_Cfg（等待组态）

组态报文中规定输入输出字节数，在每次报文循环中，主站告知从站有多少个 I/O 字节要交换。此外，可应用 Get_Cfg 报文使每一主站扫描从站的组态数据。从站在任何状态都能接收 Get_Cfg 报文。

4. Data_Exchange（数据交换）

如果参数被接收，而且组态正确，从站将进入数据交换状态，这时从站与主站交换用户数据。

5. Diagnostics（诊断）

从站通过诊断通知主站当前的状态。这些状态包括状态机制，用户可以通过过程细节信息（用户诊断，例如断线）补充这些信息。诊断可以以错误信息或状态信息的形式传递，除了 3 个定义位，用户可以影响程序细节诊断数据。但是，任何主站都可以询问当前的诊断信息。

6. Read_Inputs、Read_Outputs（读入、读出）

任何从站都可以访问主站当前的输入输出状态、ASIC 和固件自治处理这些功能。

7. Watchdog（看门狗）

在参数化的同时，从站接收到一个看门狗定时器的值。如果总线拥挤而未能触发看门狗定时器，状态机制进入安全状态，等待参数化。

下面我们结合具体的报文数据进一步了解从站状态机制的工作原理。

Profibus-DP 网络报文的获取，可以通过 CP5613/5611 Profibus 网卡，Windows 环境下运行 Amprolyzer、PBscope 等侦听软件或 ProfiCore（硬件，通过 USB 口与 PC 机相连）运行 Profibus trace 侦听软件的方式获取，侦听速率高、具有过滤筛选功能，但需要特殊硬件和软件授权，在这里我们以 ProfiScript 软件为例，介绍从站的状态机制。ProfiScript 软件是一个专业的 Profibus 预认证工具，它可以测试和修改所有的 DP、DP-V1 和 PA 设备。通过 ProfiCore 与 Profibus 网络相连，利用 ProfiScript 来采集从站的报文数据。

首先，我们先介绍一下 ProfiScript 工具的特色——Script 脚本。下面是一个脚本文件实例。

```
Profibus 脚本工具的报文数据，报文结构开始于第 5 行。

-----------------------------------------------------------------------
SS DS DA DL D1 D2 D3 D4 D5 D6 D7 D8 D9 10 11 12 13 14 15 16 17 18 19
-----------------------------------------------------------------------
00 00 00 00 *************Test device reset ****************************
00 00 0a 00 *************TC1 *******************************************
3E 3C ~ADDR 00 ***DL DH 02 05 00 ff ~IDENT
3E 3D ~ADDR ~MINUSERPRMLENGTH 80 00 00 0B ~IDENT 00 ~MINUSERPRMDATA

3E 3E ~ADDR ~REALCONF
00 00 ~CFGCHECKDLY 00 Cfg check delay ~CFGCHECKDLY * 55ms
3E 3C ~ADDR 00 *** 00 04 00 00 ~IDENT
FF FF ~ADDR ~REALDATALENGTH ~REALDATA1
```

188

3E 39 ~ADDR 00 *** ~REALDATA1

00 00 00 00 ******Test completed END END END END END

脚本总是从第 5 行开始。前 4 行会直接跳过，所以前 4 行一般用来做注释。一个标准的脚本行包含 2 个十六进制数（见表 5-31）。

表 5-31 标准脚本

位　置	功　能	位　置	功　能
1	包含源 SAP	4	包含数据长度
2	包含目的 SAP	5..236	包含数据
3	包含远程地址		

脚本中的一些字符串将会在脚本转换过程中被其他数据所替换。如下的字符串将会被来自"DP Params"标签，"DP-V1 Params"标签和"User defined Params"标签中的数据所替代：

~ADDR

~IDENT

~REALCONF

~WRONGCONF

~REALUSERPRMLENGTH

~REALUSERPRMDATA

~WRONGUSERPRMLENGTH

~WRONGUSERPRMDATA

~REALDATALENGTH

~REALDATA1

~REALDATA2

~REALDATA3

~REALDATA4

~NULLDATA

~WRONGDATA1

~WRONGDATA2

~OPTFEATURES

~SETEXTDIAG

~RESETEXTDIAG

~MINUSERPRMLENGTH

~MINUSERPRMDATA

~CFGCHECKDLY

~PLEN

~DPV0

~DPV1

~CLEN

~CFG

~DLEN

~DPV_1DATA

~DSREAD

~FALSEREAD

~DSWRITE

~FALSEWRITE

~DTR

~FALSEDTR

~SLOTINDEX

~C2SAPACTDELAY

~SENDTIMEOUTREQ

~SENDTIMEOUTRES

~C2MAXLENDATA

~PROFILEIDENTREQ

~PROFILEIDENTRES

~FEATSUPPREQ

~FEATSUPPRES

~PROFILEFEATSUPPREQ

~PROFILEFEATSUPPRES

~WRITELEN（derived from ~DSWRITE）

~WRONGWRITELEN（derived from~FALSEWRITE）

~USER0..~USER9

而表 5-32 的字符串将会被硬性编码的数据所替换，其中"～ADDR"将会被地址值所替代。

表 5-32　字符串代换表

字　符　串	被替换为	字　符　串	被替换为
~DATAEX	FF FF~ADDR	~SETGLOBCONT	3E 3A 7F
~CHECKCONF	3E 3E~ADDR	~READOUTP	3E 39~ADDR 00
~SETPARAM	3E 3D~ADDR	~READINP	3E 38~ADDR 00
~GETDIAG	3E 3C~ADDR 00	~SETSLAVEADDR	3E 37~ADDR
~GETCONF	3E 3B~ADDR 00		

在脚本中预期的结果如下所示：在将要被送到设备"***"的数据被添加之后，预期的结果就会被添加（因此没有源 SAP、目的 SAP、远程地址和数据长度）。例如：

3E 3C~ADDR 00 *** DL DH 02 05 00 ff~IDENT

如果需要来自于用户的动作，则需用以下格式：源 SAP、目的 SAP、远程地址和数据长度置成 00。数据长度之后的文本将放到对话框中，如图 5-10 所示。

00 00 00 00 ************Test device reset *********************

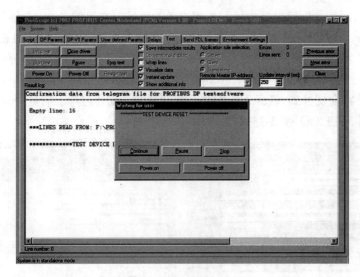

图 5-10　测试设备复位

　　然后进行 DP 从站测试环境的搭建。以 ProfiCore 做为测试的主站，以我们自行设计的从站为从站，并配合 ProfiScript 软件，这样就可以方便快速的对 Profibus 设备进行测试。测试过程如下。

　　（1）打开 profiscript 应用软件，选择"Test"标签，选择"Application role selection→standalone"（应用角色选择→独立）。如图 5-11（a）所示。

　　（2）单击"Init driver"（初始化驱动）按钮（ProfiScript 将会初始化驱动软件并激活源 SAP），接着选择"DP Params"标签，在"File"菜单下单击"Open GSD-file"，选择被测设备的 GSD 文件，然后 GSD 文件将被打开并且会弹出"GSDConfig"对话框，如图 5-11（b）所示。

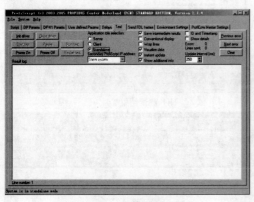

（a）"Test"对话框界面

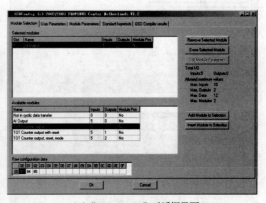

（b）"GSDConfig"对话框界面

图 5-11　ProfiScript 应用软件

　　（3）在"Module Selection"标签下选择被测设备的模块（如果可用）。在"User Parameters"下填写用户参数。在"Module Parameters"标签下填写模块参数。当"GSDConfig"对话框配置完成后单击"Ok"按钮。当出现"Do you want to update the device settings with the new configuration"对话框时，单击"Ok"按钮，如图 5-12（a）所示。

（4）在"Address"编辑框中填入被测设备的地址，在"Real data"编辑框中填写数据，单击"Get wrong data1 from real data1"和"Get wrong data2 from real data1"按钮。选择"Script"标签，在"File"菜单下单击"Open standard script"，选择一个你想在被测设备上执行的脚本，单击"Convert script"按钮，如图 5-12（b）所示。接着单击按"Start test"钮，软件将会切换到"Test"标签并且测试开始，观察屏幕上的数据直到测试结束。测试结果如图 5-13（a）至 5-13（e）所示：

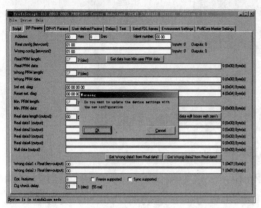

（a）"Module Parameters"对话框界面

（b）"Convert Script"对话框界面

图 5-12　被测设备的模块选择

（a）测试结果 1

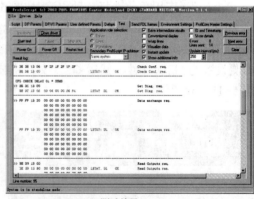

（b）测试结果 2

（c）测试结果 3

（d）测试结果 4

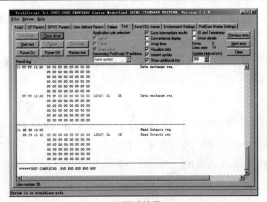

（e）测试结果 5

图 5-13　测试结果

结合有关报文解释一下从站的工作机制（报文数据为十六进制）。

……

（从站已经完成初始化）

……

3E 3C 13 00　　　　　　　　　　　　　　Get Diag.reg

（前 2 个字节表示源服务存取点和目的服务存取点，3E 为源服务存取点，3C 为目的服务存取点。该报文为主站发给从站 19（13H）的请求帧，读取查询从站 19 的诊断报文，以获取从站的信息。）

3E 3C 13 06 02 05 00 FF 06 FA　　　　　Get Diag.res

（该报文为从站 19 对主站的应答帧，其中包含 6 个字节的诊断数据：02 05 00 FF 06 FA，详细含义参见 3.4 节 DP-V0 报文详解。）

……

3E 3D 13 11 80 00 00 0B 06 FA 00 10　Set Param.reg
　　　　　　20 30 40 50 60 70 80 90
　　　　　　A0

（该报文为主站发给从站 19 的参数化报文帧，除 7 个字节（80 00 00 0B 06 FA 00）的基本参数外，还包括 10 20 30 40 50 60 70 80 90 A0，10 个用户自定义参数。）

3E 3D 13 00　　　　　　　　　　　　　　Set Param.res

（该报文为从站 19 对主站的短应答帧，告诉主站参数化成功。）

……

3E 3E 13 06 1F 2F 1F 2F 1F 2F　　　　Check Conf.reg

（该报文为主站发给从站 19 的组态报文帧，包含 6 个字节（1F 2F 1F 2F 1F 2F）的参数化数据。1F 表示从站 19 应有 16 个字节的输入，2F 表示从站 19 应有 16 个字节输出。）

3E 3E 13 00　　　　　　　　　　　　　　Check Conf.res

（该报文为从站，19 对主站的短应答帧，告诉主站组态成功。）

……

3E 3C 13 00　　　　　　　　　　　　　　Get Diag.reg

（该报文为主站发给从站 19 的请求帧，读取查询从站 19 的诊断报文。）

```
3E 3C 13 06 00 04 00 00 06 FA          Get Diag.res
```

（该报文为从站 19 对主站的应答帧，其中包含 6 个字节的诊断数据：00 04 00 00 06 FA。）

......

```
FF FF 13 30 00 00 00 00 00 00 00 00    Data exchange req.
         00 00 00 00 00 00 00 00
         00 00 00 00 00 00 00 00
         00 00 00 00 00 00 00 00
         00 00 00 00 00 00 00 00
         00 00 00 00 00 00 00 00
```

（该报文为主站发给从站 19 的请求帧，包含 48（30H）个字节的输出数据，并请求从站 19 的输入数据，其中数据交换个数通过参数设置由用户自定义。此后主站周期性的发送此报文。）

```
FF FF 13 30 FE BF 00 00 00 00 00 00    Data exchange res.
         00 00 00 00 00 00 00 00
         00 00 00 00 00 00 00 00
         00 00 00 00 00 00 00 00
         00 00 00 00 00 00 00 00
         00 00 00 00 00 00 00 00
```

（该报文为从站 19 对主站的应答帧，包含 48 个字节的输入数据。）

......

```
3E 39 13 00                            Read Outputs req.
```

（该报文为主站发给从站 19 的请求帧，读取输出数据）

```
3E 39 13 30 00 00 00 00 00 00 00 00    Read Outputs res.
         00 00 00 00 00 00 00 00
         00 00 00 00 00 00 00 00
         00 00 00 00 00 00 00 00
         00 00 00 00 00 00 00 00
         00 00 00 00 00 00 00 00
```

（该报文为从站 19 对主站的应答帧，包含 48 个字节的输出数据。）

通过这些报文可以看出从站的状态机的切换过程。

8．Profibus-DP 总线状态的获取

西门子公司的 Profibus 通信板卡用来完成对 Profibus 总线系统的诊断和分析功能，一般的数据交换采用循环通信的方式，报警、诊断和参数设定采用的是非循环通信的方式。对于 DPV0 的测试，采用 Amprolyzer（Advanced Profibus Analyzer）软件分析工具，所使用的 PC 机上的 CP5611 通信板卡和 Amprolyzer 配合完成总线系统的诊断和分析功能。AmprolyzerV3.1 能够记录和分析总线上的通信数据，最高支持 12Mb/s 的传输速率，并且提供较宽范围的触发和过滤功能，所有的传输消息都能够导入 EXCEL，有利于操作

人员进行离线分析报文信息。

在这里我们利用 Amprolyzer 软件工具对总线状态进行监测并对过程中产生的报文帧进行记录。Amprolyzer 软件工具具有如下优点。

（1）更快的总线状态的概览，无需消息帧的知识。

（2）所有的总线信息不断地在线呈现出来，总线状态总结后以交通信号灯的形式显示。

（3）在同一时间可以监视多个总线，支持多个 CP5611 卡。

（4）强大的在线过滤器和触发器。

（5）所有的记录可以输出为 Excel 文件。

（6）如果记录已经完成，只要有 Excel 工具，接收器可以不用安装 Amprolyzer。

（7）所有在线和离线的设置可以保存在 profile 文件，它们可以由专家创建。

利用 Amprolyzer 软件诊断 Profibus 的典型的过程包括以下步骤。

（1）单击"Add Bus"按钮，可以选择想要测试的 Profibus 网络所连接的 CP5611 卡。Amprolyzer 驱动程序将自动安装，如图 5-14（a）、5-14（b）所示。

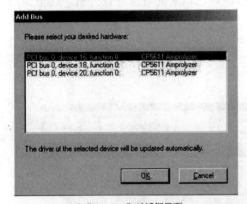
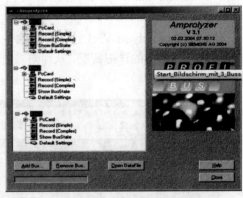

（a）"Add Bus"对话框界面　　　　　　（b）Amprolyzer 驱动程序自动安装

图 5-14　安装 CP5611 卡

（2）通过重复单击"Add Bus"按钮可以加入多个网络，接着就可以开始进行记录了。

（3）在"Online Modes"下有 3 种模式分别为"Show BusState"，"Record（Simple）"和"Record（Complex）"，在"Show BusState"模式下只能对所测网络的状态进行观察，而在"Record（Simple）"和"Record（Complex）"模式下则还可以记录它们的帧。

（4）"Show BusState"模式：在"Online Modes"菜单下双击"Show BusState"，打开界面如图 5-15 所示。在图的右半部分可以看到总线上的站点列表，图中的左半部分则提供了关于总线状态的信息，并且是以交通信号灯的形式展现出来。当有事件发生时，信号灯会亮起来提示事件发生。

（5）"Record（Simple）"模式：在"Online Modes"菜单下双击"Record（Simple）"，打开的界面如图 5-16 所示，它和"Show BusState"模式界面基本一致，但它具有帧记录功能。"Record（Simple）"模式用来在没有过滤器和触发器的情况下快速记录。而且当 CP5611 卡内缓存数据满后自动停止记录。当单击"Show"时，记录将会停止，并且记录的数据会输出到 Excel 中。

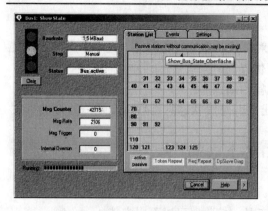
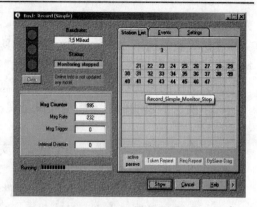

图 5-15 "Show BusState"模式   图 5-16 "Record（Simple）"模式

（6）"Record（Complex）"模式：此模式可以提供在线过滤器和触发器情况下的详细记录。当特定的触发条件满足时，记录将会自动停止。具体使用过程在这里不予讨论，有兴趣的读者可以自行学习使用。

（7）Offline mode 模式：在此模式下用户可以对已记录的数据进行分析，这里将用到 Excel 工具。

借助于 Amprolyzer V3.1 诊断分析软件，我们可以了解每个站点的参数化、组态、诊断报警和数据交换的详细情况，从而对系统进行分析。图 5-17 为使用该软件的一个报文画面。

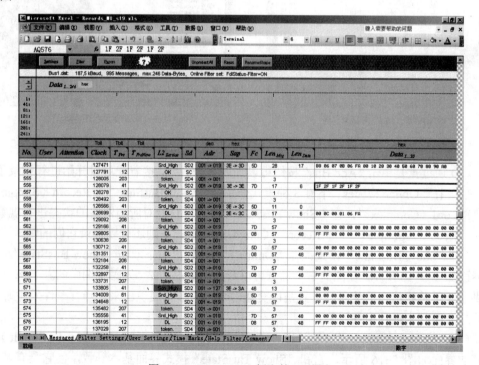

图 5-17 Amprolyzer 抓取的 DP 报文

下面我们按顺序分析该软件所得到的数据报文：其中 001 表示主站，019 表示从站。SD4：主站 001 到 019 的 3 个字节的令牌报文。DP 报文前定界码有如下几种。

（1）SD1（10h）：无数据域的长度固定的报文。

（2）SD2（68h）：长度可变数据域的报文。

（3）SD3（A2h）：长度固定数据域的报文。

（4）SD4（DCh）：令牌长度报文。

（5）SC（E5h）：短确认报文。

图 5-18 为使用该软件所得到的报文具体信息，它实时反应了从站的参数化、组态、诊断报警和数据交换的详细情况（从初始化到进入数据交换阶段）。

Tbit	Tbit	Tbit				dec	hex				hex
Clock	T_{Pre}	T_{PreNow}	L2 Service	Sd	Adr	Sap	Fc	Len_{Msg}	Len_{Data}		$Data_{1...20}$
127004	12		DL	SD2	001 <- 019	3E <- 3C	08	17	6		02 05 00 FF 06 FA
127397	206		token.	SD4	001 -> 001			3			
127471	41		Srd_High	SD2	001 -> 019	3E -> 3D	5D	28	17		B8 06 07 0B 06 FA 00 10 20 30 40 50 60 70 80 90 A0
127791	12		OK	SC				1			
128005	203		token.	SD4	001 -> 001			3			
128079	41		Srd_High	SD2	001 -> 019	3E -> 3E	7D	17	6		1F 2F 1F 2F 1F 2F
128278	12		OK	SC				1			
128492	203		token.	SD4	001 -> 001			3			
128566	41		Srd_High	SD2	001 <- 019	3E -> 3C	5D	11	0		
128699	12		DL	SD2	001 <- 019	3E <- 3C	08	17	6		00 0C 00 01 06 FA
129092	206		token.	SD4	001 -> 001			3			
129166	41		Srd_High	SD2	001 -> 019		7D	57	48		00 00 00 00 00 00 00 00 00 00 00 00 00 00 00 00
129805	12		DL	SD2	001 <- 019		08	57	48		FF FF 00 00 00 00 00 00 00 00 00 00 00 00 00 00
130638	206		token.	SD4	001 -> 001			3			
130712	41		Srd_High	SD2	001 -> 019		5D	57	48		00 00 00 00 00 00 00 00 00 00 00 00 00 00 00 00
131351	12		DL	SD2	001 <- 019		08	57	48		FF FF 00 00 00 00 00 00 00 00 00 00 00 00 00 00
132184	206		token.	SD4	001 -> 001			3			
132258	41		Srd_High	SD2	001 -> 019		7D	57	48		00 00 00 00 00 00 00 00 00 00 00 00 00 00 00 00
132697	12		DL	SD2	001 <- 019		08	57	48		FF FF 00 00 00 00 00 00 00 00 00 00 00 00 00 00
133731	207		token.	SD4	001 -> 001			3			
133805	41		Sdn_High	SD2	001 -> 127	3E -> 3A	46	13	2		02 00
134009	61		Srd_High	SD2	001 -> 019		5D	57	48		00 00 00 00 00 00 00 00 00 00 00 00 00 00 00 00
134648	12		DL	SD2	001 <- 019		08	57	48		FF FF 00 00 00 00 00 00 00 00 00 00 00 00 00 00

图 5-18　DPV0 通信过程

下面我们具体分析从站 19 的工作机制：

（1）诊断及响应报文

3C→3E 报文表示主站 1 发给从站 19 的请求帧，读取查询从站 19 的诊断报文以获得从站 19 的进一步信息。

3E→3C 报文表示从站 19 对主站 1 的应答帧。其中应答帧包括 6 个字节的诊断数据：02 05 00 FF 06 FA。

（2）参数设置请求报文

3E 到 3D 表示主站 1 发给从站 19 的参数化报文帧，SC（E5h）为从站 19 返给主站 1 的短确认报文，告诉主站 1 参数化成功。主站参数请求设置报文为 17 个字节，其中 DU 为 7 个字节 B8 06 07 0B 06 FA 00，具体内容分析如下：

B8 表示从站被锁定，支持 Sync 和 Freeze 模式，看门狗为 ON；

06 07 表示看门狗时间为 6×7×10ms，即 420ms；

0B 表示最小的从站响应时间 Tsdr 为 11 个 Tbit；

06 FA 表示该从站的 ID 号为 06FA；

00 没有特别的分组。

（3）组态请求报文

3E 到 3E 表示主站 1 发给从站 19 的组态报文帧，SC（E5h）为从站 19 返给主站 1

的短确认报文，告诉主站 1 组态成功。组态报文的作用主要是对 I/O 的类型及性质进行设定，还可指定制造商的一些特殊 I/O 设置。其中 DU 的部分如下。

1F：00011111，表示 16 个字节的输入，整个数据单位一致。

2F：00101111，表示 16 个字节的输出，整个数据单位一致。

该组态报文表明从站 19 应该有 16 个字节的输入和 16 个字节的输出。

（4）主站再次进行诊断请求及从站的响应的报文

3C 到 3E 表示主站发出诊断请求，3E 到 3C 表示从站发出诊断请求响应报文，此时是 6 个字节的 00 0C 00 01 06 FA。具体分析如下。

00：表示该站准备好进行数据交换。

0C：表示该从站被主站激活，看门狗激活。

00：表示诊断数据未溢出。

01：表示主站地址。

06 FA：表示该从站的 ID 号为 06FA。

该报文表明从站 19 已经被主站 1 成功的参数化，至此初始化工作成功，主从站可以进行数据的交换及全局控制。

（5）数据交换报文

数据交换是现场总线控制系统的主要工作阶段。SAP 为缺省值时就是数据交换的阶段。从上图可以看出输入输出都是 48 字节的数据。

（6）全局控制报文

全局控制的主要内容是输出同步/解除同步，输入锁存/解除锁存和清除数据模式的设置。该报文为 2 个字节：02 和 00。02 表示清除模式，00 表示该全局控制对所有从站有效。

通过上述分析我们利用诊断分析软件 Amprolyzer 分析的报文就可以非常直观清楚的看到从站状态机的切换过程，这为现场调试人员提供了最直接的信息。

5.4　Profibus-DP 智能从站通信接口的开发

5.4.1　Profibus-DP 从站硬件设计

1．系统硬件整体结构和存储空间分配

我们设计的 Profibus-DP 从站系统主要有协议芯片 SPC3、89S52 单片机、数据存储器 6264、RS-485 总线驱动芯片 SN75176、译码电路、输入输出接口、晶振等组成，系统各部分之间通过内部地址总线、数据总线、控制总线相连。系统的整体结构如图 5-19 所示。

本系统的程序存储器直接使用 89S52 的内部 8K Flash ROM，完全可以满足程序设计的要求，在硬件上只要保证处理器的 EA/VPP 引脚接高电平即可。在数据存储器方面，内部有 256 字节的存储空间，其中有 128 字节可由用户使用，由于本系统的数据量比较大，故需要扩展一片外部数据存储器。数据存储器的片选信号由单片机的 A15、A14、A13 经 3-8 译码器获得，如图 5-20 所示。

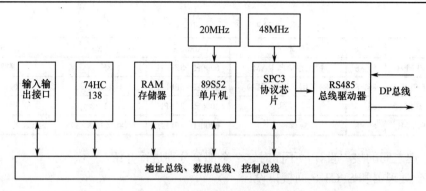

图 5-19　系统整体结构

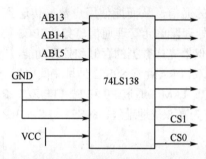

图 5-20　译码片选电路

由于 1000H 到 1FFFH 的地址需要留给 SPC3 芯片的内部 RAM，因此本系统设置外部 RAM 的地址范围范围从 E000H 到 FFFFH。SPC3 芯片内部利用高位地址 A11 到 A15 产生对内部 RAM 访问的 CS 片选信号，因此从 SPC3 芯片内部看，其起始地址总是从 0000H 开始。从外部来看，由于地址线 A12 在 SPC3 芯片输入时经过反相器，所以从微处理器来看，其实际的起始应该是从 1000H 开始。SPC3 芯片内部译码电路如图 5-21 所示，由图可知处理器在访问 SPC3 芯片时 A11、A13、A14、A15 必须为 0，A12 必须为 1。

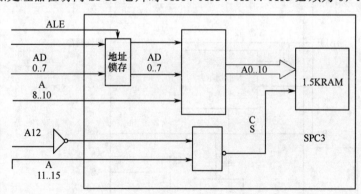

图 5-21　SPC3 内部译码电路

处理器对系统可用的存储空间进行统一编址，可用的存储空间分别为 SPC3 的内部 RAM、用户扩展接口以及数据存储 RAM，另外系统中预留了一些存储单元，系统的存储空间分配如表 5-33 所示。

2．各部分接口设计

系统的硬件设计主要包括微处理器和 SPC3 芯片之间的接口设计以及微处理器和用

表 5-33　系统存储空间分配

Address	Area	Memory	Address	Area	Memory
E000H～FFFFH	8K×8	数据存储器 RAM	6000H～7FFFH	8K×8	保留
C000H～DFFFH	8K×8	CS1（用户扩展接口）	4000H～5FFFH	8K×8	保留
A000H～BFFFH	8K×8	保留	2000H～3FFFH	8K×8	保留
8000H～9FFFH	8K×8	保留	0000H～1FFFH	8K×8（1.5K×8）	SPC3 芯片存储区

户数据处理之间的接口设计，下面对这 2 个部分分别进行介绍。

1）微处理器和 SPC3 之间接口设计

Profibus-DP 从站的主要功能是利用 SPC3 协议芯片作为数据采集和发送单元实现与 Profibus-DP 现场总线之间的通信，从而能使用户数据传送到主站并接收来自主站的数据。DP 从站用 89S52 作为处理器单元管理通信事务，SPC3 协议芯片则完成数据的转换和收发功能。扩展的数据存储器完成数据的存储和处理功能，89S52 与 SPC3 之间通过双口 RAM 交换数据，SPC3 的双口 RAM 在 89S52 地址空间中统一分配地址，89S52 将 SPC3 的双口 RAM 作为自己的外部 RAM，通过 P0 和 P2 口与双口 RAM 连接，P0 口作为数据线和低 8 位地址线，P2 口作为高 8 位地址线。89S52 与 SPC3 之间的连接如图 5-22 所示。

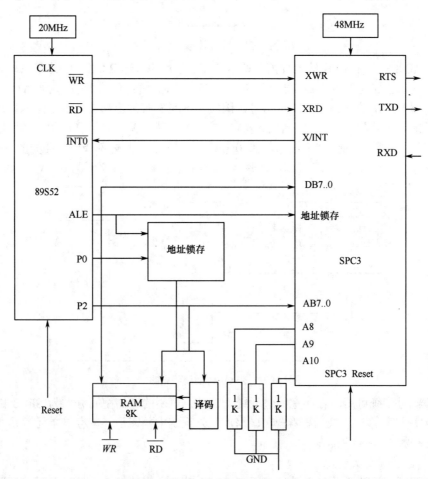

图 5-22　处理器和 SPC3 接口电路

2）微处理器和用户数据处理之间接口设计

本文设计 Profibus-DP 从站不仅在于能实现从站的自主设计开发,而且希望该从站有一个良好的用户接口。在用户接口设计中主要用到了 74LS02、74LS32、74LS373、74LS244 等器件,用户接口电路如图 5-23 所示。从主站传送来的数据经过 SPC3 协议芯片后,由微处理器送到 74LS373 锁存器锁存,用户输入的数据由微处理器送到 SPC3 协议芯片再发送给主站。用户数据输入输出接口使用 3-8 译码器的 CS1 信号并结合微处理器的读写信号作为其片选信号,地址从 C000H 到 DFFFH,当微处理器要输出数据时,利用 CS1 和 WR 产生片选信号使 74LS373 导通,从而使微处理器能将数据通过数据总线锁存到 74LS373 锁存器。当微处理器要输入数据时,利用 CS1 和 RD 产生片选信号使 74LS244 导通,从而使输入数据通过数据总线被微处理器接收。

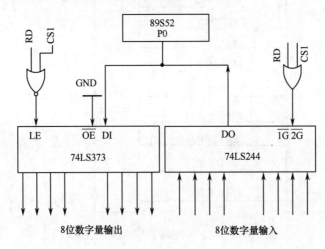

图 5-23　用户接口电路

5.4.2　Profibus-DP 从站软件设计

在 Profibus-DP 从站系统的开发中,硬件的选择无疑是很关键的,硬件器件的选择直接影响从站性能的稳定和通信速度。但是只有硬件,从站是无法完成通信任务的,还需要相应的配套软件来完成,本从站软件设计部分是关键,是系统能否完成通信任务的主要因素。

由于 Profibus-DP 状态机集成在 SPC3 中,使得 89S52 无须处理状态机的功能,因此用户程序的主要任务在于初始化和启动 SPC3、数据的发送和接收以及处理从站诊断事务、用户接口数据的处理以及中断事务的处理等。本系统采用开发包中的固件程序进行从站系统的软件设计。因为 SPC3 中的寄存器是完全格式化的,固件程序可实现 SPC3 内部寄存器与应用接口之间的连接,为用户提供了宏接口,使用固件程序可使用户节省开发的时间。

1．系统软件整体结构

89S52 的主要任务在于读入数据并通过 SPC3 协议芯片将数据发送给主站,以及根据系统要求组织外部诊断等。SPC3 协议芯片开放给用户的接口是内部寄存器和双口 RAM。DPS2 固件使得用户无须直接操作寄存器和计算分配存储空间。DPS2 各程序模块如下。

（1）USERSPC3.C 主程序，这部分主要完成 SPC3 初始化、启动、发送和接收数据和诊断等功能。

（2）INTSPC3.C 中断模块，这个模块主要处理分配从站参数、组态数据检查和从站地址设定等功能。

（3）DPS2SPC3.C 模块，主要功能是根据组态数据计算输入输出数据长度，辅助缓冲区分配、缓冲区初始化、设置 IO 数据长度、各缓冲区数据更新等功能。

（4）DPS2USER.H 模块，该模块用来定义变量和宏接口，宏接口使用户可以方便地访问 SPC3 的寄存器。

SPC3 和微处理器之间的软件接口如图 5-24 所示。

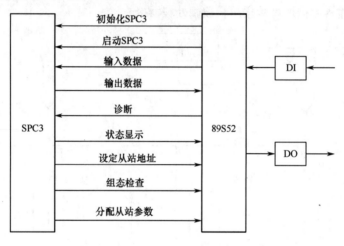

图 5-24　SPC3 和微处理器之间的软件接口

对 SPC3 状态机构的实现，大量使用了结构体数据，其中 SPC3 用于定义 SPC3 协议芯片。它的描述如下。

```
Struct SPC3
{
    INT_REQ_REG                        //中断请求寄存器
    INT_REG                            //中断寄存器
    INT_SHE                            //中断屏蔽
    STATUS_REG                         //状态寄存器
    WRITE-READ_AREA                    //读写区域
    SLAVE_DIAG                         //诊断标志
    SET_PARAM                          //参数化标志
    CHECK_CONFIG                       //组态标志
    SLAVE_ADDRESS                      //从站地址
    WATCHDOG_TIMER                     //看门狗定时器
    R_LEN_DOUT_BUF                     //输出缓存器长度
    R_LEN_DIN_BUF                      //输入缓存器长度
    BITLEN_DIAG                        //诊断位长度
```

```
            SEGADDRESS_DIAG                    //诊断段地址
            LEN_ASS_BUF                        //辅助缓存长度
            SEGADDRESS_ASS_BUF                 //辅助缓存段地址
            SLAVE_SEGADDRESS                   //从站段地址
    LEN_SEGADDRESS_CONFIG_PARAM                //组态和参数化的长度段地址
            GLOBAL_CONTROL                     //全局控制
                            }
```

在程序中可通过下列语句将结构体与实际硬件空间对应：

SPC3 xdata spc3 _at_ 0x1000;

另外，还有许多结构体用于数据通信和报文的实现，主要有：

```
DPS2_BUFINIT                    //各种报文缓存区的大小
DPS2_IO_DATA_LEN                //数据输出、输入的大小
DPS_DIAG_STATE_DEF              //诊断数据报文
DPS_PRM_STATE_DEF               //参数化报文
DPS_CFG_STATE_DEF               //组态报文
DPS_ADDRESS_DATA                //从站地址报文
```

Profibus-DP 的 SPC3 ASIC 芯片集成了 Profibus-DP 的协议，能处理 Profibus-DP 状态机构，89S51 微处理器需要对 SPC3 进行合理的配置、初始化及对各种报文的处理。在初始化 SPC3 后，启动 SPC3 开始工作，主程序进入了无限循环。

2．系统软件模块介绍

1）SPC3 初始化

在 SPC3 正常工作之前，需要进行初始化，以配置需要的寄存器，包括设置协议芯片的中断允许，写入从站识别号和地址，设置 SPC3 方式寄存器，设置诊断缓冲区、参数缓冲区、配置缓冲区、地址缓冲区、初始化长度，并根据以上初始值得出各个缓冲区的指针和辅助缓冲区的指针。根据传输的数据长度，确定输出缓冲区、输入缓冲区及指针，SPC3 协议芯片初始化流程如图 5-25 所示。初始化部分包括以下部分：

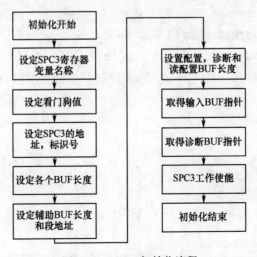

图 5-25　SPC3 初始化流程

（1）SPC3 硬件复位

第一个启动步骤是利用 89S52 微处理器的 RESET 复位 SPC3，初始化协议芯片内部 RAM。

（2）硬件模式

宏 DPS2_SET_HW_MODE(X)使得可选的 SPC3 硬件设置成为可能，包括设置 SPC3 的中断输出是低电平有效还是高电平有效、同步支持、锁定支持等，以及在 DP 模式下 SPC3 建立所有的 DP 服务访问点。

（3）设置 SPC3 中断屏蔽寄存器

宏 DPS2_SET_IND()激活 SPC3 中断触发，包括从站地址改变、组态数据检查、参数检查中断。

（4）SPC3 内部看门狗

看门狗确保在处理器 89S52 出现故障时，SPC3 能在 DPS2_SET_USER_WD_VALUE (X)设定的时间内进行数据通信，时间到后则离开数据交换通信状态，只要处理器 89S52 没有出现故障，则需要不断地用 DPS2_RESET_USER_WD 重新触发看门狗电路。

（5）设备标识码

在启动过程中，应用程序读取标识码，并将其传送到 SPC3 芯片中。

（6）缓冲区初始化

用户必须确定 DPS2_BUFINIT 结构体定义的各个用于信息交换的缓冲区的长度，这些缓冲区长度决定了 SPC3 中各个数据缓冲区的长度，这些缓冲区占用 SPC3 双口 RAM 的空间，因此不能超过 RAM 空间的总长度。用宏 SPC3_INIT()或 Dps2_buf_init()函数将 DPS2_BUFINIT 初始化的结构体指针作为参数，根据结构体中的数据在 SPC3 的 RAM 中分配各缓冲区，检查各个缓冲区的最大长度，并返回缓冲区初始化的测试信息。

SPC3 初始化的程序代码如下：

```
void user_dps_reset (void)
{
enum SPC3_INIT_RET dps2_init_result;          //初始化结果
DPS2_SET_IDENT_NUMBER_HIGH (ident_numb_high); //设置设备的 ID 号
DPS2_SET_IDENT_NUMBER_LOW (ident_numb_low);
SPC3_SET_STATION_ADDRESS (this_station);       //设置从站地址
SPC3_SET_HW_MODE ( SYNC_SUPPORTED|FREEZE_SUPPORTED|INT_POL_LOW|USER_TI
MEBASE_10m);                                   //设置 SPC3 硬件模式
if (!real_no_add_chg)
{
DPS2_SET_ADD_CHG_ENABLE();                     //设置从站地址是否可以改变
}
else
{
DPS2_SET_ADD_CHG_DISABLE();
}
```

```
                                                    //初始化缓冲区的长度
      dps2_buf.din_dout_buf_len = 244;             //输入输出的长度范围 0 字节~488
                                                    字节

      dps2_buf.diag_buf_len = sizeof(struct diag_data_blk);
                                                    //诊断长度范围为 6 字节~244 字节
      dps2_buf.prm_buf_len = 20;                   //参数缓冲区范围为 7 字节~244 字节
      dps2_buf.cfg_buf_len = 10;                   //配置缓冲区范围为 1 字节~244 字节
      dps2_buf.ssa_buf_len = 5;                    //预留缓冲区
      dps2_init_result = SPC3_INIT(&dps2_buf);     //初始化 SPC3 中的缓冲区长度
      if(dps2_init_result != SPC3_INIT_OK)
      {
      for(;;)
      {
      error_code = INIT_ERROR;
      user_error_function(error_code);
      }
      }
      //取得可用的配置缓冲区指针
      real_config_data_ptr=(UBYTE SPC3_PTR_ATTR*)
      DPS2_GET_READ_CFG_BUF_PTR();
      //设置配置数据的长度
      DPS2_SET_READ_CFG_LEN(CFG_LEN);
      //在缓冲区中写入配置数据
      (real_config_data_ptr) = CONFIG_DATA_INP;
      (real_config_data_ptr + 1) = CONFIG_DATA_OUTP;
      //将实际的配置数据写入 RAM
      cfg_akt[0] = CONFIG_DATA_INP;
      cfg_akt[1] = CONFIG_DATA_OUTP;
      cfg_len_akt = 2;
      //通过配置信息计算输入输出缓冲区指针
      user_io_data_len_ptr=dps2_calculate_inp_outp_len(real_config_data_ptr,
(UWORD)CFG_LEN);
      if (user_io_data_len_ptr != (DPS2_IO_DATA_LEN *)0)
      {
      //在初始化块中写入输入输出数据长度
      DPS2_SET_IO_DATA_LEN(user_io_data_len_ptr);
      }
      else
      {
```

```
for(;;)
{
error_code =IO_LENGTH_ERROR;
user_error_function(error_code);
}
}
user_input_buffer_ptr = DPS2_GET_DIN_BUF_PTR();    //取得输入缓冲区指针
dps_chg_diag_srvc_byte_new = dps_chg_diag_srvc_byte_old = 0;
                                                   //取得诊断缓冲区指针
user_diag_buffer_ptr = DPS2_GET_DIAG_BUF_PTR();
user_diag_flag = TRUE;
user_baud_value = SPC3_GET_BAUD();                 //获得波特率值
SPC3_SET_BAUD_CNTRL(0x1E);                          //设置内部看门狗工作模式
SPC3_START();                                      //启动 SPC3
}
```

2）从站数据接收模块

主站和 SPC3 通过默认的服务访问点交换数据，在此过程中 SPC3 需要完成的任务主要包括以下 3 点。

（1）SPC3 将输出数据写入 D 缓冲区中，且交换 D 和 N 缓冲区的数据。

（2）产生 DX_Out 中断。

（3）用户通过交换 N 缓冲区和 U 缓冲区中的数据，从 U 缓冲区中获取输出数据。其中第一步由 SPC3 自动完成，用 DPS2_POLL_IND_DX_OUT() 读取中断请求寄存器查询中断事件，为真时，表示 SPC3 接收到 Write_Read_Data 报文，并使 N 输出缓冲区中的输出数据有效。用宏 DPS2_OUTPUT_UPDATE() 更新输出缓冲区，即将 N 缓冲区中的数据送到 U 缓冲区中。输出数据中并不包括输出数据的长度，但必须和 DPS2_SET_IO_DATA() 定义的数据长度一致，当长度不一致时，从站将会返回到等待参数赋值状态，输出数据缓冲区的长度在初始化部分程序中。

数据接收部分的程序代码如下。

```
if (DPS2_POLL_IND_DX_OUT())            //判断是否有新的输出数据
{
DPS2_CON_IND_DX_OUT();                 //中断确认对 SPC3 中断响应寄存器写操作
user_output_buffer_ptr = DPS2_OUTPUT_UPDATE(); //获取实际输出数据指针
// 输出数据到 IO 口
for (i=0; i<user_io_data_len_ptr->outp_data_len; i++)
{
(*((io_byte_ptr)+i))=(*(((UBYTESPC3_PTR_ATTR*)user_output_buffer_ptr)+i));
}
od=(*((io_byte_ptr) + 1));
xporta=od;
}
```

3）从站数据发送模块

在输入数据传送前，用户主程序首先要用宏 DPS2_GET_DIN_BUF_PTR()取得输入缓冲区的指针，用宏 SPS2_INPUT_UPDATE()用户可以重复地将输入数据从用户端传送到 SPC3 协议芯片，并取得可用的输入缓冲区指针，用户接收新的输入数据。输入数据中并不包括输入数据的长度，但输入数据必须和 DPS2_SET_IO_DATA_LEN()定义的长度一致。处理输入数据，并将输入数据从外设写入 SPC3 缓冲区的程序代码如下。

```
od=xporta;                  //取得外部数据
(*((io_byte_ptr)+ 1))=od;
for (i=0; i<user_io_data_len_ptr->inp_data_len; i++)
{
*(((UBYTE SPC3_PTR_ATTR*) user_input_buffer_ptr) + i) =
*((io_byte_ptr) + i);    //将输入数据写到 SPC3 缓冲区
}
user_input_buffer_ptr = DPS2_INPUT_UPDATE();//取得下次输入数据的缓冲区指针
```

4）诊断数据的发送

主站和 SPC3 通过服务访问点 SAP60 处理诊断数据，SPC3 需要完成的任务主要包括以下 5 点。

（1）2 个缓冲区可用，分别是 SPC3 诊断数据发送缓冲区和用户诊断缓冲区。

（2）用户将外部诊断数据保存在 Diag_buffer 中。

（3）有 NEW_DIAG_CMD 启动诊断数据的发送。

（4）用"Diag_buffer_changed"确认诊断数据已传送。

（5）设置 Diag_Flag，下一个读写周期将有高优先权响应新的诊断请求。

诊断用户在外部诊断数据输入之前，需要用宏 DPS2_GET_DIAG_BUF_PTR()取得可用的用户诊断数据缓冲区指针，可将用户诊断信息和状态信息写入到此缓冲区中从第 7 个字节开始的存储空间中，前 6 个字节为总线标准指定的诊断头。用 DPS2_SET_DIAG_LEN()宏指定诊断数据的长度，诊断缓冲区长度范围为 6 字节~244 字节，此诊断数据包括 6 个字节固定诊断数据和从第 7 个字节开始的外部用户诊断数据。设定诊断数据长度宏必须在接收可用的诊断缓冲区指针之后，才能被调用。

用宏 DPS2_DIAG_UPDATE()，可以将新的外部诊断数据传给 SPC3 中的用户诊断缓冲区，并返回一个新的诊断数据缓冲区指针。SPC3 接收到 New_Diag_Cmd 诊断发送请求后，SPC3 将用户诊断缓冲区中的数据发送到诊断发送缓冲区，并使用户诊断缓冲区设为可用状态。由于 SPC3 的发送诊断缓冲区在数据发送完成后，不会自动变成有效状态，用 DPS2_POLL_IND_DIAG_BUFFER_CHANGED()查询到诊断缓冲区中的数据发送完成后，用户需要置诊断缓冲区可用标志位。如果没有外部诊断数据传送，或在诊断数据传出前被删除，SPC3 用 6 个字节的从站诊断数据响应来自 Profibus-DP 主站的诊断请求，这 6 个字节的诊断数据包括 3 个字节的从站状态数据，发送诊断请求的主站地址，从站设备标识号。本系统中没有用到外部诊断数据，即直接以固定诊断数据响应主站诊断请求。6 字节的系统固定诊断数据由 DPS2 自动写入诊断缓冲区，用户无须对诊断缓冲区进行操作，只需查询诊断缓冲区的数据是否已经发送，并取得新的可用的诊断缓冲区指针，因此诊断处理程序比较简单，诊断处理程序代码如下。

```
if (DPS2_POLL_IND_DIAG_BUFFER_CHANGED())           //查询诊断数据是否已发送完成
{
DPS2_CON_IND_DIAG_BUFFER_CHANGED();                //确认
user_diag_buffer_ptr = DPS2_GET_DIAG_BUF_PTR();    //取得可用的诊断缓冲区指针
user_diag_flag = TRUE;                             //设置缓冲区可用标志位
}
```

3．中断程序模块

在 PFOFIBUS-DP 中主要有以下的中断事件：新的参数报文事件、全局控制命令报文事件、进入或退出数据交换状态事件、新的配置报文事件、新的地址设置报文事件、检测到波特率事件、看门狗事件。本文采用中断方式处理从站地址设定，检查组态和参数报文是否正确。采用外部中断 INTO 输入，其入口地址为 0003H。C51 编译器支持在 C 源程序中直接开发中断程序，减轻了用汇编语言开发中断程序的繁琐过程。使用扩展属性的函数语法定义 voiddps2_ind（void）interrupt(0)调用外部中断 INTO，当外部中断 0 被触发时，将会执行此中断模块中的函数，在函数中有 DPS2_GET_INDICATION()宏可以读出响应的事件信息，并进行各个中断事件的处理。中断程序如图 5-26 所示。

本系统中断处理过程需要处理参数校核中断事件，组态检查中断事件和从站地址设定中断事件。

1）参数校核中断事件

用户需要在应用程序中校核接收到的参数赋值数据，当有新的参数数据产生时，将会产生 NEW_PRM_DATA 中断，执行校核参数中断处理程序。用宏 DPS2_GET_PRM_LEN()和 DPS2_GET_PRM_BUF_PTR()可获得接收数据的长度和指针。在校核参数程序中，检测到参数报文正确时，就用宏 DPS2_SET_PRM_DATA_OK()将信息写入到 SPC3 中。当从站接收到组态设置和参数设置时，根据规定，必须首先核实参数设置数据，以确认是与此从站通信，然后核实组态数据，顺序不能颠倒。SPC3 评估参数校核报文前 7 个字节。参数报文第 8 字节开始，如果读出的为 0XAA，表示系统出错，如果正确，可以将第 8 字节以后的信息用做诊断信息发送给主站，以确认从站处于激活状态。校核参数中断处理程序流程如图 5-27 所示。

2）组态数据检查中断事件

Profibus-DP 主站通过 DP 服务访问点 SAP62 访问从站，从站在此服务下实现对主站组态数据的检查，协议芯片 SPC3 主要完成以下几项操作。

（1）SPC3 将接收到的组态数据放入一个辅助缓冲区 AUX_Buffer 中。

（2）将 AUX_Buffer 中的数据送到组态缓冲区。

（3）在 r_len_cfg_data 中存储已接收的组态数据的长度。

（4）产生中断请求 New_Cfg_Data。

（5）用户在软件中检查"User_Config_Data"并用 User_Cfg_Data_Okay_Cmd 或 User_Cfg_Data_Not_Okay_Cmd 对组态进行确认。

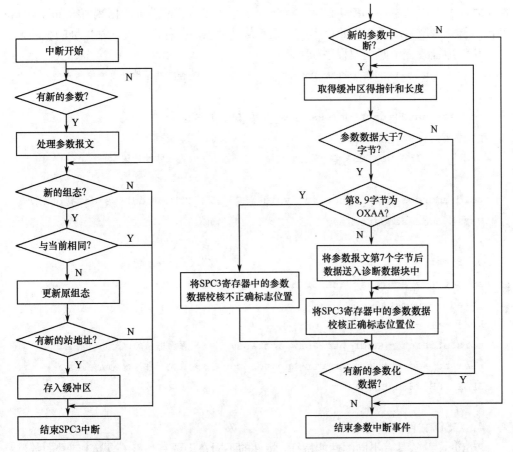

图 5-26　中断流程图　　　　　　　　图 5-27　校核参数中断处理程序流程图

　　以上几步由 SPC3 自动完成，用户只需处理产生的 NEW_CFG_DATA 中断以检查来自主站的组态数据是否可用，并将检查结果返回给 SPC3。如果组态数据正确，SPC3 进入数据交换状态。用宏 DPS2_GET_CFG_LEN()和 DPS2_GET_CFG_BUF_PTR()获得当前组态数据的长度（本系统为两字节）和指针，组态缓冲区初始化为 10 个字节。组态缓冲区中的数据首先与在初始化程序中第一个写入到读组态数据缓冲区并保存在用户 RAM 数组中的组态数据比较，如果相同则结束本次组态数据检查中断事件，如果不同则更新为本次组态数据值。

　　本系统设计为 2 字节输入和 2 字节输出或者为 4 字节输入和 4 字节输出，其组态数据分别为 0X11、0X21、0X13、0X23。

　　3）从站地址改变中断事件

　　一个二类主站可以在报文头中用 SAP55 改变一个从站的站地址。其报文的 DU 数据单元中有 4 个字节，字节 1 为从站新地址，字节 2 和字节 3 为从站识别号，字节 4 为是否允许进一步修改从站地址（00 为允许，01 为不允许）。从站地址改变报文放在从站地址改变缓冲区中，可由地址数据指针访问，NEW_SSA_DATA 指示改变从站地址请求，DPS2_GET_SSA_BUF_PTR()和 DPS2_GET_SSA_LEN()用于取得地址缓冲区的指针和长度。当从站地址改变允许时，则 real_no_add_chg 为 false，且二类主站发送改变从站地址报文时，触发中断事件 NEW_SSA_DATA，中断程序将新的地址数据赋值给 this_station 变量，从站再次启动后在初始化程序中设置从站地址，并释放设置从站地址的缓冲区。

从站地址改变中断处理程序如下。

```
if(DPS2_GET_IND_NEW_SSA_DATA())            //是否有从站地址改变中断事件
{
address_data_function(DPS2_GET_SSA_BUF_PTR(),
DPS2_GET_SSA_LEN());
DPS2_CON_IND_NEW_SSA_DATA();               //确认从站地址改变
}
void address_data_function (void SPC3_PTR_ATTR*(address_data_ptr),
UBYTE address_data_len)
{
char ch;                                   //改变从站地址
struct dps_address_data SPC3_PTR_ATTR * addr_ptr;
ch=address_data_len;
addr_ptr = address_data_ptr;
this_station = addr_ptr->new_address;    //保存新的从站地址
real_no_add_chg = addr_ptr->no_add_chg;//是否允许再次改变从站地址
DPS2_FREE_SSA_BUF();                       //释放缓冲区
}
```

4. GSD 文件的编写

Profibus 设备具有不同的性能特征，特性的不同在于现有功能（即 I/O 信号的数量和诊断信息）的不同或可能的总线参数，例如波特率和时间的监控不同。这些参数对每种设备类型和每家生产厂来说均各有差别，为达到 Profibus 简单的即插即用配置，这些特性均在电子数据单中具体说明，有时称为设备数据库文件或 GSD 文件。GSD 文件是一种准确定义的格式描述，生产厂商对每种设备都有一个 GSD 文件。有了 GSD 文件后，将来用配置软件（如 COM Profibus）组网时只要把设备的 GSD 文件拷贝到相应的目录下，就可以方便地把此设备加到现场总线网络中。

GSD 文件由 3 个部分组成：

（1）总体说明，包括厂商和设备名称、软硬件版本号、支持的波特率、可能的监控时间间隔等；

（2）DP 主设备相关规格，包括所有只适用于 DP 主设备的参数，例如可连接的从设备的最多台数或加载和卸载能力等；

（3）从设备的相关规格，包括与从设备有关的所有规定，例如 I/O 通道的数量和类型、诊断测试的规格及 I/O 数据的一致性信息等。

下面是本设备的 GSD 文件及说明。

```
; # Profibus_DP
; Unit-Definition-List:                //初始说明部分
Vendor_Name = "NUAA"                    //生产厂家
```

```
Model_Name = "Smart Slave"                    //模块名
Revision = "Rev.1"                            //修订版本
Ident_Number = 0x0008                         //产品识别号
Protocol_Ident = 0                            //协议类型（DP）
Station_Type = 0                              //站类型（DP从站）
FMS_supp = 1                                  //对 FMS 的支持
Hardware_Release = "V1.0"                     //硬件版本
Software_Release = "V2.0"                     //软件版本
/ 产品所支持的波特率/
9.6_supp = 1
19.2_supp = 1
93.75_supp = 1
187.5_supp = 1
500_supp = 1
1.5M_supp = 1
3M_supp = 1
6M_supp = 1
12M_supp = 1
/ 各种波特率下要求的最大从站响应时间/
MaxTsdr_9.6 = 60
MaxTsdr_19.2 = 60
MaxTsdr_93.75 = 60
MaxTsdr_187.5 = 60
MaxTsdr_500 = 100
MaxTsdr_1.5M = 150
MaxTsdr_3M = 250
MaxTsdr_6M = 450
MaxTsdr_12M = 800
Redundancy = 0                                //支持冗余
Repeater_Ctrl_Sig = 2                         //连接器的电平为 TTL 电平
;--Slave-Specification-----                   //从站说明部分
Freeze_Mode_supp = 1                          //不支持锁定输入功能
Sync_Mode_supp = 1                            //不支持同步输出到一组从站
Auto_Baud_supp = 1                            //自动波特率检测
Set_Slave_Add_supp = 0                        //不支持设置从站地址
Min_Slave_Intervall = 20                      //在两个从站之间的最小循环时间间隔
Modular_Station = 1                           //模块化从站
Max_Module = 32                               //模块的最大数量
Max_Input_Len = 32                            //最大输入数据长度
```

```
Max_Output_Len = 32                      //最大输出数据长度
Max_Data_Len = 64                        //最大数据长度
/模块定义/
Module = " Module 1: 1Byte In, 1Byte Out" 0x10, 0x20
1
EndModule
Module = " Module 2: 1Byte In, 1Byte Out" 0x11, 0x21
2
EndModule
```

第6章 PA总线仪表接口开发

6.1 Profibus-PA 概述

6.1.1 PA 概述

我们知道工业控制领域的控制对象千差万别，每种现场总线都有它最适用的控制场合，这也就是今天许多现场总线并存的一个重要原因。Profibus-DP 在世界范围的现场总线应用中占有重要的地位，它主要应用于制造业领域（开关量为主）。过程控制是工业自动控制中的最主要的分支之一，在石油化工行业里，过程控制占主导地位。为了适应市场需要，PI 在公布 DP 的标准后不久，又推出了 PA 标准。Profibus-PA 在 2000 年底和 PROFINET 一起被补充到了 IEC61158 中。

Profibus-PA 专为过程控制应用而设计，通俗地理解就是它取代了过程控制中传统的 4mA～20mA 标准信号。它是 Profibus-DP 的延伸和扩展，所以 PA 的通信协议也称为 DP-V1，它和 DP-V0 可以同时存在于一个系统中。过程控制的主要特点是以模拟量控制为主，各种控制参数、报警参数较多，系统对安全性要求较高。在 PA 中，从它的通信模型、通信协议和行规里都体现出了适合于过程控制要求的特点。各种变送器、阀和执行器等都可以做成符合 PA 要求的从站，连接到 PA 网络中。在 Profibus-PA 中，采用现场设备工具/设备类型管理器（FDT/DTM）技术后，可以使高水平的工厂资源管理和优化得以实现。另外，在 Profibus-PA 中使用了总线供电方式，引入了现场总线本质安全概念（FISCO），使其可以方便地应用于存在爆炸危险的场合。Profibus-PA 安全符合要求最严格的化工工业过程控制的需要，同时也在污水处理、石化、电力等所有过程控制的行业得到了广泛的应用。自从 PA 出现后，它的设备安装总数每年都在以翻倍甚至更快的速度增长。

6.1.2 PA 的技术特点

Profibus-PA 之所以在过程控制中得到了广泛应用，是由它独特的技术来保证的。它主要有以下特点。

（1）PA 使用 DP-V1 通信协议进行通信。DP-V1 是 DP-V0 的扩展，它不仅有循环数据通信，而且还有非循环数据通信。循环数据通信完成一般的数据测量值和设备实时状态等数据的交换，保证了控制的快速性。非循环数据交换主要用于过程数据的上下限范围设定值、报警范围设定值，以及制造商的一些特殊数据的通信。

（2）PA 在从站设备的行规中定义了应具有的特性，从而保证了不同设备制造商产品的互操作性和互换性。从站设备的行规对设备的公共参数和基本功能，以及参数的测量值、附加特征、工程单位都做了详细规定，而且还对设备的工程维护、诊断功能、设别功能等复杂的应用功能做了详细的规定，从而保证了不同制造商产品之间的可互换性。

（3）PA 使用 IEC61158-2 中规定的同步传送技术，通过总线供电模式，PA 可以在有爆炸危险的场合使用。曼彻斯特总线供电（MBP）技术允许数字信号和设备电源通过同一电缆传送，符合在危险场合设备使用的规定，所以可以在 Zone0～Zone2 区域使用。

（4）PA 使用 FISCO 模式，使得本质安全网络得以延伸。FISCO 是一种新的本质安全应用的更有效的方法，它的根本特点就是充分利用了为危险场合所允许的最大负载电流的规定，从而扩大了本质安全设备的使用数量和范围。

（5）在 PA 的从站设备中，引入了电子设备描述语言（EDDL）、FDT/DTM 的概念，提高了设备的管理水平，同时也打下了优化资产管理的基础。

6.1.3 过程控制使用 PA 的优点

过程控制使用 Profibus-PA 可以带来一系列的好处，这主要体现在以下方面。

（1）减少了各种费用 项目设计、建设费用降低，大大节省了安装和电缆费用，维修费用降低，本质安全部分的费用降低。

（2）投资可以得到保护 统一的标准，认证的设备，不依赖于任何制造商的产品。

（3）高品质的服务 完善的在线诊断手段，大量可供选择的产品，具有互换性的设备。

（4）优化资产管理 高品质的工厂，减少库存，新旧产品的兼容性。

6.2 Profibus-PA 的通信协议

PA 的协议结构由 4 层组成，即物理层、数据链路层、应用层和它本身的行规。物理层采用 IEC61158-2 技术。数据链路层采用 DPV0 协议的扩展 DPV1 协议。

6.2.1 DP-V1 通信协议

DP-V1 通信协议主要有如下特点。

1）总线存取

主站之间采用令牌传递方式，主站和从站之间采用轮询方式。

2）通信

（1）单一传送和广播服务。

（2）一般数据交换采用循环通信方式。

（3）报警、诊断和参数设定采用非循环通信方式。

3）实现功能

（1）主站和从站之间实时数据进行循环交换。

（2）动态激活和解除从站。

（3）分析从站组态。

（4）通过总线实现从站的地址设定。

（5）每个从站的输入和输出数据可多达 244 字节。

4）系统安全保证

（1）所有信息的海明距离（HD）为 4。

（2）从站的响应监测可识别主站的异常。

（3）从站的 I/O 存取保护可阻止非授权主站进入。

（4）看门狗定时器的设置。

6.2.2　DP-V1 的组成

DP-V1 是 DP-V0 的扩展版本。PI 对 Profibus 所有的扩展最根本的要求就是必须保证新版本向下的兼容性，所以当具有更强的扩展功能的 Profibus 设备工作在基本的 DP 系统中时，不会发生任何问题。为了能使用 DP 的扩展功能，要求 DP 主站和相应的从站必须支持 DP-V1 功能。

DP-V1 包括循环数据（I/O 数据）交换和专为过程控制而设计的非循环数据（变量和参数）交换，非循环数据主要指过程参数的上下限和报警范围，以及制造商的一些特殊数据。非循环数据的交换对实时性的要求不是很高，所以其中某个数据的交换不一定在同一个总线循环周期内完成。典型的 DP-V1 的总线循环周期如图 6-1 所示。在非循环数据交换中，一类主站和从站之间的通信属于 MS1 通信，二类主站和从站之间的通信属于 MS2 通信。所以 DP-V1 的通信由循环通信 MS0 和非循环通信 MS1、MS2 组成。

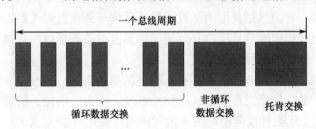

图 6-1　典型的 DP-V1 的总线循环周期

6.3　Profibus-PA 行规

6.3.1　PA 设备行规结构

PA 行规包括对设备的操作、调试、维修、诊断等设备参数集合同时对用户和设备厂商定义了控制机制，使得现场控制器设备与一类、二类主站之间实现可视化的应用控制功能。它适用于现场车间和工厂的环境，使现场的 I/O 点和终端设备同上位机主控室实现区域连接，从而使这些区域协同工作，方便主站对从站的监测和控制。在有限的空间和电源供给的情况下，可通过总线供电方式和通信低速率的方法达到本质安全的要求。

行规的优势在于对应用过程提供了一个标准化的规范，定义了一系列的操作、传输、维护和诊断的设备参数，通过修改一些参数的定义可实现用户同设备厂商的互通性。行规满足 Profibus 现场总线的标准，对一些特殊领域也有自己的定义，有自己完善的设备功能说明。只有既遵循 Profibus 协议规范同时又遵循 Profibus-PA 相关行规的设备，才称为 Profibus-PA 设备。其设备行规结构如图 6-2 所示。

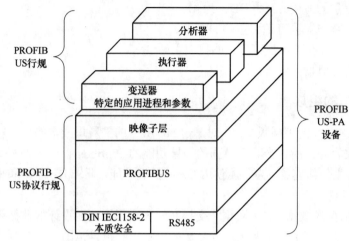

图 6-2　Profibus-PA 设备行规结构

　　行规提供了一个标准化的典型设备功能。这为在一个系统中不同厂商设备生产反应（行为）标准提供了可能。特殊应用过程、参数和通信功能的确定，使设备和相应的控制、维护和诊断设备之间的相互作用更简易。PA 设备的行规定义了不同类别的过程控制设备的所有功能和参数，它们包括典型的从过程传感器信号到在过程控制系统中与测量值一起被读出的预处理过程值的信号流，甚至智能传感器中的测量值的质量状态、智能执行器和阀中的预维护信息都在行规中定义。

　　行规包含两类，A 类和 B 类。A 类行规描述简单设备的一般参数。范围限制在操作阶段的基本功能。参数包括过程变量（例如：温度、压力、液位）的被测量值，附加特征名称和工程单位。B 类行规范围适用于过程控制设备是 A 类定义的一个扩展并且覆盖识别、委派、维护和诊断等更复杂的应用功能。

　　PA 设备行规包括通用要求和设备数据单两个文本。通用要求部分包括所有设备类型的现行有效的技术规范；设备数据单包括一些特殊设备类别的已认可的技术规范。

　　在 PA 行规中定义了所有通用的过程控制装置行规。主要的设备数据单如下。

（1）压力和差压。

（2）液位、温度和流量。

（3）模拟量和数字量的输入和输出。

（4）阀门和执行机构。

（5）分析仪器。

（6）控制器。

1. 设备模型

　　Profibus-PA 系统中，功能块应用可通过两种设备来完成。典型的一种是紧凑型设备，应用于过程控制领域，例如变送器、执行机构。简单设备是一类特殊的紧凑型设备，它只带有一个传感器。另外一种，是模块化设备，如二进制 I/O，通常用来执行开/关阀门。紧凑型设备是只有 1 个物理块的模块化设备（如图 6-3 所示），本文采用第一种紧凑型设备模型设计。

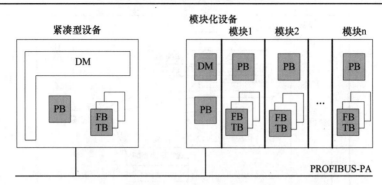

图 6-3　设备模型

在行规中，每一个设备均由物理块（PB）和设备管理器（DM）的功能和参数进行描述。一个设备包括物理块（PB）、功能块（FB）和传送块（TB）。PB、TB 和 FB 等块中的参数摆放次序和语义等都在行规中进行了规定。块中的参数用来实现各种各样的装置功能，它们有些是必需的，有些是可选的。它们用属性来定义，这些属性包括数据类型、变量类型（输入、输出或中间变量）、通信类型（循环或非循环）等。

通过这些类型的组合来表达一个自动化应用，也正是这些块的使用保证了设备的互换性。

（1）物理块（Physical Block，PB）：包含设备（硬件）的特征数据，例如设备名称、制造厂商、软硬件版本号、设备序列号，以及制造商的一些特殊诊断信息等。物理块所包含的信息都是独立于测量和执行过程的，这样就保证了功能块、传送块和设备的硬件无关。每个设备中只能有一个物理块。物理块的主要作用有：复位设备到出厂时的设定值、记录应用过程、安装信息等。

（2）传送块（Transducer Block，TB）：由传感器传送过来的信号经过处理后传递到功能块中，或由功能块过来的数据结果还原后送到执行器去，控制执行器的动作。传送块提供了一个把传感器、执行器和功能块隔离的独立接口，传送块中的数据反映的是正在采集到的现场数据或是即将输出给执行器的控制数据。传送块中包含处理所需要的全部数据，如果系统中不需要这些处理，那么可以不要 TB。

（3）功能块（Function Block，FB）：对传感测量设备来说，在传送到控制系统之前对测量值进行最终处理所需要的所有数据都包含在 FB 中。对执行器来说，在控制系统对其进行控制之前，对其进行控制所需要的所有数据也包含在 FB 中。它的主要功能是对这些数据进行一些智能化的处理。

（4）设备管理器（Device Manager，DM）：PA 设备中还包含一个设备管理器，它用来描述设备的结构和组织。另外，它还包含着数据字典或数据一览表。设备中块和块中的数据存放位置、每个块中有多少项目等都是由设备管理器来告诉我们的。

每个设备可以通过物理块、设备管理功能和设备管理参数来描述（如图 6-4 所示）。设备中的模块包含有一个物理块以及一些功能块、转换块。设备管理提供了物理块、转换块、功能块和链接对象在设备模块中的位置信息。因此，通过设备管理可以很容易查询所需的块、对象或参数。

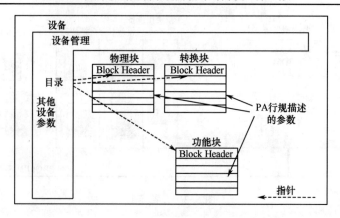

图 6-4 设备管理与块、块参数的关系图

2．PA 行规中的信号链

PA 设备中信息处理的各种步骤和处理过程可以用一个信号链来表示，图 6-5 所示是传感器信号链示意图。

信号链可以划分为如下两个子过程。

（1）测量（对传感器）/执行（对执行器）。该过程主要完成的功能是对参数进行校准、线性化、定标换算等，它包含在传送块中。

（2）预处理测量值（对传感器）/后处理设置值（对执行器）。该过程主要完成的功能是对参数进行筛选、限定值控制、保障安全行为、运行模式选择等，它包含在功能块中。

PA 行规中对信号链中的每一步功能和参数都进行了详细的规定。作为例子，下面就其中主要的几个环节讲解如下。

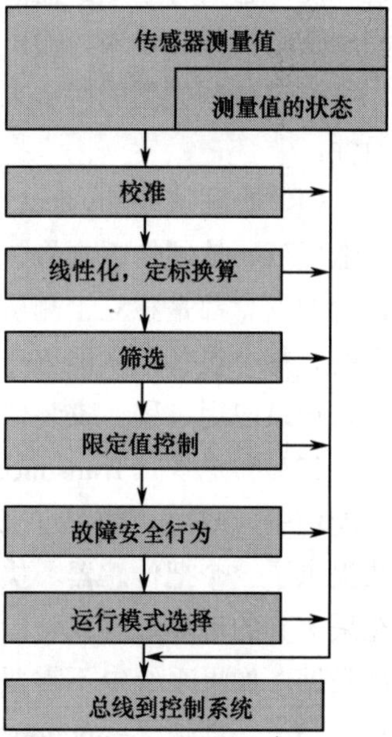

1）校准功能

在该环节中，要使得输出值适合测量范围，在确定好高校准点（CAL-POINT-HI）和低校准点（CAL-POINT-LO）后，就可以确定转换后测量值输出的标准范围了。标准上限（LEVEL-HI）对应高校准点，标准下限（LEVEL-LO）对应低校准点。

图 6-5 PA 行规中的信号链

2）限值检查控制

在该环节中，设置了测量参数的上限警告值、下限警告值、上限报警值和下限报警值，有了该环节，就可以检查出实时测量值是否超出限值范围。PA 压力变送器行规标准化的设备参数。

3）值状态

值的状态信息被附加到测量值上，这些信息说明了测量值的质量好坏。在指定给每个质量等级的子状态上提供如下附加信息。

（1）不好（bad）。

（2）不确定（uncertain）。

（3）好（good）。

4）故障安全特性

PA 还可以提供故障安全特性。如果在测量链中出现了错误。则将设备的输出设置为用户可以定义的值。

6.3.2　PA 设备中的数据及其通用功能块映射

由行规参数可创建 3 种块：功能块、物理块和传送块。功能块（FB）实现自动化系统中设备执行的功能，且应独立于特定的 I/O 设备和网络，例如模拟输入（AI）和模拟输出（AO）功能块。一个设备可以包含多个功能块。物理块（PB）描述设备必要的参数、功能和设备硬件自身的特征。一个紧凑型设备只包含一个功能块。传送块包含有连接过程中必要的设备参数和功能。例如过程的温度或压力、传感器类型、参考点类型和使用的线性方法。每一个功能块一次连接一个传送块。在调试和维护的工程中，连接可以固定也可以调整。以紧凑型设备为例，它的块映射如图 6-6 所示。

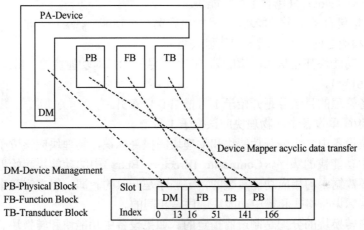

图 6-6　块模型映射

PA 中的数据分循环数据和非循环数据。循环数据包括实时测量值和测量值的质量状态。非循环数据包括测量范围、滤波时间、报警/警告上下限值、制造商特殊参数等。除制造商特殊参数不在行规中指定外，其余参数都在行规中有明确的定义。图 6-7 所示为 PA 设备（压力变送器）中的数据。

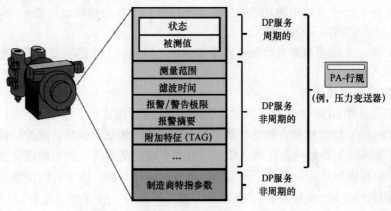

图 6-7　PA 设备（压力变送器）中的数据

循环数据的交换使用 MS0 通信，非循环数据的交换使用 MS1（DPM1 和从站之间）或 MS2（DPM2 和从站之间）通信。非循环数据的地址安排采用槽号（slot）和索引（index）相结合的方法编排。槽号表示模块，索引表示属于此模块的数据块。每个数据块最多 244 字节。

对于紧凑型设备来说，可以把它们作为一个虚拟模块装置来对待，它们也使用槽号和索引号来编址。使用槽号和索引号编址非常复杂，但不必担心，使用 PA 设备的参数时，用户不用和这些槽号和索引号打交道。对 PA 设备进行组态时，使用组态软件即可，而对 PA 设备进行在线分析时，使用工具软件就行了。

1. 通用功能块映射

功能块（FB）可视为类同于 Profibus-DP 设备中的多个可插模块硬件的功能模块，用来组态循环数据传送。DP 中，模块通过槽（slot）来寻址。为能把 Profibus-PA 功能块映像到相同的 Profibus-DP 模块，PA 行规定义了以下规则：

（1）1 个槽（slot）只包含 1 个功能块。

（2）1 号槽包含第 1 个功能块，2 号槽包含第 2 个功能块，……，即在模块（在 GSD 中）、功能块和槽之间，有一对一的映射关系。

（3）所有功能块都是从相应槽的第 16 索引号开始（即功能块的 Block_Object 总是位于第 16 索引号）。

（4）设备管理的目录总是开始于 1 号槽第 0 号索引。

（5）紧凑/简单设备中，物理块应该位于 1 号槽。

（6）模块设备中，为分开功能块和物理块间报警标识，物理块应该位于 0 号槽。

（7）槽中功能快的顺序，Composite_Directory_Entry 中的功能块起始地址的引用的顺序以及循环数据中的相应功能参数的特定顺序是一致的。即，组态字符串中标识符字节顺序或扩展标识符格式和槽中功能块顺序是相同的。

（8）槽中转换块的分配是制造商指定的。如果设备中功能块和转换块有一定的固定关系，建议将功能块和转换块分配在相同的槽中。然而，一个转换块可能与多个功能块相连，即一个功能可能与另外槽中的转换块相连。

（9）在有多个物理块中的设备中，槽中物理块的分配是制造商指定的。如果设备中物理块和转换块（比如，可插硬件模块）有固定联系，推荐把物理块和转换块分配在同一槽中。

（10）设备中一个未使用的功能块应在组态字符串中以空槽标识符表示。组态字符串结束处可以放置空槽的一个序列。

（11）如果一个功能块参数分配在多个槽中时，只能有 1 个槽有效，其余槽通过空槽标识符表示。

2. 各块参数选择设计

参数在设备中如何存储是按照块的规律由制造商指定的，并通过一个目录对象（Directory Object）体现出来。然而，通常在生命周期（调试、操作、维护、诊断）内的不同阶段需要不同参数结构。在调试和维护过程中通常需要传送块和物理块参数，而在操作过程中功能块参数是必需的，诊断则需要所有块的参数。块参数的计算公式为：参数地址=块的起始地址+偏移索引。参数地址的槽号和索引号应该是不大于 254 的正整数，最后一位为 I&M 块。

每个参数都有规定的属性内容如下。

（1）对象类型：S　单一变量（Simple variable）

　　　　　　　　R　记录　　　（Record）

　　　　　　　　A　数组　　　（Array of simple variables）

（2）数据类型：Name　　　简单的数量或数组

　　　　　　　　DS_n　　　数据结构体 n（行规中规定了众多的参数结构体类型）

（3）存储类型：N（Non-volatile）　在整个生命周期内必须被记住且不可变的数值

　　　　　　　　S（Static）　　　静态存储类型，通常情况不允许改变，如果改变将使静态修正计数器 ST_REV 加 1

　　　　　　　　D（Dynamic）　　动态存储类型，这一数值由块的运算得出或者从其他块中取得

　　　　　　　　Cst（Constant）　常量，这一参数绝不允许修改

（4）数据长度（Size）：　　　参数的所占字节数

（5）访问类型：r　　　　　说明此参数可读

　　　　　　　　w　　　　　说明此参数可写

（6）参数的用途：C　　（Contained）　被包含

　　　　　　　　I　　（Input）　　输入

　　　　　　　　O　　（Output）　　输出

（7）传输类型：a　　（acyclic）　非循环数据

　　　　　　　　cyc　（cyclic）　循环数据

（8）强制/可选：M　表明该参数非循环访问强制。循环访问分别地配置

　　　　　　　　O　表明该参数可选。

　　　　　　　　S　表明该参数是一个选择

以上属性在后面参数设计中均会用到。

3．块的标准参数

块至少应提供 7 个标准参数，其中功能块至少 8 个标准参数。A 类块必须提供标准参数以及设备类型指定的功能块参数。B 类设备必须提供标准参数、A 类参数以及制造商指定的功能块参数（如果存在的话）。设备指定的参数和制造商指定的参数是可选的（见表 6-1）。

表 6-1　标准块参数

偏移索引	参数名	对象类型	数据类型	存储类型	数据长度	访问类型	参数类型	强制/可选
0	BLOCK_OBJECT	R	DS_32	C	20	r	C/a	m
1	ST_REV	S	Unsigned16	N	2	r	C/a	m
2	TAG_DESC	S	Octetstring	S	32	r、w	C/a	m
3	STRATEGY	S	Unsigned16	S	2	r、w	C/a	m
4	ALERT_KEY	S	Unsigned8	S	1	r、w	C/a	m
5	TARGET_MODE	S	Unsigned8	S	1	r、w	C/a	m
6	MODE_BLK	R	DS_37	D	3	r	C/a	m
7	ALARMR	R	DS_42	D	8	r	C/a	m

1）BLOCK_OBJECT

块对象适用于所有块并放在第一个参数的前面。它包含了模块的特点，例如模块类型和行规号。

2）ST_REV

块有静态存储参数，在控制过程中不能改变这些参数值。它们的值是在组态或优化过程给定的。一个静态存储参数的每一次改变都会使 ST_REV 参数的值增加 1。这样 ST_REV 就提供了对参数修改的检查。

3）TAG_DESC

每个块都有一个 TAG_DESC，而且它在 Profibus 系统中应该是明确的、唯一的，通常用来描述块的功能。

4）STRATEGY

这个参数能用来编组块。可由用户设定它的值，以确定这个块在整个系统中的位置。

5）ALERT_KEY

这个参数包含了工厂单位的标识号。它可用来帮助鉴别一个报警时间或块事件的具体位置（如事件来自于哪个车间）。

6）TARGET_MODE

这个参数占一个字节，包含了块期望的运行模式，通常是由控制应用或操作员设置的。

7）MODE_BLK

这个参数包含块的实际模式、许可模式、正常模式。实际模式是块当前所处的模式状态，需要经过块的计算得来；许可模式是由组态设定的，任何模式改变请求需要通过设备检查以保证请求的模式是许可的模式；正常模式，在正常操作下，块应设置的模式，这个参数可以通过一个接口设备来组态和读取，但是不能被块的算法使用。

8）ALARM_SUM

参数报警概要总结了 16 个块报警的状态。对于每一个报警，保留着当前状态、不确认状态、无报告状态和禁止状态。这个报警只是针对于本块，这些报警信息能使用户很方便的进行设备的调试与查找错误所在地。

4. 设备管理块（DM）

设备管理依据目录对象（Directory Object）提供了设备的内容表，也就是 Profibus-PA 行规定义的设备细节实现。

在 PA 设备中，一个参数将被表示成一个逻辑地址空间的单一实体。一组参数称作复合对象，比如分配了多个单一实体的功能块。一个复合对象被目录里的复合目录实体（Composite_Directory_Entry）引用。相同类型的复合目录实体（Composite_Directory_Entry）在目录中是连续存放的，这就产生复合目录实体的简洁列表。这些复合目录实体的列表的引用是目录的另一组成部分，叫做符合目录实体（Composite_List_Directory_Entry）。复合目录实体列表包含了对物理块、功能块、传送块、链接对象符合目录实体列表的引用，如果它们存在的话。

目录由目录的头部、复合列表目录实体（Composite_List_Directory_Entry）和符合目录实体（Composite_Directory_Entry）3 个部分逻辑组成。头部包含目录和对象的具体结构。复合列表目录（Composite_List_Directory）区别不同的块类型（FB、PB、TB）并提供每一种块在设备里的数量。符合目录实体（Composite_Directory_Entry）提指向块第一个元素的指针和块中元素的数量。目录的复合目录实体部分紧随着复合列表目录实体部分存储。

1）Directory_Object_Header

目录对象头部包含有目标的一些基本信息，提供了对块参数寻址的入口，它占据 1 号槽的第 0 号索引，结构见表 6-2。Dir_ID 保留，一般置 0；Rev_Number 为目录修订的编号；Num_Dir_Obj 统计目录对象的个数，目录头部对象除外；Num_Dir_Entry 应等于 Composite_List_Directory_Entry 的个数加上 Composite_Directory_Entry 个数；后 2 个参数分别表示第一个 Composite_List_Dir_Entry 的目录实体编号、Composite_List_Dir_Entry 数目，其中目录实体由一个引用和计数器逻辑组成，占用 4 个字节。

表 6-2　Directory_Object_Header 组成

Dir_ID	Rev-Number	Num_Dir_Obj	Num_Dir_Entry	First_Comp_List_Dir_Entry	Num_Comp_List_Dir_Entry
Unsigned16	Unsigned16	Unsigned16	Unsigned16	Unsigned16	Unsigned16

2）Composite_List_Directory_Entry

设备管理共有 4 种 Composite_List_Directory_Entry：FB、TB、PB 和 LO，占用 1 号槽中 1 号索引，其中 LO 是可选的，其他 3 种则是协议强制要求定义的，见表 6-3。每一种 Composite_List_Dir_Entry 指向某一类 Composite_Dir_Entry。

表 6-3　Composite_List_Directory_Entry

Begin_PB	Begin_TB	Begin_FB	Begin_LO
Num_PB	Num_TB	Num_FB	Num_LO
Index/Offset	Index/Offset	Index/Offset	Index/Offset
high byte/Unsigned16	high byte/Unsigned16	high byte/Unsigned16	high byte/Unsigned16
low byte	low byte	Low byte	low byte
Diretory_Entry number 1	Diretory_Entry number 2	Diretory_Entry number 3	Diretory_Entry number 4

3）Composite_Directory_Entry

Composite_Directory_Entry 可直接跟在 Composite_List_Directory_Entry 的后面，这时 Composite_Directory_Entry 也位于 1 号槽的 1 号索引，这样它们共同组成了一个目录对象，如果上面的目录对象映射成相应的通信对象时，目录对象的字节数大于指定的通信对象的最大字节数，则应该新建一个索引来存放 Composite_Directory_Entry，即用 1 号槽的 2 号索引来存放这些 Composite_Directory_Entry。Composite_Directory_Entry 通常用来寻址某个块、块参数或寻址链接对象、链接对象参数，详细说明见表 6-4。其中 PB_ID、TB_ID、FB_ID、LO_ID 是逻辑编号，通常是不超过 255 的自然数。

表 6-4　Composite_Directory_Entry

Pointer	PB		Pointer	xx		Pointer	...	
Number			Number			Number		
Slot	Index	parameters	Slot	Index	parameters	Slot	Index	parameters
high	Low		high	Low		high	Low	
Unsigned16			Unsigned16			Unsigned16		
byte	byte		byte	byte		byte	byte	
PB_ID			TR_ID			FB_ID		

6.3.3 设备管理目录举例

表 6-5 给出具有 1 个功能块、1 个传送块和 1 个物理块的设备管理目录详细描述。

表 6-5 设备管理目录详细描述

Directory_Object_Header：1 号槽 0 号索引					
Dir_ID	Rev-Number	Num_Dir_Obj	Num_Dir_Entry	First_Comp_List_Dir_Entry	Num_Comp_List_Dir_Entry
0	1	1	6	1	3

Composite_List_Directory_Entry：1 号槽 1 号索引		
Begin_PB Num_PB Index/Offset	Begin_TB Num_TB Index/Offset	Begin_FB Num_FB Index/Offset
1/4 　　　1	1/5 　　　1	1/6 　　　1
Diretory_Entry number 1	Diretory_Entry number 2	Diretory_Entry number 3

Composite_ Directory_Entry：1 号槽 1 号索引		
Pointer　PB　Number of PB Offset　0　parameters Slot　　Index	Pointer　TB　Number of TB Offset　1　parameters Slot　　Index	Pointer　FB　Number of FB Offset　2　parameters Slot　　Index
1　141　25	1　51　90	1　16　35
PB_ID	TR_ID=1	FB_ID
Diretory_Entry number 4	Diretory_Entry number 5	Diretory_Entry number 6

1．功能块（FB）

紧凑型设备功能块参数从 1 号槽的 16 索引开始，设置了测量参数的上限警告值、下限警告值、上限报警值和下限报警值等。功能块参数设计表 6-6 所列。

表 6-6 功能块参数属性

16 进制	10 进制	偏移索引	参数名	对象类型	数据类型	存储类型	数据长度	访问类型	参数用途	强制/可选（A/B 类）
Index：0~7 标准块参数（见表 6-1）										
Index：8~9 额外的物理块模拟输入功能块参数（未定义）										
1A	26	10	OUT	A	DS_33	D	5	r,w	C/a	m (A,B)
1B	27	11	PV_SCALE	R	Float（*）	S	8	r,w	C/a	m (A,B)
1C	28	12	OUT_SCALE	S	DS_36	S	11	r,w	C/a	m (B)
1D	29	13	LIN_TYPE	S	Unsigned8	S	1	r,w	C/a	m (B)
1E	30	14	CHANNEL	S	Unsigned16	S	2	r,w	C/a	m (B)
20	32	16	PV_TYPE	S	Float	S	4	r,w	C/a	m (A,B)
21	33	17	FSAFE_TYPE	S	Unsigned8	S	1	r,w	C/a	o (B)
22	34	18	FSAFE_VALUE	S	Float	S	4	r,w	C/a	o (B)
23	35	19	ALARM_HYS	S	Float	S	4	r,w	C/a	m (A,B)
25	37	21	HI_HI_LIM	S	Float	S	4	r,w	C/a	m (A,B)
27	39	23	HI_LIM	S	Float	S	4	r,w	C/a	m (A,B)
29	41	25	LO_LIM	S	Float	S	4	r,w	C/a	m (A,B)
2B	43	27	LO_LO_LIM	S	Float	S	4	r,w	C/a	m (A,B)
2E	46	30	HI_HI_ALM	R	DS_39	D	16	r	C/a	o (A,B)

（续）

16 进制	10 进制	偏移索引	参数名	对象类型	数据类型	存储类型	数据长度	访问类型	参数用途	强制/可选（A/B 类）
	Index：0～7 标准块参数（见表 6-1）
	Index：8～9 额外的物理块模拟输入功能块参数（未定义）
2F	47	31	HI_ALM	R	DS_39	D	16	r	C/a	o（A,B）
30	48	32	LO_ALM	R	DS_39	D	16	r	C/a	o（A,B）
31	49	33	LO_LO_ALM	R	DS_39	D	16	r	C/a	o（A,B）
32	50	34	SIMULATE	R	DS_50	S	6	r,w	C/a	m（B）
33	51	35	OUT_UNIT_TEXT	S	OctetString	S	16	r,w	C/a	o（A,B）
		36-44	Reserved by PNO							m（A,B）
3D	61	45	First manufacture specific parameter							o（A,B）

2. 物理块（PB）

物理块参数从 1 号槽的 141 索引开始，不能大于 1 号槽的 254 索引。该块包含了软硬件版本号、设备 ID、诊断信息和设备信息等一系列参数（见表 6-7）。

表 6-7　物理块参数属性

16 进制	10 进制	偏移索引	参数名	对象类型	数据类型	存储类型	数据长度	访问类型	参数用途	强制/可选（类）
	Index：0～7 标准块参数（见表 6-1）
95	149	8	SOFTWARE_REVISION	S	VisibleString	Cst	16	r	C/a	m
96	150	9	HARDWARE_REVISION	S	VisibleString	Cst	16	r	C/a	m
97	151	10	DEVICE_MAN_ID	S	Unsigned16	Cst	2	r	C/a	m
98	152	11	DEVICE_ID	S	VisibleString	Cst	16	r	C/a	m
99	153	12	DEVICE_SER_Num	S	VisibleString	Cst	16	r	C/a	m
9A	154	13	DIAGNOSIS	S	Octetstring byte4, MSB=1 more diag available	D	4	r	C/a	m
9B	155	14	DIAGNOSIS_EXTENSION	S	Octetstring	D	6	r	C/a	o
9C	156	15	DIAGNOSIS_MASK	S	Octetstring	Cst	4	r	C/a	m
9D	157	16	DIAGNOSIS_MASK_EXTENSION	S	Octetstring	Cst	6	r	C/a	o
9E	158	17	DEVICE_CERTIFICATION	S	VisibleString	Cst	32	r	C/a	o
9F	159	18	WRITE_LOCKING	S	Unsigned16	N	2	r,w	C/a	o
A0	160	19	FACTORY_RESET	S	Unsigned16	S	2	r,w	C/a	o
A1	161	20	DESCRIPTOR	S	Octetstring	S	32	r,w	C/a	o
A2	162	21	DEVICE_MESSAGE	S	Octetstring	S	32	r,w	C/a	o
A3	163	22	DEVICE_INSTAL_DATE	S	Octetstring	S	16	r,w	C/a	o
A4	164	23	LOCAL_OP_ENA	S	Unsigned8	N	1	r,w	C/a	o
A5	165	24	IDENT_NUMBER_SELECTR	S	Unsigned8	S	1	r,w	C/a	m（B）
A6	166	25	HW_WRITE_PROTECTTICN	S	Unsigned8	D	1	r	C/a	o
A7-AC	167-172	26 to 32	Reserved by PNO							

3. 识别和维护块（I&M）

IM 块位于每个槽的第 255 个索引，I&M0 必须选择，I&M1-I&M4 可选，见表 6-8。

表 6-8　槽参数辨识与维护表

IM ID	名称	长度字节	访问	存储	值范围	子值	默认值	适用类型
65000	I&M0	64	只读	静态	—	—	—	强制
65001	I&M1	64	读/写	静态	—	—	—	可选
65002	I&M2	64	读/写	静态	—	—	—	可选
65003	I&M3	64	读/写	静态	—	—	—	可选
65004	I&M4	64	读/写	静态	—	—	—	可选

6.4　DP-V1 报文详解

DP-V1 是基于 DP-V0 的，它对循环数据的处理和 DP-V0 是一样的，专门处理非循环数据通信。下面重点讲解 DP-V1 报文中和 DP-V0 不同的地方，而对相同的地方就不再介绍了。

对 DU 单元进行详细分析，讲解 DU 的具体结构和含义时有如下说明。

（1）不做特别说明，则该位为 1 时有效。

（2）不做特别说明，则例子中字节的数据均为十六进制。

6.4.1　参数设置报文

DP-V1 参数设置报文的 DU 比 DP-V0 多了 3 字节，其他的都一样。具体结构含义见表 6-9。

表 6-9　DP-V1 参数设置报文

SD	LE	LEr	SDr	DA	SA	FC	DSAP	SSAP	DU	FCS	ED
68h	×	×	68h	×	×	×	3Dh	3Eh	×	×	16h

其中 DU 的具体结构见表 6-10。

表 6-10　DU 的具体结构

前 7 个字节为必选字节（同 DP-V0）		DP-V1 的 3 个状态字节	相关装置和模块的参数（可选）
1 ◀——————▶ 7		8 ◀——————▶ 10	11 ◀——————▶ 244
最少必须有 10 个字节，最多可有 244 个字节			

前 7 个字节同 DP-V0。第 11 个字节以后的参数暂时未用。

第 8 字节如图 6-8 所示。

位 2：时基选择位，该位的设置可以使用时基最小为 1ms，而对 DP-V0 来说，时基总是 10ms。

位 7：该位是最重要的标志位，当它设置为 1 后，就可建立起 MS1 通信通道。如果在一类设备的数据描述文件中没有定义非周期性数据通信信道，从站会拒绝这样的参数设置。

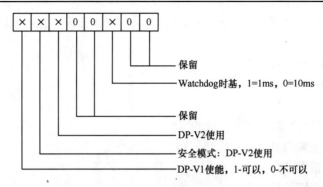

图 6-8　DP-V1 参数设置报文的第 8 字节

第 9 字节如图 6-9 所示。

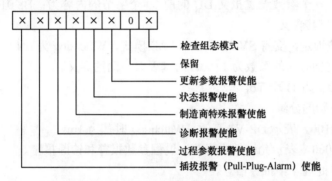

图 6-9　DP-V1 参数设置报文的第 9 字节

位 0：一般来说，当组态错误发生时，系统就不能进入数据交换阶段了。该位设置为 1 时，允许接受一定范围的组态错误，比如模块丢失的错误等，允许系统进入数据交换阶段；该位设置为 0 时，则不允许任何组态错误的发生，或不接受和实际组态不同的组态信息。

其他报警位：位 2～位 7，这些位设置为 1 时有效。

位 2 为更新参数报警使能：指当模块参数发生变化时，给出报警信息。

位 3 为状态报警使能：指当模块状态发生变化时，给出报警信息。

位 4 为制造商特殊报警使能：指当制造商可以定义一些特殊的报警信息供用户使用。

位 5 为诊断报警使能：指当模块出现故障时，给出报警信息。

位 6 为过程参数报警使能：指当过程变量超限时，给出报警信息。

位 7 为插拔报警使能：指插入或移走一个模块时，给出报警信息。

第 10 字节如图 6-10 所示。

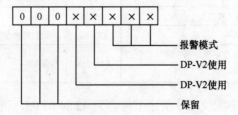

图 6-10　DP-V1 参数设置报文的第 10 字节

位0～位2：该3位用来定义在一个从站总线共有多少报警信息可以同时被主站处理。具体参数如下。

000 为 1 个报警信息。

001 为 2 个报警信息。

010 为 4 个报警信息。

011 为 8 个报警信息。

100 为 12 个报警信息。

101 为 16 个报警信息。

110 为 24 个报警信息。

111 为 32 个报警信息。

[例 6-1]　一个参数设置报文 DU 的前 10 个字节的内容为：B8 01 32 0B 12 34 00 C4 E0 02，请解释其含义。

B8：从站被锁定，支持 SYNC 和 FREEZE 模式，Watchdog 为 0N。

01 32：看门狗时间的系数为 1×50。时基要看下面的定义。

12 34：TSDR 为 11 个 Tb。

00：没有特别的分组。

C4：1100 0100，表示 DP-V1 有效，Watchdog 时基为 1ms。

E0：1110 0000，表示允许插拔报警、过程参数报警和诊断报警。

02：可同时处理 4 个报警信息。

6.4.2　组态报文

在 DP-V1 中，因为涉及到过程控制中模拟量的处理，所以制造商特殊数据字节用来进一步说明该模块输入、输出的性质，该字节中不同的数值代表的 I/O 性质不同。具体说明见表 6-11。

表 6-11　模块输入、输出的性质

字节数值	I/O 性质	字节数值	I/O 性质
1	二进制数（位）	10	8 个一组的字符串（n 个字节，无 ASCII 码）
2	8 位符号整数（字节）	11	数据（7 个字节，范围 1ms～99 年）
3	16 位符号整数（字）	12	天（4 个字节，ms 形式，从午夜开始）
4	32 位符号整数（双字）	13	时差（4 个字节，ms 形式）
5	8 位无符号整数（字节）	14	天（6 个字节，若为 ms 形式，则从午夜开始；若为天的形式，则从 1984 年 1 月 1 日开始）
6	16 位无符号整数（字）	15	时差（6 个字节，ms 形式或天的形式）
7	32 位无符号整数（双字）	16～31	保留
8	IEEE 浮点数（双字）	32～63	用户特殊指定数据
9	可见的字符串（n 个字节，每个字节 1 个 ASII 码）	64～255	保留

[例 6-2]　一个组态报文 DU 的字节内容为 42 84 08 05，请解释其含义。

42：即 01000010，特殊 I/O 模块组态，有输入，有 2 个特殊数据。

84：即 10000100，5 个字节的输入，整个数据块一致。

08：即 00001000，4 个字节的浮点数输入。

05：即 00000101，1 个字节的无符号整数输入。

6.4.3　诊断报文

DP-V1 和 DP-V0 的主站诊断请求报文是相同的。在 DP-V0 从站诊断响应报文中已经定义了基本诊断信息字节（必选）和扩展诊断信息字节（可选），其中的扩展诊断信息包括 3 部分内容。

（1）装置相关的诊断信息。

（2）模块相关的诊断信息。

（3）通道相关的诊断信息。

在 DP-V1 中，使用报警和状态信息块代替了 DP-V0 中的装置诊断信息，所以在 DP-V1 中就没有装置信息块了。此外，DP-V1 诊断响应报文的部分和 DP-V0 相同。DP-V1 的 DU 结构见表 6-12。

表 6-12　DP-V1 的 DU 结构

前 6 个字节为基本诊断信息（必选）	报警或状态信息块 （463 个字节）（可选）	标志（模块）诊断 信息模块（可选）	通道诊断信息模块 （每个通道 3 个字节）（可选）
1 ◄─────────► 6 基本诊断信息部分	7 ◄──────────────────────────────► 244 扩展诊断信息部分		
DU 量少 6 个字节，最多可有 244 个字节			

DP-V1 的报警/状态信息块有 2 部分内容：报警信息主要反映参数设置报文的第 9 字节中规定的各种报警情况，当有故障出现时进行报警；状态信息主要反映系统状态、模块状态和制造商规定的一些特殊状态的质量情况。这 2 种诊断信息并不是同时存在于同一报文的。

1．报警诊断信息

像 DP-V0 中对故障信息的处理一样，在 DP-V1 中，当故障发生后，从站受用高优先级的功能码（FC）通知主站（对它进行参数设置的那个主站），接着主站和从站进行诊断报文信息的通信。故障信息存储在该主站，直到被确认和故障消失。

第 7 字节（紧接着前 6 个 DU 必选字节）如图 6-11 所示。

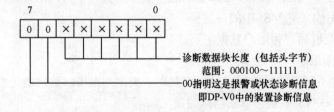

图 6-11　DP-V1 报警诊断信息的第 7 字节

诊断数据块长度最小值为 4，是指除了头字节外，还有接下来的必须的 3 个字节。

第 8 字节：它的位 7 用来区分是报警诊断信息还是状态诊断信息的（如图 6-12 所示）。

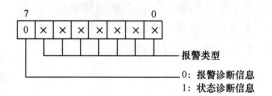

图 6-12　DP-V1 报警诊断信息的第 8 字节

当位 7 为 0 时，指明的是报警诊断信息，这时位 0～位 6 用来指定报警信息类型如下。

0：保留。

1：诊断报警。

2：过程报警。

3：拔出模块报警。

4：插入模块报警。

5：状态报警。

6：更新参数报警。

7～31：保留。

32～126：制造商特殊报警信息。

127：保留。

第 9 字节：用来指明发生故障的从站设备的槽号，范围为 0～255。

第 10 字节：用来指定报警的详细特点（如图 6-13 所示）。

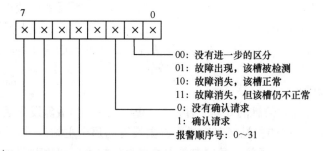

图 6-13　DP-V1 报警诊断信息的第 10 字节

如果位 2 为 1，则表示从站通知主站这个报警需要一个另外的报警确认服务，该服务通过 MSI 来完成（见 MSI 中的讲解）。

第 11 字节及以后：为用户数据字节。

2．状态诊断信息

当从站出现不严重的异常时间时，需要向一类主站报告，这时就需要使用状态诊断信息的报文了。DPV1 中状态诊断信息的报文如下。

第 7 字节（紧接着前 6 个 DU 必选字节）如图 6-14 所示。

诊断数据块长度最小值为 4，是指除了头字节外，还有接下来的必须的 3 字节。

第 8 字节：它的位 7 用来区分是报警诊断信息还是状态诊断信息。

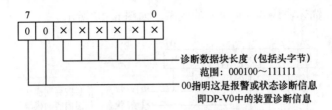

图 6-14　DP-V1 状态诊断信息的第 7 字节

当位 7 为 1 时，指明的是状态诊断信息，这时位 0～位 6 用来指定状态信息类型如下

0：保留。

1：在状态详细特点信息字节后是状态信息。

2：在状态详细特点信息字节后是模块状态信息。

3～31：保留。

32～126：在状态详细特点信息字节后是制造商特殊数据。

127：保留。

第 9 字节：用来指明发生故障的从站设备的槽号，范围为 0～255。

第 10 字节：用来指定状态的详细特点，如图 6-15 所示。

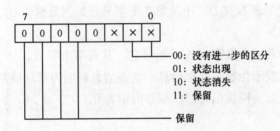

图 6-15　DP-V1 状态诊断信息的第 10 字节

第 11 字节及以后：为用户数据字节。

特殊情况：

如果第 8 字节中的状态类型指定的是 2，则接下来的第 9 字节总为 0，即从站槽号为 0。

第 11 字节后就不是用户数据字节了，而是模块状态信息，其具体结构和含义如下。

第 11 字节：描述模块 1～模块 4 的状态，如图 6-16 所示。

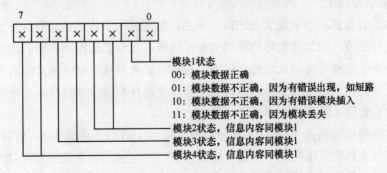

图 6-16　DP-V1 状态诊断信息的第 11 字节

第 12 字节：描述模块 5～模块 8 的状态，如图 6-17 所示。

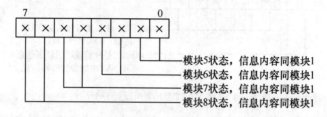

图 6-17　DP-V1 状态诊断信息的第 12 字节

以后的字节可以仿照上述排列继续下去，直到把所有模块的状态信息写完。

［例 6-3］　一个诊断报文 DU 中从第 7 个字节开始的数据为 04 02 01 01，试解释其含义。

04：00000100，表示为报警/状态诊断信息，共有 4 字节。

02：00000010，表示为报警信息，类型为过程报警。

01：故障装置的槽号为 1。

01：故障出现。

［例 6-4］　一个诊断报文 DU 中从第 7 个字节开始的数据为 07 82 00 01 00 30 00，试解释其含义。

07：00000111，表示为报警/状态诊断信息，共有 7 个字节。

82：10000010，表示为状态诊断信息，状态信息后面为模块信息。

00：状态信息后面为模块信息时，槽号固定为 0。

01：状态显示。

00 30 00：模块 7 有问题，问题类型为模块丢失，其他模块均为"OK"。

6.4.4　非循环通信 MS1 报文

循环数据的交换和 DP-V0 的相同。一类主站和相应从站之间非循环数据的交换就是 MS1 通信。MS1 通信中定义了新的服务访问点（SAP），主站的 SAP 都是 33h，从站的 SAP 中的一个是 33h，用于数据读写，另一个是 32h，用于报警确认。

1. 数据读取报文

1）数据读取报文

当主站的数据读取请求报文发出后，主站同时开启一个内部定时器，开始对报文的执行过程进行监控，因为非循环数据的交换可能要在几个总线循环周期后才完成，所以每个总线周期主站都要对该从站进行轮询，看是否能收到从站对该报文的响应报文。如果主站发现时间超限，则马上终止对该从站进行非循环和循环数据交换，该从站需要重新进行参数设置后才能正常工作。

因为目标服务访问点（DSAP）和源服务访问点（SSAP）都是 33h，所以 MS1 的数据读取请求报文和响应报文基本上是一样的，唯一的区别就是请求报文的 DU 没有用户数据字节部分。具体报文格式见表 6-13。

表 6-13　MS1 的数据读取请求报文

SD	LE	LEr	SDr	DA	SA	FC	DSAP	SSAP	DU	FCS	ED
68h	××	××	68h	××	××	××	33h	33h	××	××	16h

DU 单元的具体结构和含义如图 6-18 所示。

第 1 字节如图 6-18（a）所示。

非循环数据交换功能码和第 7 字节的 FC 的英文表示相同，但意思不一样，前者表示整个数据交换第 2 层（数据链路层的 DDL）的通信协议功能，后者表示非循环数据通信的交换功能。

位 7：该位为 1 时，表示响应报文错误。

第 2 字节：该字节指定数据所在地址的槽号（如图 6-18（b）所示）。

第 3 字节：该字节指定数据存放的索引号。槽号和索引号一起决定数据存放的位置（如图 6-18（c）所示）。

第 4 字节：该字节指定所读取的数据的长度（如图 6-18（d）所示）。

第 5 字节：第一个用户数据（如图 6-18（e）所示）。

第 5 字节及以后为用户数据，请求部分没有用户数据，响应报文才有该部分。

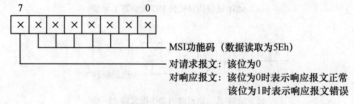

（a）DU 单元的第 1 字节结构

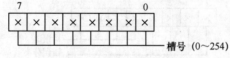

（b）DU 单元的第 2 字节结构

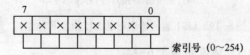

（c）DU 单元的第 3 字节结构

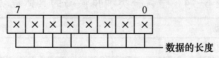

（d）DU 单元的第 4 字节结构

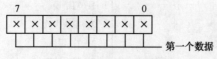

（e）DU 单元的第 5 字节结构

图 6-18　DU 单元的具体结构

2）MS1 通信错误时的报文

在进行 MS1 通信时，有可能发生错误，这时在响应报文中反映出来。此时 DU 报文结构和含义如图 6-19 所示。

第 1 字节如图 6-19（a）所示。

第 2 字节如图 6-19（b）所示。

该字节所代表的意义如下。

0～127：保留。

128：DP-V1 方面的错误。

129～253：保留。

254：有关 Profibus FMS 方面的错误。

255：有关 HART 方面的错误。

第 3 字节：该位错误码为 1 时，该字节的结构和含义如图 6-19（c）所示。

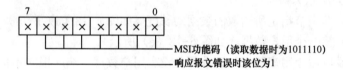

（a）MS1 通信错误时的 DU 报文第 1 字节

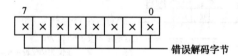

（b）MS1 通信错误时的 DU 报文第 2 字节

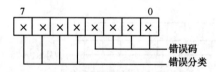

（c）MS1 通信错误时的 DU 报文第 3 字节

图 6-19　MS1 通信错误时的 DU 报文具体结构

错误分类和错误码的具体说明见表 6-14。

表 6-14　错误分类和错误码的具体说明

错 误 分 类	错 误 码
0～9：保留	
10：应用类	0：读错误
	1：写错误
	2：模块失败
	3～7：保留
	8：版本冲突
	9：不支持该特性
	10～15：用户指定

（续）

错 误 分 类	错 误 码
11：存取类	0：非法的数据层号
	1：写数据的长度错误
	2：非法的数据槽号
	3：类型冲突
	4：非法的数据区
	5：状态冲突
	6：存取拒绝
	7：非法范围
	8：非法参数
	9：非法类型
	10～15：用户指定
12：源类	0：读强制冲突
	1：写强制冲突
	2：源忙
	3：源不可获得
	4～7：保留
	8～15：用户指定
13～15：用户指定类	

第 4 字节：该字节错误码为 2。

3）MS1 的读取数据的工作过程

MS1 的读取数据的工作过程如图 6-20 所示。

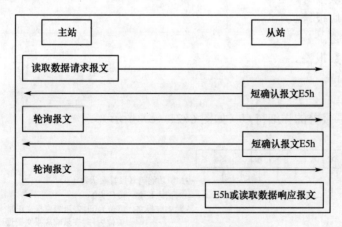

图 6-20　MS1 的读取数据的工作过程

　　非循环数据交换不一定是在一个周期内完成的，所以主站发出数据读取请求后，从站返回一个短确认报文。下一个周期，主站对该从站就刚才的读取数据请求报文进行轮询，看从站是否能给出响应报文，从站如果还没有响应报文，则继续返回短确认报文。下一个周期，主站继续进行轮询，直到从站返回响应报文，数据交换结束。

　　轮询报文的结构非常简单，它没有 DU。读取数据报文的轮询报文结构见表 6-15。

表 6-15　读取数据报文的轮询报文结构

SD	LE	LEr	SDr	DA	SA	FC	DSAP	SSAP	DU	FCS	ED
68h	××	××	68h	××	××	××	33h	33h	××	××	16h

MS1 写数据报文与读数据报文操作基本上是相同的。

2. 报警确认报文

为实现过程控制中的特殊要求，报警确认报文作为诊断报文的附属功能，通过 MS1 来处理报警确认。

1）报警确认报文中，从站的 SAP 为 32h，主站的 SAP 为 33h，请求报文和响应报文的区别在于把 DSAP 和 SSAP 的值交换一下即可。请求报文的结构见表 6-16。

表 6-16　请求报文的结构

SD	LE	LEr	SDr	DA	SA	FC	DSAP	SSAP	DU	FCS	ED
68h	××	××	68h	××	××	××	32h	33h	××	××	16h

DU 单元的具体结构和含义如图 6-21 所示。

第 1 字节如图 6-21（a）所示。

第 2 字节：发生故障的槽号。

第 3 字节：报警类型（如图 6-21（b）所示）。

报警类型代码如下。

0：保留。

1：诊断报警。

2：过程报警。

3：拔出模块报警。

4：插入模块报警。

5：状态报警。

6：更新参数报警。

7~31：保留。

127：保留。

第 4 字节：报警的详细特点（如图 6-21（c）所示）。

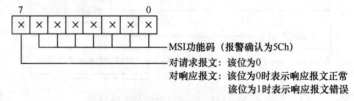

（a）报警确认报文中 DU 第 1 字节

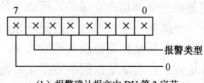

（b）报警确认报文中 DU 第 3 字节

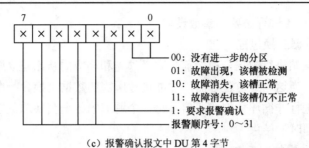

图 6-21　报警确认报文中 DU 具体结构

2）报警响应、确认的工作过程

如果从站有报警发生，则会响应一个高优先级的响应报文，这时主站会发出诊断请求，从站也会立即回复一个诊断响应报文。对于有报警确认要求的 DPV1 设备，主站还会进行报警确认请求。过程如图 6-22 所示。

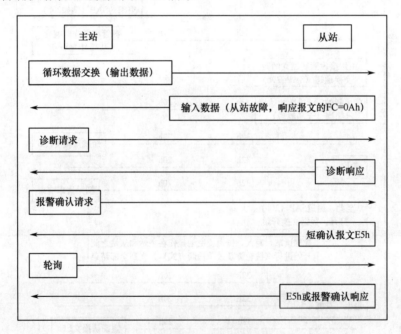

图 6-22　报警响应、确认的工作过程

报警轮询报文的机构和 MS1 读写数据的基本一样，只是 DSAP 的值为 32h。结构见表 6-17。

表 6-17　报警轮询报文的结构

SD	LE	LEr	SDr	DA	SA	FC	DSAP	SSAP	DU	FCS	ED
68h	××	××	68h	××	××	××	32h	33h	××	××	16h

6.4.5　非循环通信 MS2 报文

2 类主站和相应的从站之间的数据交换就是 MS2，MS2 通信为工业工程控制的实际应用提供了方便，比如可以使用 MS2 通过 HMI 进行系统的实时监控操作，另外还可以利用 MS2 直接对设备进行必要的参数设置。

1．MS2 的数据交换过程

二类主站和从站进行数据交换之前，它必须先和相应的从站建立联系，即找到一个数据交换的通道。当这个通道建好后，才能进行所需的数据交换。一个二类主站可以和数个从站并行的进行非循环数据的通信，每一个通道的数据交换总是以通道请求开始，以关闭通道（或超时）结束。

MS2 的通信过程如图 6-23 所示。

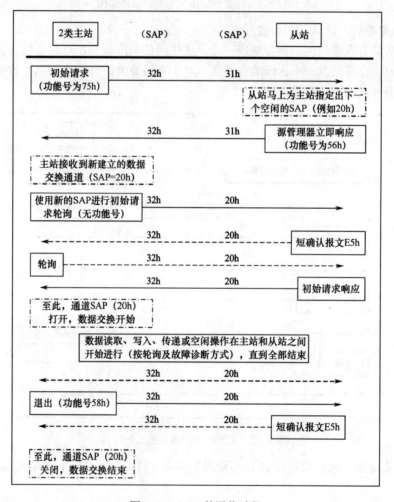

图 6-23　MS2 的通信过程

二类主站和从站之间的通信必须有一个通道，这个通道建立起来后，所有的数据交换都是自发完成的。在初始请求阶段有 2 个参数是最重要的：一个是发生溢出的时间；另一个是从站的数据服务通道 SAP。发生溢出时间是指需要多长时间从站可以响应主站的数据交换请求，它可以用来监控 MS2 的通信。从站的 SAP 可以从 0h～30h 中间选择。

MS2 的所有轮询报文的格式都是相同的，以从站 SAP=20h 为例，其结构见表 6-18。

表 6-18 MS2 的轮询报文的格式

SD	LE	LEr	SDr	DA	SA	FC	DSAP	SSAP	FCS	ED
68h	××	××	68h	××	××	××	20h	32h	××	16h

2．初始化报文

初始化在 MS2 通信中非常重要。

1）初始化请求报文

2 类主站先向它要进行的通信的从站索取 SAP，发送请求报文。其结构见表 6-19。

表 6-19 请求报文结构

SD	LE	LEr	SDr	DA	SA	FC	DSAP	SSAP	DU	FCS	ED
68h	××	××	68h	××	××	××	31h	32h	××	××	16h

其中，DU 部分有以下字节组成。

第 1 字节：MS2 通信功能码为 57h，表示该报文为初始化请求/响应报文。

第 2～4 字节：保留。

第 5 字节：Sent-Timeout，主站告诉从站它希望得到从站响应的最长时间，时基为 10ms。

第 6 字节：从站支持的服务，0001 表示支持读写功能。

第 7 字节：支持行规。

第 8 字节：主站支持的行规号。

第 9 字节：子网地址参数。

2）从站立即响应报文

收到主站的初始化请求报文后，从站马上为其指定一个有效的 SAP。其报文结构见表 6-20。

表 6-20 响应报文结构

SD	LE	LEr	SDr	DA	SA	FC	DSAP	SSAP	DU	FCS	ED
68h	××	××	68h	××	××	××	32h	31h	××	××	16h

其中，DU 部分有以下字节组成。

第 1 字节：MS2 通信功能码为 56h，表示该报文为初始化立即响应报文。

第 2 字节：有效的 SAP 号，范围为 0h～30h。

第 3 字节：Sent-Timeout，从站能响应主站请求需要的最小时间。

3）主站初始化请求轮询报文

收到有效的 SAP 后，2 类主站开始使用新的 SAP，对从站进行轮询，等待从站的初始化响应。轮询报文没有 DU 部分。

4）从站初始化响应报文

从站初始化响应报文见表 6-21。

表 6-21　从站初始化响应报文

SD	LE	LEr	SDr	DA	SA	FC	DSAP	SSAP	DU	FCS	ED
68h	××	××	68h	××	××	××	32h	20h	××	××	16h

其中，DU 部分有以下字节组成。

第 1 字节：MS2 通信功能码为 71h，表示该报文为初始化请求/响应报文。

第 2 字节：最大的数据字节数。

第 3 字节：从站支持的服务，0001 表示支持读写功能。

第 4 字节：支持行规。

第 5 字节：主站支持的行规号。

第 6 字节：子网参数地址。

5）初始化响应错误时的报文

在初始化得过程中，如果在响应时发现错误，则功能码的位 7 置 1。响应报文同上，但 DU 中的内容不一样，具体如下。

第 1 字节：MS2 通信功能码为 71h，表示该报文为初始化请求/响应报文。

第 2 字节：故障码。

第 3 字节：故障码 1。

第 4 字节：故障码 2。

3. MS2 读写报文

MS2 的读写报文结构、含义及工作过程和 MS1 的完全相同，唯一的区别是 DSAP 和 SSAP 不同。MS2 通信时，主站的 SAP 为 32h，从站的 SAP 为在初始化过程中指定的一个新值，范围在 0h～30h 之间。在使用过程中，仿照 MS1 的读写报文进行相应的替换即可。

4. MS2 的数据传递报文

MS2 在数据传递中提供了一种在二类主站和从站之间交换用户特殊指定数据的功能。数据传递请求报文主站的 SAP 为 32h，从站的 SAP 为在初始化时获得的 SAP，响应报文和请求报文基本一样，只是把 DSAP 和 SSAP 的内容交换一下位置即可。当响应发生错误时，报文结构、内容和处理方式同前面所述。MS2 几种数据传递报文的 DU 的结构和内容见表 6-22。

表 6-22　MS2 数据传递报文的 DU 的结构和内容

报文类型	DU 的字节内容及顺序
数据传递请求报文	功能号（51h），槽号，索引号，数据长度，数据
数据传递响应报文（正确时）	功能号（51h），槽号，索引号，数据长度，数据
写响应报文（错误时）	功能号（D1h），错误解码，错误码 1，错误码 2

5. 空闲报文

空闲请求报文的结构见表 6-23。

表 6-23　空闲请求报文的结构

SD	LE	LEr	SDr	DA	SA	FC	DSAP	SSAP	DU	FCS	ED
68h	××	××	68h	××	××	××	20h	20h	48h	××	16h

6．退出报文

在 MS2 通信过程中或者通信结束后，主站会发送一个退出报文，从站收到该报文后，返回一个短确认报文 E5h，之后所有初始化建立起来的 2 类主站和从站之间的数据通道 SAP 关闭。退出报文的结构见表 6-24。

表 6-24　退出报文的结构

SD	LE	LEr	SDr	DA	SA	FC	DSAP	SSAP	DU	FCS	ED
68h	××	××	68h	××	××	××	20h	32h	××	××	16h

其中，DU 部分有以下字节组成，如图 6-24 所示。

第 1 字节：指定功能号，退出报文的功能号是 58h。

第 2 字节：指定子网类型（如图 6-24（a）所示）。

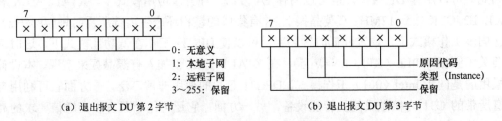

（a）退出报文 DU 第 2 字节　　　　　　　（b）退出报文 DU 第 3 字节

图 6-24　退出报文 DU 结构

第 3 字节：指定导致退出的协议类型和错误原因。

位 5 和位 4：用来指定导致退出的协议类型如下。

00：FDL。

01：MS2。

10：用户。

11：保留。

位 3～位 0：用来指定导致退出的原因。

6.5　Profibus-PA 从站通信电路设计

Profibus-PA 总线接口的核心是智能协议芯片 DPC31 和微处理器芯片 ATmega128L，其中 DPC31 是 Profibus-PA 的总线控制器，负责将 Profibus-PA 总线传来的数据进行拆包，并将其送往微处理器进行相关的处理，同时将微处理器 ATmega128L 传来的数据打包，上传给 Profibus-PA 总线，进行后续的传输控制。下面详细介绍 DPC31 的功能。

6.5.1　智能协议芯片 DPC31

1．DPC31 简介

DPC31（DP Controller with integrated 8031 core）是西门子公司的一款高速 Profibus 从站智能协议处理芯片，它既可以用作 Profibus-DP 从站控制器，也可以用作 Profibus-PA

的从站控制器。DPC31 起到了一个中介的作用，它是 Profibus-PA 的总线控制器，将 Profibus-PA 总线传来的数据拆包，并将其送往 ATmega128L 进行相关处理，同时将 ATmega128L 传来的数据打包，上传给 Profibus-PA 总线。DPC31 内部具有 6K 的 RAM，其中大约有 5.5K 可用于通信，可以满足用户需求；DPC31 内部含有一个分频器，可以获得 2 分频或者 4 分频，用来给其他低速微处理器提供时钟，以便降低成本，如果不用可通过模式寄存器 1 来关闭它们。另外，DPC31 还集成了一个通用同步串行（SSC）接口模块，并有对应控制寄存器，可直接与具有 SPI 接口的 A/D 转换器或 E²PROM 相连。用于与外部微处理器的总线接口有同步、异步 2 种工作方式，通过 13 位地址总线，用户可直接访问 5.5K RAM 空间或者功能寄存器，如果不用可以作为 I/O 口来使用。异步模式下可以识别的通信速率有 9.6Kb/s，19.2Kb/s，45.45Kb/s，93.75Kb/s，187.5Kb/s，500Kb/s，1.5Mb/s，3Mb/s，6Mb/s，12Mb/s。同步模式下的通信速率为固定的 31.25Kb/s，因此既可以用作 DP 接口，也可以用作 PA 接口。在异步应用模式下，XTAL1_CLK 和 XTAL2_CLK 接到 12MHz 石英晶振上，并有集成的锁相环产生内部所需时钟（48MHz）。在同步工作模式下，通过降低时钟频率，可以使 DPC31 工作在低功耗模式下，这时需要关闭锁相环 PLL（XPLLEN=Vdd），在 XTAL1_CLK 上加入有源晶振来实现。本设计采用的是同步 Intel（001）工作模式。DPC31 芯片的使用非常广泛，一方面它可利用自身所带的 C31 内核做成简易智能设备，另一方面，它还可用于具有较高通信要求的高性能从站设备。由于 DPC31 内部集成 Profibus-PA 的物理层和数据链路层的完整协议，即集成了较为完善的 DPV1 的状态响应机制，所以本设计采用 DPC31 会给开发带来很大方便。

DPC31 的内部结构如图 6-25 所示。

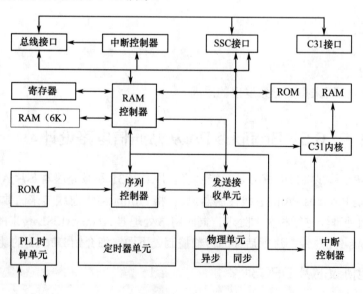

图 6-25　DPC31 的内部结构

DPC31 是西门子公司生产的一款用于 Profibus-DP 或 Profibus-PA 从站的智能协议芯片，其内部集成了完整的 DP-V0 协议和大部分的 DP-V1 协议，数据通信上可以支持异步

RS-485 通信，也可以支持同步的曼彻斯特码通信，这就使得此芯片既可以用于 Profibus-DP 从站的设计，又可以用于 Profibus-PA 从站的设计。而与此智能芯片相连的微处理器只需要少量的软件工作就可以实现 DP 或 PA 从站通信功能，只有芯片初始化以及数据传输需要微处理器处理。通信所需的服务存取点 SAP 由 DPC31 自动生成，此芯片内部已经搭建了完整的 SAP 结构，各种不同报文的数据部分都会存储在芯片内部不同的缓冲区内。

由于 PA 从站的整个通信的完成，均与 DPC31 的内部寄存器及其内部 RAM 工作区紧密相关，因此对 DPC31 有深刻的了解是非常必要的。在 DPC31 的初始化阶段，我们需要完成各缓冲区（包括参数化缓冲区、配置缓冲区、诊断缓冲区、全局控制缓冲区以及数据交换缓冲区）的长度计算及地址分配，之后将站地址、ID 识别号和各缓冲区地址指针、长度赋给相应的寄存器。图 6-26 为 DPC31 的内部空间分配，从图中可知 DPC31 寄存器单元从 0000h 到 004Fh，内部集成 RAM 从 0800h 到 1FFFh 分为 2 块：0.5K 用作工作参数单元及缓冲器管理；5.5K 用于通信空间。DPC31 处理器的数据域可以分为不同的块：寄存器区（中断控制器、DP 从站控制单元等）位于 0000h～004Fh；I/O 端口 E、F、G 和 H 地址区位于 0050h～008Fh；0090h～07FFFh 段保留；内部 RAM 从 0800h 开始。DPC31 可以处理报文、地址码和备份数据系列，所以在微处理器的软件设计中，我们可以不用考虑 DP-V0 数据的报文协议结构，只用对其中的 DU 数据单元进行处理，这样就可以减轻微处理器的工作。

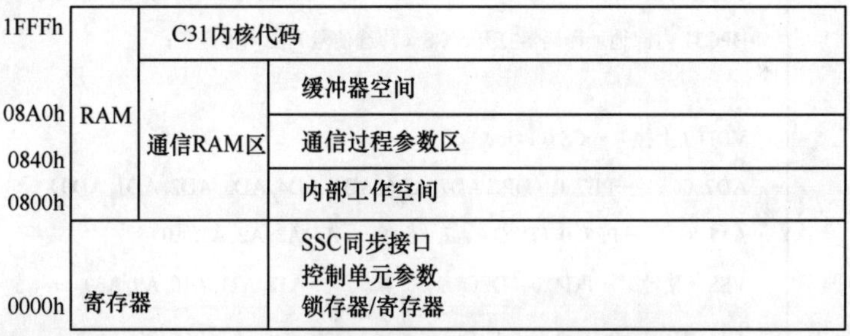

图 6-26　DPC31 内部 RAM 的空间分配

2. DPC31 总线接口单元（BIU）

本文设计采用的是同步 Intel 方式（001），通信速率为固定的 31.25Kb/s。接口和处理器/单片机通过总线接口（BIU）连接。它允许 CPU 访问内部 5.5K 双口 RAM 和寄存器。在同步或异步模式下通过 8 位接口和 13 位地址总线访问。接口可配置三路总线类型引脚（BusType2..0）（见表 6-25）。有了它，连接处理器族（Intel/Motorola 总线控制信号例如 XWR，XRD 和 R_W 等数据格式）和同步（精确的）或异步指定的总线时序。

图 6-27，图 6-28 显示的是 Intel 和 Motorola 系统不同的配置。在 C31 中，内部地址锁存器和综合解码器必须使用，在图 6-27 中，系统最低配置从外部 uP 和 DPC31 体现，该芯片与控制器 EPROM 版本相连。在其他部件中，只有石英晶体需要这种配置。

表 6–25 不同处理器接口的配置

BusType2..0	
011 同步 Motorola	适用于 Motorola 微处理器，特点如下： 同步时钟总线，总线中不插入等待周期（PH2）； 8 位的地址和数据独立总线： DB7..0（PE7..0），AB12..0（PG4..0,PF7..0）； DPC31 内部地址译码关闭，CS 信号有外部片选产生 外部 译码电路—CS（PG6）； D7..0 —PE7..0（DPC D7, 6, 5, 4, 3, 2, 1, 0） A7..0 —PF7..0（DPC A7, 6, 5, 4, 3, 2, 1, 0） A12..A8 —PG4..0（DPC A12, A11, A10, A9, A8） （与 RAM 存储芯片类似，可以尝试应用）
010 异步 Motorola	
001 同步 Intel	INTEL，CPU 80C31/32, 严格同步的总线时序（无 XRDY 信号），总线周期固定； 8 位分时复用总线（AD7-0）（PE7..0），低 8 位地址 A7-0，由 ALE 信号锁存至内部锁存器； DPC31 内部地址译码器打开，CS（片选信号）由内部产生； VDD（上拉）—CS（PG6）； AD7..0 —PE7..0（DPC AD7, AD6, AD5, AD4, AD3, AD2, AD1, AD0） A15..8 —PF7..0（DPC A7, A6, A5, A4, A3, A2, A1, A0） VSS（接地）—PG4..0（DPC A12, A11, A10, A9, A8） （注：由于为 8 为数据与地址线分时复用，因此 DPC31 控制器内部 8K RAM 的 13 位地址线由（橙色+绿色）生成，其余（黑色）应为零；）
000 异步 Intel	西门子 16/8 位微处理器 总线时序加入等待状态（XRDY） 8 位分时复用总线，同上

如果一个控制器是用于不整合程序存储器的，地址必须锁存在另外的外部存储器中（如图 6-28 所示）。

3. DPC31 的时钟选择

DPC31 内部含有一个分频器，可以获得 2 分频或 4 分频，用来给其他低速微处理器提供时钟，以便降低成本。图 6-29 为 DPC31 晶振的选择部分的内部原理图和相关引脚说明。

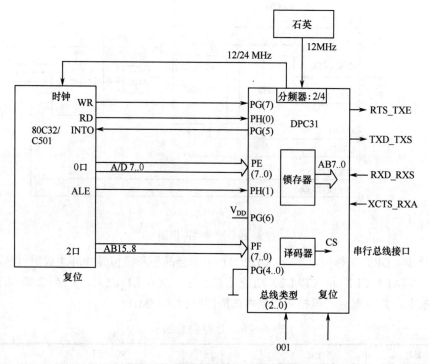

图 6-27　低功耗系统（C31 模式）

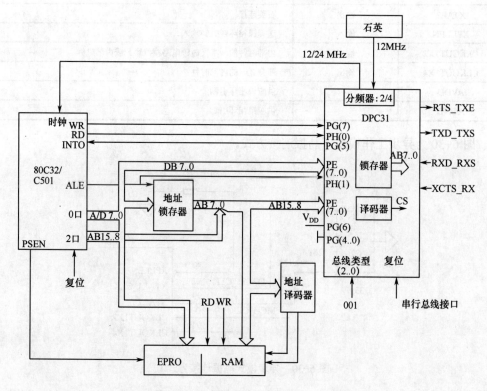

图 6-28　带有外部存储的 C31 系统（C31 模式）

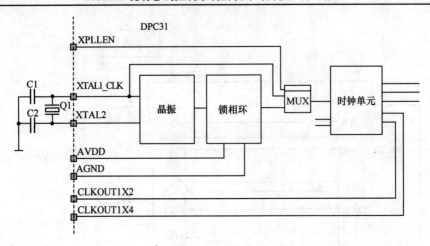

图 6-29　时钟供应框图

在异步（DP）工作模式下，在 DPC31 中综合晶振和模拟锁相环生成时钟脉冲。晶振引脚（XTAL1_CLK 和 XTAL2）功能见表 6-26。XTAL1_CLK，XTAL2 接到 12MHz 石英晶振上，并有集成的锁相环产生内部所需时钟（48MHz）。

表 6-26　时钟供应引脚

引脚名	Pad	作　用
XTAL1_CLK	输入	石英连接/直接时钟输入
XTAL2	输出	石英连接
XPLLEN	输入	选择锁相环或时钟输入
CLKOUT1X2	输出	内部时钟的一半（时钟电路模拟器）或内部时钟
CLKOUT1X4	输出	四分之一的内部时钟
AVDD	-	供应锁相环引脚
AGND	-	供应锁相环引脚

图 6-30 为异步工作模式下晶振连接方式。

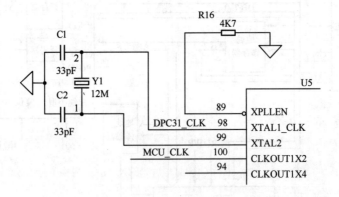

图 6-30　异步模式晶振连接方式

在同步（PA）工作模式下，通过降低时钟频率，可以使 DPC31 工作在低功耗模式下。这是需要关闭 PLL（XPLLEN=Vdd），在 XTAL1_CLK 上加入有源晶振（2MHz，4MHz，

8MHz，16MHz）来实现。综合晶振和锁相环这种情况下关闭（XPLLEN=high，省电模式）。（2MHz 系统频率没有启用。）

连接外部 u 处理器，输出可选择 2 分频和 4 分频。输出通过复位开启，Register0 模式关闭。内部处理时钟脉冲是 2 分频。总线物理单元操作的扫描频率（异步 4 分频，同步 16 分频）。图 6-31 为同步工作模式下的晶振连接方式。

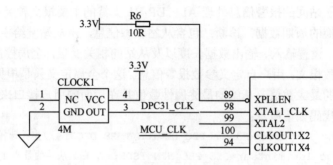

图 6-31　同步模式晶振连接方式

本设计的工作模式确定使用的是同步 Intel 方式（既总线工作模式设定为 001），同步 Intel 方式为严格同步的总线时序（无 XRDY 信号），总线周期固定。通过降低时钟频率，可以使 DPC31 工作在低功耗模式下。这是需要关闭 PLL（XPLLEN=Vdd），在 XTAL1_CLK 上加入 4M 有源晶振来实现。DPC31 内部根据微处理器的地址信号产生片选信号，不需要微处理器提供专门的片选信号，本设计中采用一片 138 译码器来产生 DPC31 的片选信号，单片机的地址信号 A15、A14、A13 均为零时产生 DPC31 的片选信号，从而选中 DPC31。具体电路图如图 6-32 所示。

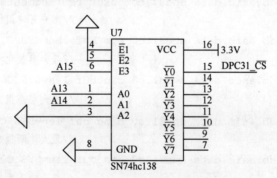

图 6-32　DPC31 的片选信号

6.5.2　通信接口的程序设计

1. 单片机的初始化

首先初始化单片机的运行时钟，外部 4M 有源晶振经 DPC31 内部 2 分频得到单片机的输入时钟，这样微处理器在较低频率下工作，降低了功耗，能更好的满足系统的本安设计要求。此外还需要将 DPC31 内所有存储数据的结构建立在一个结构体内，然后用一指针将其定义到 DPC31 在单片机中可访问的物理基地址处，DPC31 的物理基地址为 0X8000h。此外可以将 DPC31 看作是单片机的外部 RAM，在程序开始之前需要根据地址直接观察寄存器、缓冲区数据的变化来完成对 DPC31 的内部 RAM 的读写测试，以保证芯片内部各个字节都是可以正确读写的，从而保证 DPC31 芯片是可用的。

2. 系统全局定义

系统的全局定义决定着 DPC31 内部 RAM 的分配工作以及从站所支持的通信方式：与一类主站的循环通信 C0、与一类主站的非循环通信 C1、与二类主站的非循环通信 C2 以及一类主站与从站间的报警信息处理 AL。DP-V1 支持的主要报文种类：输入/输出：主站与从站间交换的周期数据；诊断：包含从站状态信息，由从站发给主站参数：主站发送给从站组态：设置输入、输出数据长度以及从站的相关变量，全局控制命令：同步、冻结等非周期参数报文：用户自定义参数报警信息。这个全局定义只是根据系统的 RAM 为各个参数分配的最大数值，从站的最终属性数值是在后面的用户接口来设定。系统的全局定义的具体代码如下所示：

```
sys_v1sl_pbc_ldb.device_type=PBC_DEVICE_TYPE_DPC31; //定义选择的协议芯片类型
sys_v1sl_pbc_ldb.mintsdr=SYS_PBC_MIN_TSDR; //定义从站的最小 TSDR 时间
sys_v1sl_pbc_ldb.baud_control=0;                   //波特率控制使用 PBC 内部的值
sys_v1sl_pbc_ldb.user_wd_value = SYS_PBC_USER_WD_VALUE;
sys_v1sl_pbc_ldb.asic.data_dpc31.com_mac_address=
SYS_PBC_STATION_ADDRESS;                           //从站地址
sys_v1sl_pbc_ldb.asic.data_dpc31.com_mode = SYS_PBC_COM_MODE;
sys_v1sl_pbc_ldb.asic.data_dpc31.com_syn_physic=TRUE; //使用同步接口
sys_v1sl_pbc_ldb.asic.data_dpc31.com_c0c1c2tm_support=SYS_PBC_MODES_
SUPPORTED;                                         //该从站支持的通信服务类型
sys_v1sl_pbc_ldb.asic.data_dpc31.com_user_ram_segments=DPC31_USER_RAM_
SEGMENT;                                           //用户可使用的 RAM 段数目
sys_v1sl_pbc_ldb.asic.data_dpc31.c0_prm_buf_len=SYS_C0_LEN_MAX_PRM;
                                                   //最大参数化报文长度
sys_v1sl_pbc_ldb.asic.data_dpc31.c0_cfg.buf_len=SYS_C0_LEN_MAX_CFG;
                                                   //最大组态报文长度
sys_v1sl_pbc_ldb.asic.data_dpc31.c0_diag_buf_len=SYS_C0_LEN_MAX_USER_
DIAG;                                              //最大诊断报文长度
sys_v1sl_pbc_ldb.asic.data_dpc31.c0_din_buf_len=SYS_C0_LEN_MAX_INPUT;
                                                   //最大输入数据长度
sys_v1sl_pbc_ldb.asic.data_dpc31.c0_dout_buf_len=SYS_C0_LEN_MAX_OUTPUT;
                                                   //最大输出数据长度
```

3. DPC31 初始化

DPC31 初始化的过程应当按照以下的顺序进行：设置方式寄存器，控制 DPC31 的时钟输出及有效中断方式等；设置参数寄存器，以规定 DPC31 通信过程中的各种参数；设置中断屏蔽寄存器，只处理需要处理的中断事件；设置从站地址，并禁止或允许改变从站地址；设置从站识别号；设置指令队列与指示队列的基地址、长度，读出及写入指针；设置各个缓冲器的大小及基地址。DPC31 具体的初始化包括对各数据缓冲区的指针赋值，为各数据缓冲区分配 RAM 空间，同时要对决定该从站的工作状态的各寄存器进行赋值，其中工作状态的各参数要与该设备的 GSD 文件中的相应参数一致。DPC31 内部寄存器中有数个字节用于保存从站的 ID 号、地址、中断屏蔽以及硬件模式等相关信息。通过对这些寄存器的设置，可以使从站拥有相关的通信功能，其中 ID 号、从站地址等从站信息还会被用于参数化数据以及诊断数据的判断，此外用户还可以根据自己的需要直接对 DPC31 寄存器内各位进行设置。

DPC31 中的微顺序控制器采用的是 8 位的基地址左移 5 位后加上 8 位的偏移地址形成实际的物理地址。本设计中 DPC31 的物理地址为 0x8000h。通过向 DPC31 发出 User-Din-Buffer State 命令（读 RAM 中的 User-Din-Buffer State 单元）取得用户数据输入缓冲器的首地址，通过读 RAM 中的 User-Diag-Buffer-Ptr 单元取得用户诊断缓冲器的首地址，通过读 RAM 中的 User-Cfg-Buffer-Ptr 单元取得用户配置缓冲器的首地址，读状态寄存器可以得到通信波特率，设置看门狗定时器的值去控制波特率的时间。通过指令队列向 DPC31 发出 MAC START 命令，进入 DP 状态机制，开始具体的通信过程。

图 6-33 为 DPC31 的初始化过程，具体的描述为，从站上电后，首先进行硬件以及固件、用户参数的初始化，主循环中进行参数化、组态、全局控制命令、交换输入输出数据以及发送诊断数据等处理。在这些从站活动中，参数化和组态直接影响从站能否正常工作，是数据交换的前提。参数化、组态、DP 状态改变、看门狗超时以及全局控制命令等为非循环数据，这些数据的处理都采用中断事件，在主循环中查询相应的寄存器，产生中断后转入相应的中断进行各自的处理，在程序设计中，输入输出数据以及诊断数据采用循环处理方式，不断存取输入/输出缓冲区，然后进行响应的读写来完成数据交换。

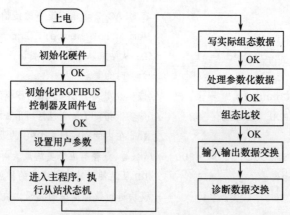

图 6-33　DPC31 的初始化过程

4．用户软件设计

DPC31 根据系统的全局定义来分配数据的缓冲区大小。但事实上用户可能用不到这么多的缓冲区，所以我们增加了一个用户接口，由用户根据自己的需要来定义具体的参数指标，这样就可以最大化的利用内部资源，提高系统的效率。这些用户自定义的参数指标内容包括参数化数据的长度、组态数据的长度、配置报文数据的长度以及其各自相应的缓冲区地址。当从站接收到相关报文后，这个报文的数据长度就会与用户定义的数值进行比较，而对于组态报文和配置报文还会比较各个字节的内容，以确定这个报文是否适合该从站，如果不匹配就会在诊断响应报文中反映出来，以便于操作人员及时的发现错误和修改错误。当然这个用户自定义的指标也会在 GSD 文件中反映出来，与 GSD 文件的设置应该一致。

```
;------------------------------------------------------------------------
;Slave related keywords for DP extensions  //用于 DP 扩展从站的关键字
;------------------------------------------------------------------------
DPV1_Slave                 = 1       //设备符合 Profibus - DP 的扩展，并支持 MS1
                                       连接。这是假设支持相关关键字定义 MS1 的连接功
                                       能和报警
C1_Read_Write_supp         = 1       //与 DPV1_Slave 共同等于 1 实现上述功能
C1_Max_Data_Len            = 128     //该参数指定用户的最大数据长度，这个长度不包括
                                       在 MSAC_1 通信通道中的传输量和 Function_
                                       Num, Slot_number, Index, Length
C1_Read_Write_required     = 0       //DP 从站或从站模块需要访问 C1_Read_Write 服
                                       务，等于 1 时为真
C1_Max_Count_Channels      = 4
C1_Response_Timeout        = 400     //读、写、报警响应需要的最大时间,时间基值是 10ms
C2_Read_Write_supp         = 1       //设备支持 MS2 的连接。支持 DPV1 的具体参数化和
                                       DPV1 诊断模型，这在整个 DP 扩展迁移中是被强烈
                                       建议。MS2 的连接的特点由相应的关键字指出
C2_Max_Data_Len            = 128     //该参数指定用户的最大数据长度，这个长度不包括
                                       在 MSAC_2 通信通道中的传输量和 Function_
                                       Num, Slot_number, Index, Length
C2_Read_Write_required     = 1       //DP 从站或从站模块需要访问 C2_Read_Write,等
                                       于 1 时为真。
C2_Max_Count_Channels      = 4       //该参数定义了 DPV1 从站积极的 C2 通道的最大数值
Max_Initiate_PDU_Length    = 52      //该参数指定了一个包括用于资源管理的 Function_
                                       Num 在内的初始请求 DPU 的最大长度
C2_Response_Timeout        = 4000    //读、写、报警响应需要的最大时间,时间基值是 10ms
DPV1_Data_Types            = 1       //DP 从站使用特定供应商的扩展标识符格式为所有
                                       模块进行数据类型的编码，块的供应商特定的扩展
                                       标识符格式的数据
```

GSD 文件中用来定义模拟量输入、输出模块个数。

```
;"AI.OUT"
;"Pressure or Level or Flow or Temperature"
;Modules for Analog Input
Module  = "Analog Input (AI) short"     0x94
1
EndModule
;Modules for Analog Input
```

```
Module   = "Analog Input (AI)long"      0x42, 0x84, 0x08, 0x05
2
EndModule
```

6.6　SIEMENS V1SL 的编程结构

6.6.1　SIEMENS V1SL 固件简介

1. 固件包的特点和配置

SIEMENS V1SL 为用户提供了一个强大的固件包，可以普遍适用。它既能满足 DP 从站功能的需要，又能满足 DP-V1 从站功能的需要。固件包的功能可以不断扩充，可供多用户、多设备操作，事件处理在不同的优先级，可根据用户的需要。最大的用户数据长度为输入 244 个字节、输出 244 个字节，数据一致性的最大用户数据长度为 244 个字节。波特率在 9.6kband 到 12MBand。需要在独立的操作系统下使用。可移植到家用处理器 8031，80C16x，i80x86，奔腾（或兼容）和其他；集成的固件在紧凑型/模块化的从站应用。图 6-34 显示的是 V1SL 元件位置在一个从站模块中。

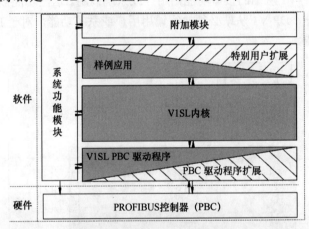

图 6-34　V1SL 在从站模块的位置

因此，通过用户努力实现组成建立他的优先级系统和他的应用来控制 DP-V1 从站。此外，一个系统适应性的要求是初始化 V1SL，并且建立基本的资源利用。

2. V1SL 结构

（1）V1SL 的功能如图 6-35 所示。

为实施该系统的接口和一般内部功能的组件。内核为实施一类级（参数）主站与从站的 DP 标准/DP-V1 功能通信。以下，这部分被称为 C0 固件。这包括如下几个组成部分。

① 状态机为循环服务从站 C0（或 MSCY1S）。

② 从站的 AL 报警状态机（或 MSAL1S）。

③ 从站 C1（或 MSAC1S）非循环服务的状态机。

（2）内核为实施与二类主站与从站的 DPV1 功能通信。下面，这一部分被称为 C2 的固件（或 MSAC2S）。

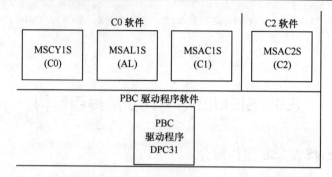

图 6-35　V1SL 组件（不包括系统接口）

（3）执行 PBC 驱动系统接口和一般的内部 PBC 驱动程序的功能组件。

（4）驱动程序为给 PBCDPC31 实现接口。

6.6.2　SIEMENS V1SL 功能

1. 概述

DP-V1 从站有到系统环境和用户（应用程序）的接口，如图 6-36 所示。这里需要区分 2 种情况：DP-V1 从站的接口功能由用户或系统调用。这些功能被称为 DP-V1 从站的输入功能。此外，DP-V1 从站必须执行调用用户或系统功能。对于 DP-V1 从站来说，这些都是输出功能。

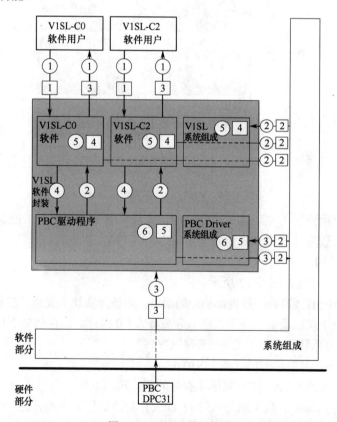

图 6-36　V1SL 接口概述

由于 DP-V1 从站是在不同的应用中个别系统环境中使用，这些输出功能设计中，必须要使他们能够适应。因此，DP-V1 从站输出功能制定为：输出宏，必须由用户的具体功能或系统环境在相应的配置文件替换。当打开一个通信通道时，用户必须确保回调函数（CBF）的函数指针的形式可用。

图 6-36 显示了相邻组件的 V1SL 接口。输入功能用圆圈表示，输出宏用正方形表示。宏输出和输入功能，往往形成一个功能对（例如，在请求/确认意义上）。这种分配并不总是单向对应的，也就是说，一个输出宏可能被分配到不同的输入功能，反之亦然。

2．标识符

表 6-27 所示的前缀的标识符是在 V1SL 固件组件的名称分配的基础上选定的。

小写字母用于：输入功能；变量标识符。

大写字母的变量标识符用于：输出宏；结构标识；价值标识符；属性标识符。

表 6-27　前缀为 V1SL 标识符

标识符	前缀涉及事项
V1sL_... / V1SL_...	所有 DPV1 从固件标识符，尤其是指一般功能，没有分配到任何的各个组成部分
V1sL_c0_... / V1SL_C0_...	标识符分配循环服务的状态机（C0，MSCY1S）输入功能/输出宏
V1sL_al_... / V1SL_AL_...	标识符分配给报警状态机（AL，MSAL1S）的输入功能/输出宏

6.7　Profibus-PA 通信接口的系统连接及测试

6.7.1　实验系统的搭建

在系统的软硬件均实现的基础上，本文搭建了 Profibus-PA 单主网络环境并进行了测试。该接口模块将差压变送器作为从站接入 Profibus-PA 总线系统，主站是安装有 Profibus CP5613 通信网卡的 PC 机，它通过屏蔽双绞线可以和多台装有此类模块的差压变送器相连。针对系统从站的配置，采用 STEP7 软件对系统进行硬件组态，编辑相应的 GSD、EDDL 文件，编译后下载到主站单元中，用户参数通过集成在 STEP7 中的 PDM 软件进行设置。经过 DP/PA 耦合器将 PA 接口卡接入总线系统就可以与主站实现正确的通信。图 6-37 为二类主站的 PC+CP5613+接口板的实验系统结构框图。

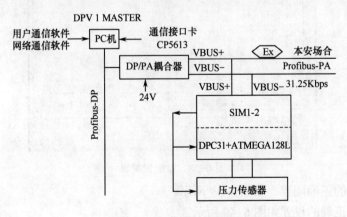

图 6-37　实验系统结构框图

6.7.2 Profibus-PA 的通信测试

1．DP-V1 通信功能测试

DP-V1 通信包括循环数据的通信（MS0）和专门为过程控制而设计的非循环数据的通信（MS1、MS2），其中循环数据的通信与 DP-V0 相同，其测试的方法相同，并且可以得到类似报文分析结果，所以 DP-V1 通信的测试我们将着重考虑的是非循环数据的测试。非循环数据主要是指过程的参数的上下限和报警范围以及制作厂商的一些特殊数据，而在非循环数据交换中，一类主站和从站之间的通信称为 MS1 通信，二类主站和从站之间的通信称为 MS2 通信。从站只有在初始化正确并进入到数据交换状态下，才能进行 MS1 类的非循环通信。MS1 通信中定义了新的服务存取点（SAP），主站的 SAP 都是 33h，从站的 SAP 中一个是 33h，用于数据读写（DS-Read，DS-Write）；另一个是 32h，用于报警确认。通信时二类主站和一类主站有所不同，一类主站有一个上电初始化过程，通过这个过程，一类主站可以识别和锁定属于它的从站。二类主站没有这个过程，所以在和从站进行数据交换前，它必须先和相应的从站建立一个交换的通道。非循环的数据通信首先要设定通道（即槽和索引号），以及通信的数据长度，通道正确建立后才可以进行非循环数据的读写及进行所需要的数据交换。

2．测试软件配置步骤

以下几组图为使用相关 Profibus 测试软件 STEP7、SIMATIC NET 配置步骤。

（1）站配置编辑正确，Application 需要手动加载，再在 STEP7 中编译下载，如图 6-38 所示。

图 6-38 站配置编辑

（2）模块的正确配置，如图 6-39 所示。

（3）接口正确的设置如图 6-40 所示。

地址通信速率配置，如图 6-41 所示。

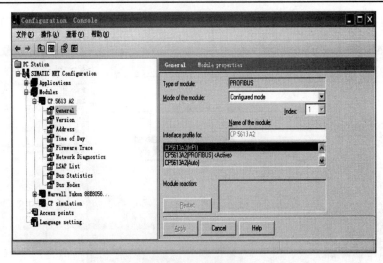

图 6-39　模块配置

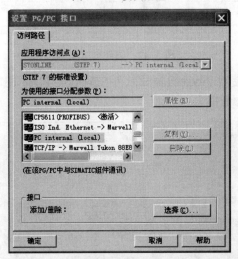

图 6-40　接口配置

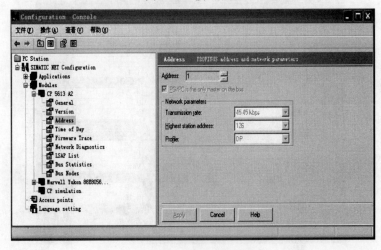

图 6-41　通信速率配置

上位机硬件组态画面，如图 6-42 所示，硬件组态配置需要手动编译、下载。

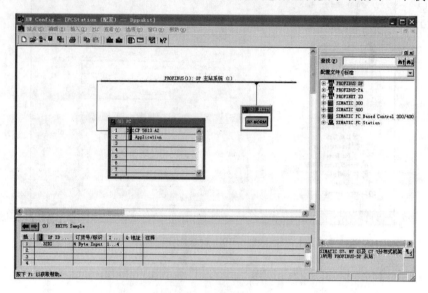

图 6-42　硬件组态界面

图 6-43 是上位机使用 Profibus 测试软件 SIMATIC PDM 在二类主站 PC 机上显示的 PA 压力变送器的测量参数的一个界面。

Parameter	Value	Unit	Status
软件修订版本	1		Initial
硬件修订版本	1		Initial
配置文件	PROFIBUS PA，紧		Initial
配置文件修订版本	3.0		Initial
DD 参考	1		Initial
DD 修订版本	1		Initial
» 证书和批文			
设备合格证	CE,NE21, Exmarking		Initial
» Transducer Block 1			
» » Primary Value Type			
变送器类型	压力		Initial
» » Linearization Type			
表征类型	平方根		Chang
» » 测量限度			
最小下限值	0	kPa	Initial
最大上限值	0	kPa	Initial
单位压力原始值	kPa		Initial
» » 工作范围			
单位	MPa		Chang
下限值	0	MPa	Chang
上限值	.001	MPa	Chang
» » 表征			
表征类型	平方根		Chang
低流量切断	0	%	Initial
起始点平方根函数	0	%	Initial
» » 设计			
» » » 传感器			
模块填充液体	硅油		Initial
隔离器材料	钽		Initial
O 形密封圈材料	Viton		Initial
» » » 工艺连接			
工艺连接类型	未知		Initial
工艺连接材料	未知		Initial
» » » 工艺条件			
介质最大压力限制	1	kPa	Initial
» » » 传感器温度			
温度单位	℃		Initial

图 6-43　PA 压力变送器测量参数

第 7 章　Profibus-PA 行规

随着 Profibus 的成就不断地扩大，接于总线上的仪表种类及设备的数量也在剧增，由于 Profibus 这种相对简单的通信技术允许进行任何一种数据交换，这些仪表设备在原则上可以利用其多样性来实现上述目的。然而，这一点却是同最终用户的经济利益与要求相违背的，因为在仪表设备品种与数量增加的同时，最终用户会越来越多地考量一台生产设备的"企业资产总成本（Total Cost of Ownership）"或"生命周期总成本（Total Cost of Cycle）"。这里略举一二。

（1）利用同一种通信服务（可互操作性）。

（2）总线上不同制造厂商仪表的互换性。

（3）统一的仪表特性（测量参数、刻度、仪表状态……）。

（4）仪表的可比性（结构、动态特性）。

（5）简化的系统支持（控制器中的标准软件）。

（6）统一的工程设计（组态）。

（7）支持仿真系统（仪表描述/数据/动态特性）。

（8）统一的仪表操作（本地的和远程的）。

（9）简化认证。

（10）加速市场的认同。

为达到上述期待的效果，现场总线行规或简称为行规（Profile）作出了重要的贡献。行规是仪表设备制造厂商之间关于"某一类现场仪表设备和控制器以及参数化工具或诊断、服务站之间采用何种语法来交换何种参数的约定"（也称为规范，如图 7-1 所示）。除了所选的参数以外，还有仪表设备的应用功能，而这些应用功能则是某一类仪表设备应当具备的，且与制造厂商无关。现将行规中确定的内容举例如下。

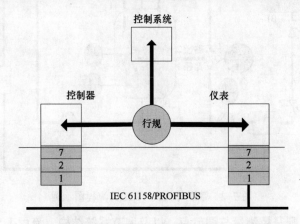

图 7-1　行规为仪表与自动化系统中各部件之间的中间环节

（1）通信参数——设定值、实际值、极限、计量单位、测量与调节范围。

（2）与参数值有关的仪表设备行为——命令，如启动、停止。

（3）在功能产生时各参数的相互作用——极限值监控中的滞后，校准或标定。

以上要求促使过程仪表（例如，温度与压力仪表、执行机构、pH 值分析器等）的生产厂家纷纷联合起来，以便在应用行规中约定如何利用通信可能性和与制造厂商无关的仪表参数与功能。本章描述 Profibus-PA 行规的基本思想和主要方面。

7.1　功能组件模型

控制与自动化技术正在进行一场变革，其中信号预处理和一部分 PLC 的信息处理被移至现场仪表中。这种变革使数字技术进入简单的现场仪表成为可能，信息处理在这里不单是提供过程参数及其处理，也提供部分过程监控（例如，极限值报警），承担自动化仪表和生产设备的监控与诊断功能（例如，表壳温度、导线断裂、阀门紧固程度），以及提供维护与文档信息（例如，商标品牌信息、存档对象）。现场仪表将变得更加智能化，因而自动化系统的各项功能可以重新分配。若要掌控这种分布式且非常复杂的系统，即使信息方面所要付出的代价较高也要保证仪表的可互操作性，那么就需要有相应的仪表结构。

设计过程工业装备的主要出发点是某个生产设备的"管道与仪表（R&I）流程图"（如图 7-2 所示）。它是一种示意图，流程工艺师和自动化工程师用它来共同规划、设计生产设备的结构与功能。流程工程师在 R&I 流程图登录物流的基本方向。

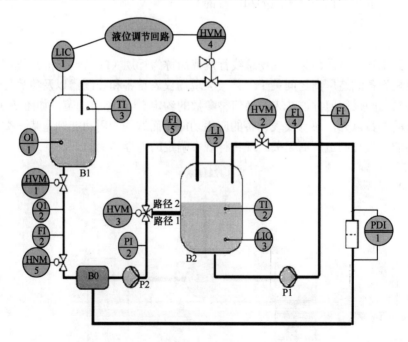

图 7-2　管道与仪表（R&I）流程图示例

自动化工程师则登录测量与调节点，以及调节系统结构。流程工艺师从该图提出设备的一般任务，例如设备是如何建造的，如何影响物流，应当采取何种控制过程的自动化技术措施。自动化工程师则根据该图开发自动化应用的功能结构。

在过程工业中，人们将一个测量点、一个调节点以及控制器/调节器的特性与功能封闭在方块中（PLT 测量与调节点），并由此开发自动化技术应用的功能结构。这样一个测量位置或调节位置后来变为一个所谓的功能组件（FB）（如图 7-3 所示）一个功能组件除了包括测量或调节信号外，还包括有关其进一步处理的信息。这些附加信息是：测量值和调节值的最小值和最大值、或警戒与报警极限值等。此外，功能组件还包括所有变量与参数的计量单位。

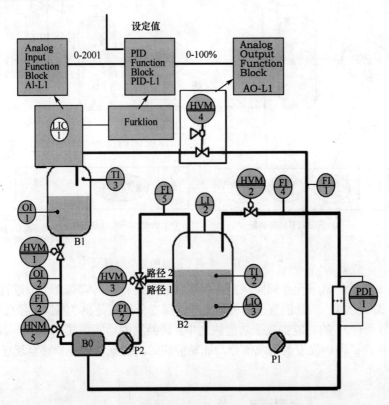

图 7-3   功能块是测量与调节点的抽象概念

将方块模型用到整个 R&I 流程图上，便产生了方块结构功能图（功能组件图）（如图 7-3 所示）。该图描述将要实现的控制/调节功能的详细要求，从而确定自动化任务的结构信息。它包含一系列问题的提出，如：需要哪些测量与调节点（PLT 点）及 PLT 点的简要说明（如量程与调节范围）；测量参数与调节量的计量单位以及极限值监控；如何将 PLT 各点相互连接，以实现调节与控制。图中每个单独的功能组件都代表一个或若干个分功能。功能组件图包含了自动化设备控制与调节功能的设计方案。

图 7-4 所示的 4mA～20mA 技术的液位调节回路装备了 1 个液位测量变送器、1 个调节阀和 1 个 PLC（如图 7-4（a）所示）。液位测量变送器和调节阀经 4mA～20mA 导线同 PLC 相连。借助控制器中的调节算法将测量信号（刻度、过滤、限值控制）与调节信号的后处理一道编为程序。

现场仪表通过上述信息处理的转移获得全部功能的一部分。信号后处理首先从 PLC 转入现场仪表，也就是说预先处理过的（例如标有刻度的）过程值是经通信系统传递的。Profibus-PA 为此提供合适的功能组件（如图 7-4（b）所示）。对于支持行规 3.01 版的 Profibus-PA 仪表而言，其调节功能仍保留在控制器中，因为这样就可以将调节方案直接转化为控制程序。

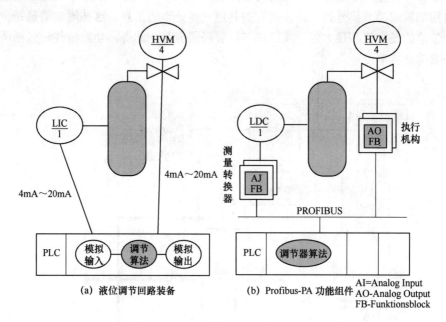

图 7-4　实现一个调节回路的各个变量

如图 7-5 所示，信号预处理完全是在现场仪表中进行的。它有 2 个分过程，第一分过程"测量/调节原理"的功能置于转换块之中。第二分过程是将"测量值预处理/调节值后处理（信号处理）"的功能则置于功能块之中。转换块的功能如同在 4mA～20mA 技术中的情况一样，是现场仪表的组成部分，而功能块的功能则从控制器移至现场仪表。

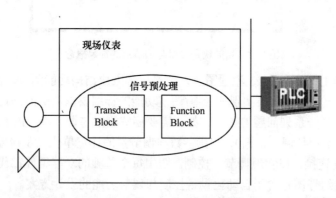

图 7-5　信号处理分为转换块（Transducerblock）和功能块（Functionblock）

一个 Profibus-PA 仪表用方块表示为图 7-6 中的结构。与测量/调节原理相适配的功能/与测量值预处理和调节值后处理相适配的功能是通过信号流互相连接的。此外，仪表还配有可读的标识信息（例如，制造厂名称、仪表类型物理块）。图 7-6 中还表示了现场仪表和不同应用之间的主要数据流。控制功能的数据流最终是由循环报文中的功能组件来实施的。诊断信息原则上是由现场仪表的所有方块产生且与事件相关联地经 MS0 后得以处理，调试与维护按照要求经 MS1 和 MS2 对方块中所有的参数进行存取。PA 行规根据上述一般结构定义了图 7-7 中所示的各个方块。表 7-1 简述了各类块的功能。

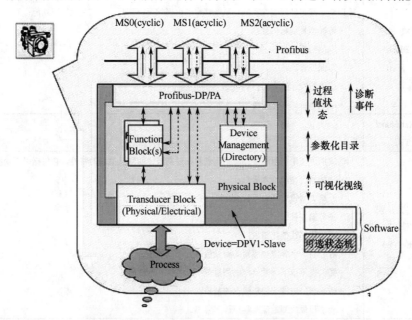

图 7-6　Profibus-PA 仪表的功能结构

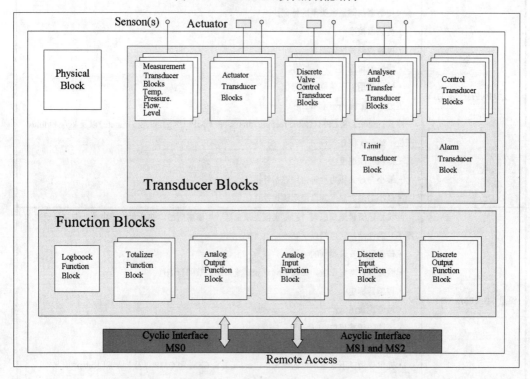

图 7-7　PA 行规中各方块一览图

表 7-1 行规各类块的简述

块的类别	说　明
物理块 （Physical Block）	一个物理块包含现场仪表硬件与软件特定的性能,这些性能与仪表相应的资源联系在一起(例如,电子电路、操作系统和仪表状态),与转换块（TB）相似,物理块（PB）通过适当的参数接口将功能组件同硬件和操作系统特定的仪表状况隔离开来。它包括以下功能: • 可读型号商标信息; • 提供诊断信息; • 写保护管理; • 仪表的冷、热启动; • Ident-Number 的切换
转换块（Transducer Block，TB）	
温度 TB （Temperatur TB）	该块描述使用电阻温度计、热电偶和辐射高温计的测温原理的特性。它包括以下功能: • 传感器类型和样本适配; • 连接类型设定（2、3、4 线制技术）; • 参考温度补偿; • 可装载的线性化图表; • 对取自 2 个集成传感器的测量值进行不同的组合; • 提供使用以下计量单位的测量值：K、℃、℉ 和 Rk; • 传感器、电缆连接和硬件的监控; • 最小与最大测量值控制指针
压力 TB（Pressure TB）	该块描述用于压力、流量和液位测量转换器的压力与差压测量的原理的性能。它包括以下功能: • 传感器与测量室类型的特征; • 传感器校准; • 可装载的线性化图表; • 最低流量压缩; • 提供使用以下单位的测量值: 压力：kPa, bar, psi 和 inHg; 流量：m2/h, L/S, CFM（Cubic feet pre minute）和 GMP（US gallon pre Minute）以及 kg/s 和 lbit/s; 液位：%, m 和 ft; • 提供介质温度; • 最小与最大压力测量值跟踪指针; • 最小与最大温度测量值跟踪指针
流量 TB（Flow TB）	此块描述流量测量原理（科里奥惯性质量法、电磁感应法、热质量、超声波、卡尔曼涡流和浮子）的性能。它包括以下功能: • 传感器与安装类别的特征; • 测量原理特定参数,如超声频率和涡流频率调节的肯能性; • 传感器标定; • 最低流量压缩; • 可读的传感器值; • 量程极限值调整与极限值受损的信号化; • 提供使用以下计量单位的测量值：m2/h, L/S, CFM 和 GMP 以及 kg/s 和 1bit/s; • 提供介质温度与密度

（续）

块的类别	说　明
物位 TB（Level TB）	此块描述雷达式、流体静力学和电容式物位测量原理的性能，它包括以下功能： · 传感器与安装类型的特征； · 传感器校准； · 考虑电容特性参数； · 量程极限值调整与极限值受损的信号化； · 可装载的线性化图表； · 提供使用单位的测量值%，m 和 ft； · 提供介质温度； · 可读的传感器值； · 最小与最大温度测量值跟踪指针
执行 TB（Actuation TB）	一个执行转换突显电子气动的电气执行机构的原理，提供以下信号处理功能（与执行机构原理有关）： · 执行器原理的典型特征； · 调节阀与传动箱的标识； · 故障安全位置； · 调节器参数适配； · 可装载的线性化图表； · 压缩小范围的调节变化； · 给出调节时间； · 给出转矩； · 调整制动功率； · 给出开启与关闭的时间范畴； · 可以存储安装日期和上次维护日期
离散输入 TB（Discrete Input TB）	一个离散输入转换块提供以下信号处理功能： · 传感器布线控制； · 传感器的标识
离散输出 TB（Discrete Output TB）	此离散输出转换块突显电子气动和电气执行机构的原理，提供以下信号处理功能（与执行机构原理有关）： · 调节阀与传动箱的标识； · 故障安全位置； · 给出调节时间； · 给出开关行程的次数与极限； · 给出开启与关闭运行的时间范畴
分析器 TB（Analyser TB）	一个分析器转换块包含了测量原理特定的由传感器向一个有计量单位的测量值的转换和量程的调整。它提供以下功能： · 给出传感器的量程； · 自动量程切换； · 给出测量信号的扫描速率
传送 TB（Transfer TB）	一个传送转换块执行数学运算，它可以选择同分析器转换块串联。它提供的功能有： · 测量值校正； · 交互灵敏度补偿； · 过滤

（续）

块的类别	说　　明
控制 TB（Control TB）	一个控制转换块提供相当复杂的功能，可以把这些功能视为可参数化的仪表控制，它按时间或按照指令完成对以下现场仪表功能的控制： •测量； •系统检验； •清楚； •校准； •初始化
极限 TB（Limit TB）	一个极限转换块为一个测量值提供以下极限值监控功能（极限值受损可以作为二进制报告给一个离散输入功能块，以便被集成到循环数据交换中）： •滞后； •吸动与释放延迟； •超出极限值； •低于极限值
报警 TB（Alarm TB）	以 NAMUR 状态分类、维护需要和功能控制为依据，一旦超出规范或出现事故，报警转换块立即给出当前状况
功能块（Functuinblocks）	
模拟输入（Analog Input）	一个模拟输入功能块为转换块的测量提供以下信号处理功能： •标度化； •滤波（PT1 元件）； •手动/自动操作方式切换； •专门的功能计算（例如，用差压计算流量时进行开方运算）； •测量值的仿真； •在测量出现差错时提供取代值
模拟输出（Analog Output）	一个模拟输出功能块为连续送往转换块的调节值提供以下信号处理功能： •标度化； •手动/自动/本地超控操作方式切换； •执行机构实际位置的仿真； •当调节值出错或调节传播过程中出错时提供取代值（故障安全）； •此功能块特别适用于受控的执行机构
离散输入（Discrete Input）	一个离散输入功能块为切换块的当前值提供以下信号处理功能： •手动/自动操作方式切换； •当前值的反转； •当前值的仿真； •在检出错误时提供取代值
离散输出（Discrete Output）	一个离散输出功能块为继续送往转换块的调节值提供以下信号处理功能： •给定值的反转； •手动/自动/本地超控操作方式切换； •执行机构实际位置的仿真； •在调节值出错或调节值传输过程中出错时，提供取代值（Fail Safe）； •此功能块特别适用于执行机构的开/关

（续）

块的类别	说　　明
累加器（Totalizer）	一个累加器功能提供以下信号处理功能，这些功能直接处理转换块的输出： • 手动/自动操作方式切换； • 选择计数模式（正向/反向，只计"＋"，只计"－"，停止）； • 累加器复位； • 极限值监控
运行日志（Logbook）	此运行日志是报警转换块报警的一个永久性存储器（环形缓冲器）

7.2　积极参与制订行规的一些组织机构

为了制订局部的和跨行业的现场总线标准，各个制造厂商组织纷纷成立。它们开拓市场，支持并进一步开发相应的技术，试图通过市场行为来达到其目的。所有这些组织都引用"行规（Profile）"作为数据通信协议的补充。对于 Profibus-PA 而言，无论过去和现在，行规都是在功能组件模型的基础上发展起来的，这是因为一方面"功能组件的理念"在流程与化工领域已为人们所熟知，另一方面功能组件模型非常符合现场仪表的多样性与结构的要求。

行规组件第一次为下列基础仪表作出了规定，具体如下。

（1）温度、压力、流量和液位测量转换器。

（2）电气和电子气动执行机构。

（3）开/关式执行机构。

鉴于 PA 行规的组件特性，自由组合功能的仪表（也称为多变量设备，Multi Variable Device）也可以用此行规来描述。

当德国中央电气技术工业联合会（ZVEI）第 15 专业委员会现场总线分析技术工作组将其早些时候开发的"过程分析仪器对象描述"转化为功能组件模型并提供给 PNO 使用时，Profibus-PA 行规的功能范围有了明显的扩大。

德国化工与机械设备联合会（DECHMA）的实验室技术工作委员会曾为自己提出一项任务，即为实验室数据总线拟定一个行规。为了不完全从零开始，该委员会接受了 Profibus-PA 功能组件，并用以满足其特殊要求。此外，该委员会还定义了若干辅助的功能组件，这一结果被纳入 DIN V12900 第 3 部分。

德国测量与自动化技术协会（GMA）的"净化设备——现场总线系统的应用"工作组走的是相同的路。其间，它们对 Profibus-PA 行规现有的功能组件进行了可用性试验，并认为 Profibus-PA 行规完全适用于这个行业。但对分析技术又提出了额外的要求，这些要求也已被转化到 Profibus-PA 行规之中。德国工程师协会（VDI）/德国电气工程技术人员联合会（VDE）/德国废水技术联合会（ATV）的准则 3552 指明水处理行业是 Profibus-PA 的主要应用领域之一。

采用 Profibus-PA 行规中功能组件模型的好处，首先是它的通用性，其次是按照行业的特殊要求"量体剪裁"的可能性。

下一节以一个例子讨论其功能及其特征，以帮助读者加深对已定义行规功能的印象。

7.3　以一个信号链为例子说明行规的功能

下面的章节将在测量与调节功能及其在 Profibus-PA 行规中的表达方式之间架起一座桥梁。

智能化现场仪表的性能是很复杂的。为了提高测量结果的精确度与再现性、提高其动态特性等，可使用高度专业化的控制算法，甚至调节器的结构。Profibus-PA 行规并不有意识地去追究其细节，它更多的是偏重于某些主要的测量与调节功能，而将其转化工作交给仪表制造厂去实现，以下是现场仪表中以不间断信号流的形式所表现的 PA 行规功能（参见图 7–8～图 7–15）。此信号流是作为例子来说明的。制造厂商可以通过附加功能对它进行补充。

7.3.1　传感器特征值的表述

物理的/电气的过程参数向数字值的根本转换（和相反的转换）通常不能够提供由仪表用户进行调整的可能性。但是，为了将不同类型的传感器接于一个测量转换器和考虑安装地点的各种机械的和物理的实际情况，需要进行参数化。以雷达测量为例，传感器偏移量（Sensor Offset），即传感器的安装地点，作为传感器的特征值被引入决定测量值的过程之中（如图 7–8 所示）。

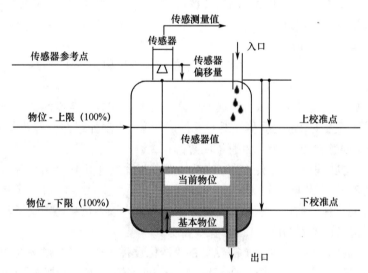

图 7–8　传感器特征值

表 7–2 所列的参数包含在 PA 行规之中。

表 7–2　以雷达液位计为例的传感器特征值

参　数	参 数 说 明
传感器偏移量（SENSOR_OFFSET）	传感器与容器上边角参照点的距离
传感器值（SENSOR_VALUE）	传感器的输出值
…	…

7.3.2　校准

在给定条件下，以一个测量仪表或一个测量装置的输出值为一方，以一个测量参数所给的已知值为另一方，使这二者之间彼此对应的工作称为校准（如图 7-9 所示）。

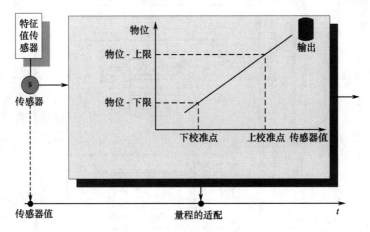

图 7-9　传感器的校准特性曲线

校准可以自动地进行，或通过一个操作者来完成。通过对一个受限的量程/调节范围的校准可以获得较高的精确度。

对于使用雷达进行的液位测量，由传感器提供的空罐和满罐的度量值被记入校准点。罐的排空和灌满通常是由人工进行的，而且在这 2 种液位状态下所测得的值被接收为相应的参数。表 7-3 为以雷达液位计为例的校准参数。

表 7-3　以雷达液位计为例的校准参数

参　　数	参　数　说　明
物位上限（LEVEL_HI）	被测物位的范围
物位下限（LEVEL_LO）	
上校准点（CAL_POINT_HI）	传感器量程的片断，它代表物位的范围
下校准点（CAL_POINT_LO）	

7.3.3　线性化

进行线性化有各种原因，通常是在信号流中紧接着校准进行的。

（1）纠正非线性传感器/执行机构特性曲线；

（2）把安装地点上的非线性关系考虑进去（例如，测量卧罐的液位）；

（3）被测信号与期望图像大小之间的非线性关系（例如，不规则贮罐中的充压式液位测量）。在进行雷达液位测量的情况下，例如米制的液位必须换算为容积，此时应考虑罐的几何形状。

线性化类型可以用一个参数（LIN_TYPE）来选定，它激活信号流中相应的功能。参数 LIN_TYPE 可视为由一定的参数值激活信号流中给定功能的开关。在某个时刻只能用一个参数激活 LIN_TYPE 库中的一个线性化功能（如图 7-10 所示）。在 PA 行规中，LIN_TYPE

值和功能之间有一系列固定的对应关系，这些参数充分满足了诸如热电偶类型、阀门特性曲线和容器形状等要求。一个具体的仪表只允许使用对其功能有用的参数值，例如热电偶特性曲线对于执行机构毫无意义。制造厂商可以对其仪表中的代码进行补充。

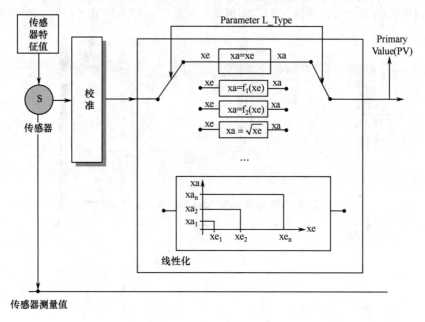

图 7-10　线性化

如果需要基于支撑点的线性化，则应有通过用户将一个线性化表格装入仪表的可能性。PA 行规描述了相关机制与参数。表 7-4 为线性化表格的参数。

表 7-4　线性化表格的参数

参数	说明
TAB_X_Y_VALUE	该参数包含一个表格支撑点，它各有一个纵、横坐标数值偶。该表格不可读或写，但在读或写操作时看得见一个数值偶
TAB_ENTRY	该参数是一个指针，它指出表格的哪一个数值偶正是所见到的。仪表可以在其内部实现相应的管理
TAB_MIN_NUBER	由仪表说明用户至少必须输入多少个数值偶，才能够进行线性化计算
TAB_MAX_NUBER	由仪表说明用户最多允许输入多少个数值偶，即描述表格缓冲器的大小
TAB_OP_CODE	控制表格读、写过程，例如打开和关闭表格装载过程，插入一个数值偶
TAB_STATUS	有关仪表中所含表格有效性的说明，例如非单调的、非初始化的
TAB_ACTUAL_NUMBER	包含表格中数值偶的当前数量
TIN_TYPE	线性化表格的开与关。选择线性化表格有非常广阔的空间（例如，按照热电偶类型和阀门特性曲线来加以选择）

7.3.4　初始值（Primary Value）的计算单位

线性化的结果就是产生由度量值和单位构成的测量值，它在行规中被称为初始值（Primary Value）。当 PV 的单位（PV_Unit）变更时，PV 值也随之改变。每一种测量原理在行规中都有给予支持的最低单位数。对液位而言，也就是%，m 和 ft 3 种。

最常用的单位已编成代码。编码表是一般技术要求文件的组成部分，在本书中被列入章节中。它适用于所有带单位的参数见表 7-5。对于不被包括在代码中的特殊单位，可作为 ASCII 文本输入，如无书写错误，该文本将对度量值产生影响。

表 7-5　线性化参数

参　　数	参　数　说　明
Primary Value（PV）	测量值由包含在 PV 中的度量值和编码为 PV_Unit 或 PV_Unit_Text 的单位组成
PV_Unit	单位的编码. 表格见"一般要求文件第 5 部分"（General Requirement_Document，Section5）
PV_Unit_Text	单位的文字表述，如果它不在编码表中的话

7.3.5　测量值标度

所谓标度是指将测量或调节参数线性化地换算为其他单位，或换算为其他图像大小。其中，参数是按照公式 y=ax+b 来进行换算的，式中 x 为输入量，y 为图像大小，a 和 b 是特性曲线的斜率与零点偏移。在 Profibus-PA 行规中，由于历史的原因选择了另一种方法来描述特性曲线，即给出特性曲线 2 个点的度量值，然后按照定义将设定的量程/调节范围的零点和终值记入曲线图。

度量值、单位和标度值是配套的。在 Profibus-PA 行规中，提供这类信息的参数是分开的。

属于 Primary Value（PV）的还有单位（PV_UNIT）。按照所使用的单位（PV_UNIT）进行的 PV 换算在行规中不用任何参数来描述。PV 和 PV_UNIT 按照行规的定义是一致的。

在 PA 行规中，标度可按若干步骤进行（如图 7-11 所示）。上述通过 PV_UNIT 增补单位设定可能性的线性化是标度的第一步，表 7-6 指出了标度要求的参数，在信号处理链中位于 PV 之前。在以后的信号处理过程中，行规提供了进行附加的非线性和线性换

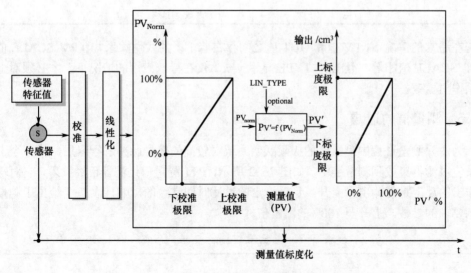

图 7-11　测量值的标度

算的可能性。此外，还应提供其他参数。参数 PV_SCALE（PV_标度）实现参数 PV 的标准化，如上所述，以 100%时的 PV 和 0%时的 PV 进行线性换算。尤其要注意的是，PV_SCALE 的值随着仪表中的单位 PV_UNIT 的改变而自动地由仪表来改变，从而使与 PV 有关的单位无扰动地切换到输出值。LIN_TYPE 机制可以有选择地再度对标准化的 PV 值产生影响。之后，通过参数 OUT_SCALE 完成最终标度，并借助该参数进行一次标准值的线性转换。同 PV 相比，对 OUT 值具有决定性意义的不是单位，而是 OUT_SCALE 的初值和终值。单位的作用如同伴随的标签一样。

表 7-6　标度要求的参数

编号	参　　数	参 数 说 明
1	测量值上标度极限：PV_SCALE.100%	在标准化过程中，从范围 0%换算至 100%的测量值范围。
2	测量值下标度极限：PV_SCALE.0%	测量值上标准极限=100% 测量值下标准极限=0%
3	输出值上标度极限：OUT_SCALE.100%	在标度化过程中，从范围 0%计算至 100%的输出值范围。
4	输出值下标度极限：OUT_SCALE.0%	100%=测量值上标度极限 0%=测量值下标度极限
1～2	PV_Scale	该参数含有按照 0%～100%范围已在单位中含有的测量值标准化所不可缺少的数值，即在信号系统中再次有可能进行非线性换算。这首先在使用简易差压测量转换器测定流量时必须求平方根的情况下，是十分必要的。这些参数值的后面自动跟随着单位 PV_Uint
3～4	OUT_Scale	该参数包含上位控制器的单位所表示的 PV_Scale 标准数值去标准化所不可缺少的数值。终值计算的基础是 OUT_Scale 值。在 OUT_Scale 中给出的单位清楚地表明由标度化得到的单位。OUT_Scale 单位编码的改变对于度量值没有影响

在通常的情况下，PV 值和 OUT 值之间存在着 1:1 的线性关系，即 PV_SCALE 值和 OUT_SCALE 值相等，且 LIN_TYPE 显示 y=x。仅在特殊应用的情况下，才必须对上述关系作出更改。

7.3.6　测量值的过滤

为滤除测量过程中测量值的极限跃变，或对较高的信号脉冲进行阻尼，将一个 PT1 测量值过滤器集成到测量链中。如图 7-12 所示，PT1 测量值过滤器已经置入，它对输入量作出的反应是使输出量上升，且受设定的过滤时间常数的影响，表 7-7 给出了测量值过滤要求的参数。上升至 100%的测量值。

表 7-7　测量值过滤器要求的参数

参　　数	参 数 说 明
过滤器时间常数 T1	它指达到终值 63%的时间（见 PT1）

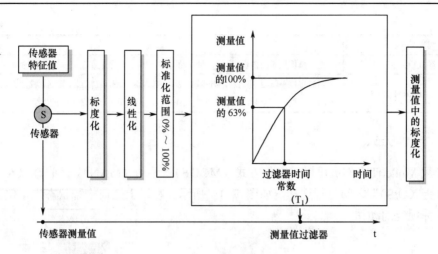

图 7-12　测量值的过滤

7.3.7　极限值控制

转移至仪表中的信息处理的一个重要部分就是极限值控制，表 7-8 给出了极限值控制要求的参数，仪表操作员可以控制仪表中由传感器提供的和经过预处理的测量值，使其保持在极限值。警戒与报警极限值的超越与未超越，均由仪表控制（如图 7-13 所示），在行规 V3.0 和 V3.01 中，这类报文作为测量值状态的一部分被传递。目前还没有从仪表独自发出报警的安排。

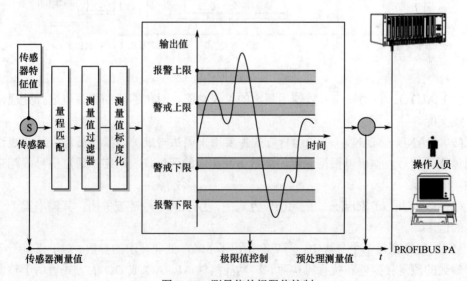

图 7-13　测量值的极限值控制

表 7-8　极限值控制要求的参数

参　数	参 数 说 明
报警上限（HI_HI_LIM）	当测量值超过报警极限时，则相应的状态置位。极限的单位就是测量值的单位
警戒上限（HI_LIM）	当测量值超过警戒极限时，则相应的状态置位。极限的单位就是测量值的单位
警戒下限（LO_LIM）	当测量值低于警戒极限时，则相应的状态置位。极限的单位就是测量值的单位

（续）

参　　数	参　数　说　明
报警下限（LO_LO_LIM）	当测量值低于报警极限时，则相应的状态置位。极限的单位就是测量值的单位
滞后（ALARM_HYS）	当测量值下降/上升之后，仍然显示报警/警戒的范围，在超过上限时，滞后在极限以下作用，在低于下限时，则在极限之上作用，滞后的单位就是测量值的单位

7.3.8　操作方式

参数 Mode 使操作员可以在操作方式（MODE）"手动（MAN）"、"自动（AUTO）"和"停止（O/S）"之间进行选择，如图 7-14 所示。在以上任何一种状态中，仪表都应完成各种规定的动作。

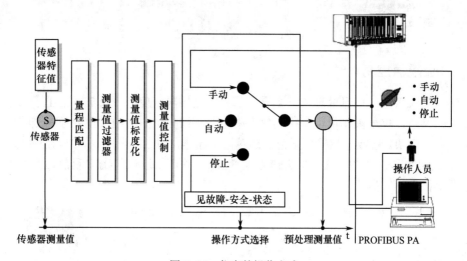

图 7-14　仪表的操作方式

（1）AUTO：自动操作方式使用规定的仪表功能，对传感器的测量值进行处理，并由总线支配。

（2）HAND（MAN）：手动运行方式主要用于调试与维护，操作员可以经总线设定其测量值。然后，他可以根据设定的测量值在相连的现场仪表网络中通过信号跟踪完成一次功能控制。

（3）O/S-Out of Service：在此操作方式中，仪表的信号链被关闭，其输出置于一个确定的值上。

Mode 包含在每一个方块中，表 7-9 指出了 Mode 处理要求的参数。对于仅有一个主过程参数的测量转换器和执行机构而言，功能组件 AI、AO 或 DO 的方式适用于整个仪表。对于有若干测量值和调节值的仪表而言，对每一个过程通道可以分别设置相应的操作方式。

表 7-9　方式（TARGET_MODE）处理要求的参数

参　　数	参　数　说　明
方式（TAGET_MODE）处理要求的参数	包含仪表的当前方式，可以从本地或者总线对此参数进行访问

7.3.9　状态的构成

测量值，即从传感器值直到预处理的测量值（OUT）（如图 7-15 所示），同一个 8 位状态信号相对应（见表 7-10）。此状态信号包含关于测量值质量的陈述，且由质量、质量亚状态、极限 3 个部分组成。

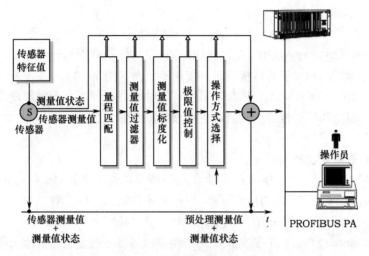

图 7-15　仪表中状态的构成

表 7-10　状态信号的结构

状态信号							
Bit 2^7	Bit 2^6	Bit 2^5	Bit 2^4	Bit 2^3	Bit 2^2	Bit 2^1	Bit 2^0
质量		质量亚状态				极限	

1．质量

质量（Quality）包含对当前测量值的表述。以下质量有所区别。

（1）Bad（$2^{7,6} = 00$；坏值）测量值不可用。

（2）Uncertain（$2^{7,6} = 01$；不确定值）测量值还可以用。

（3）Good（$2^{7,6} = 10$；良值）测量值可用。

2．质量亚状态

质量亚状态（Quality Substatus）是对每项质量陈述的特别补充。这里举出几个符合 V3.0 和 V3.01 状态的例子。在行规 V3.01 的第 2 次修订本中，状态既受到限制又被扩大了，但基本原理仍旧被保留下来。

1）Status Bad：

（1）Device Failure（$2^{5\sim2} = 0010$；仪表故障）——倘若仪表的某个故障影响传感器测量值，则该亚状态置位。

（2）Sensor Failure（$2^{5\sim2} = 0100$；传感器故障）——倘若仪表有能力辨认所出现的故障，则该亚状态置位。

（3）No Communication（$2^{5\sim2} = 0101$；通信故障）——倘若通信没有提供所期望的值，则该亚状态置位。

2）Status Uncertain：

（1）Last Usable Value（$2^{5\sim2}=0001$；最后可用值）——倘若测量值的当前化（更新）被停止，则该亚状态置位。

（2）Sensor Conversion not Accurate（$2^{5\sim2}=0100$；传感器转变不明确）——举例而言，倘若测量值超出和低于传感器的极限，则该亚状态置位。

3）Status Good：

（1）Ok（$2^{5\sim2}=0000$；一切正常）——当测量值正常无误时，使用该状态。

（2）Active Advisory Alarm（$2^{5\sim2}=0010$；主动通知报警）——例如，在极限值控制的条件下，当超出和低于警戒极限时，使用该状态（图 7-13）。

（3）Active Critical Alarm（$2^{5\sim2}=0011$；主动临界报警）——例如，在极限值控制的条件下，当超出和低于报警极限时，使用该状态（图 7-13）。

3．极限

极限是对质量亚状态的补充。

（1）Not limited（$2^{1,0}=00$；不限制）——测量值处于有效的量程内。

（2）Low limited（$2^{1,0}=01$；下限）——测量值低于量程下限。

（3）High limited（$2^{1,0}=10$；上限）——测量值超出量程上限。

（4）Constant（$2^{1,0}=11$；固定的）——测量值可以不改变且与过程无关（例如手动方式，见图 7-14）。

根据包含在测量链中的极限值控制可以画出它对状态的影响，如图 7-16 所示。

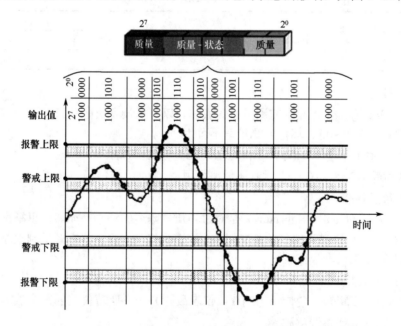

图 7-16　状态在极限值控制期间受到的影响

图中所示的极限值控制仅对亚状态（bit $2^{5\sim2}$）和状态极限（bit $2^{1,0}$）有影响，状态质量 Good（bit $2^{7,6}$）即使在超出或低于与过程相关的某一极限时也会被保留下来，因为极限的控制与过程参数有关。在上下警戒的范围内，测量值获得亚状态"OK"。但是，当测量值超越上下警戒极限时，亚状态改变为 Active Advisory Alarm，而且状态极限达到 High limited，当测量值再度下降时，如果该值在给定的滞后作用下下降，则亚状态与状态极限才重新复原。但是，如果超出或低于传感器的物理极限，则状态质量，即极限的亚状态也会发生变化。

7.3.10　故障安全行为

故障安全（Fail Safe）行为相当于某个 4mA～20mA 仪表的"Hold"状态。也就是说，当测量链中出现故障时，仪表的输出被置于一个由用户所选的固定值，仪表通过 Status Bad 对相应的故障（例如传感器损坏）发出信号，以释放出相应的故障安全行为（如图 7-17 所示），操作员需对仪表设置参数，决定采用以下 3 种故障安全类型中的哪一类。

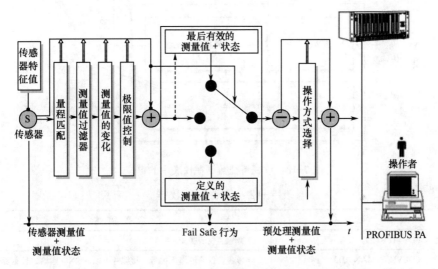

图 7-17　仪表的故障安全行为

（1）带 Status Bad 的当前测量值将被继续传送给过程控制系统。接着，过程控制系统启动相应的步骤。

（2）只要测量值一直占有 Status Good 则当前值始终作为"最后有效的测量值"而被存储。之后，如果出现 Status Bad，则最后有效的测量值以状态"UNCERTAIN_LAST_USABLE_VALUE"被输出至过程控制系统。

（3）对于 Status Bad，操作员可以定义一个替代值和替代状态并将它存入仪表中。之后，此替代值连同替代状态以状态"UNCERTAIN_SUBSTITUTE_VALUE"被输出至过程控制系统。表 7-11 给出了 Mode 处理要求的参数。

表 7-11　Mode 处理要求的参数

参　　数	参 数 描 述
故障安全类型（Fail_Safe_Type，FSAFE_TYPE）	被选中的故障安全类型存放在此参数中
定义的替代值（FSAFE_VALUE）	该定义的替代值由一个数值和所属的状态组成，它在选择第 3 类故障安全类型时，被送往过程控制系统

7.4 与设备相关的特征数据与功能

7.4.1 可读的产品型号商标

每台仪表都配有一个型号商标，在它上面标明仪表特征数据，如图 7-18 所示。由于总线技术被引入过程控制技术，经总线读出仪表特征数据是可能的。因此，有必要将仪表特征数据（见表 7-12）除型号商标外也作为二进制信息提供给用户。

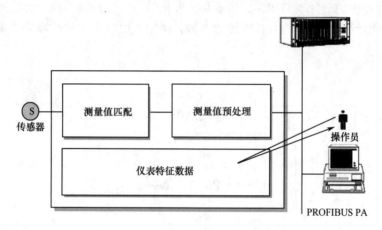

图 7-18 仪表特征数据在仪表中的定位

表 7-12 仪表特征数据

参　数	参　数　描　述
仪表类型（DEVICE_ID）	参数包含仪表类型
制造厂名（DEVICE_MAN_ID）	参数包含仪表制造厂编号，该编号可以向 PNO 申请，且免费分配
设备序号（DEVICE_SER_NUM）	参数包含一个特征号，可用它来辨别单个仪表
...	...

这些仪表特征数据自 2005 年 10 月起由任何被新认证过的 Profibus 仪表提供。相应的机制与参数定义用 I&M 功能来表示。I&M 为识别与维护的缩写，并将在本书 7.8.2 小节中详述。一台 PA 仪表因此有 2 种不同的机制来提供这些信息。

7.4.2 PA 行规的写控制

一个 Profibus-PA 从站可通过一个本地操作终端，一个 1 类主站（例如控制器）或通过一个参数化工具来对登记表特征数据进行访问。PA 行规写控制的影响因素如图 7-19 所示。为了防止随意地写入参数，PA 行规中对写的控制作了规定，它包含以下机制。

（1）只准写入带"访问（Access）"属性 W（Write，写）的参数。

（2）在 Profibus-PA 从站的硬件上设置一个跨接器（Jumper），其值在物理块参数（Physical Block Parameter）上的映像为 HW_WRITE_PROTECTION。如果此 Jumper 不置位，则不允许写访问（无论本地还是远程）。

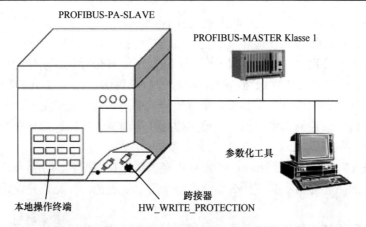

图 7-19　PA 行规写控制的影响因素

（3）用物理块参数 WRITE_LOCKING 可以选择允许写哪些块参数，在参数 WRITE_LOCKING 以数字代码的形式为写访问定义了不同的范围。

（4）控制写访问的另一个参数是物理块参数"LOCAL_OP_ENABLE"。如果该参数置位，则可经过仪表的本地操作终端对该参数进行访问（写访问）。倘若它没有置位，则只能将远程参数（控制器，参数化工具）写入仪表中。通信故障超过 30s，该参数便失去其意义，在此情况下，也可以在本地操作仪表，如果通信一切正常且该参数置位，则参数 Remote（远程）必须在本地访问之前复位。

一个制造厂商可以将上述机制的组合变量集中在一台仪表上实现。所有机制都是可选的。

7.4.3　在总线上进行的设备冷、热启动

如果能够从参数化工具重新启动仪表，这对仪表的某些应用（例如调试）是颇为有益的，一台仪表在重新启动时会有许多不同的变量。PA 行规锁定了 2 个普遍适用的变量，也可以提出其他制造厂商特定的变量。其中就有一个参数 FACTORY_RESET 被定义在物理块（Physical Block）中。

冷启动使仪表恢复到从生产厂家交货之后的状态。这些参数值在复位之后取行规默认值 Profile Defaultvalue（在某处定义的），并取制造厂商特定的预置值。

热启动实施所谓软件复位，此时所有参数重取最后设定的值，只要它们不是所谓的动态参数，因为在仪表的非易失性存储器中没有这些参数的存放位置。

重新启动后，其他变量可以由仪表制造厂用 FACTORY_RESET 参数中仪表制造厂特定的代码来提供。

7.4.4　仪表有效识别号（IDENT_NUMBER）的切换

一个 Profibus-DP 仪表设备为了同一个一类主站（大多数情况下是一台控制器）通信，需要一个所谓的识别号 IDENT_NUMBER，用它来确立仪表与所属 GSD 之间的唯一性。

一台仪表可以携带一个制造厂特定的或一个行规特定的 Ident Number 出厂，此外，

可能出现这种情况，即一个仪表不同的版次有不同的识别号（ID 号）。使用参数 IDENT_NUMBER_SELECTOR 可以在循环数据交换启动时选择有效的 Ident Number。这一点尤其在下列情形下十分重要，即当要用一台 3.0 和 3.01 版且带行规识别号的仪表更换一台 PA 行规 2.0 版且没有行规特定识别号的较老仪表时，参数 IDENT_NUMBER_SELECTOR 处在物理块（Physical Block）中且没有由行规给定的默认值。也就是说，一台仪表可以表明行规或制造厂给定的识别号出厂。该参数允许用确定的代码选择预置的识别号，随意输入识别号是不可能的。

参数 IDENT_NUMBER_SELECTOR 可以在参数化期间变更。在循环运行期间的变更虽然对当前的循环通信不会有什么影响，但是应尽量避免。为此，建议采用一个禁止写的变量。

然而，在行规特定的诊断中可显示出识别号在循环数据交换中的变更（物理块中参数 DIAGNOSIS 的比特 IDENT_NUMBER_VIOLATION）。

7.5　一般的行规定义与功能

7.5.1　块的结构

一个功能组件可视为集装箱，里面是参数和受其影响的功能匣子。参数构成块的接口。参数是功能输入和输出的变量及影响这些功能的参数的总称。块中所包含的参数分为 3 组（如图 7–20 所示）。

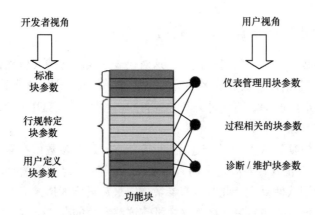

图 7–20　Profibus-PA 行规中一个块的构造

从开发者的眼光看，一个功能块是由"标准块参数"、"行规特定块参数"和"用户定义块参数"组成的。"标准块参数"和"行规特定块参数"构成一个功能组件的基本框架，它可以由用户定义块参数来补充。该基本框架的结构是通过将自动化任务在功能上进行分散而形成的，从而可以拓展现有的自动化仪表的性能。

从用户的眼光看，该基本框架分为"用于仪表管理的块参数"、"用于诊断/维护信息的块参数"和"与过程相关的块参数"。从用户的眼光以及从开发者的眼光看，每一个功能组件都必须当作输入输出和调节参数的一个统一体来考虑。

从"传感器测量值"直到"预处理测量值"的信号处理可以分为 2 个分过程。第一分过程将"对测量原理的适配"的功能置于转换块（Transducer Block）中；第二分过程将"测量值预处理"处于功能组件或功能块（Function Block）中（如图 7-21 所示）。

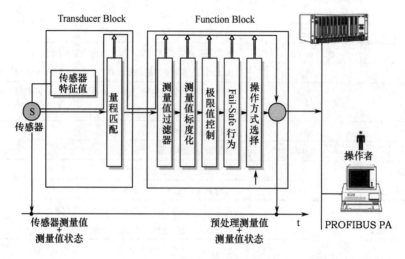

图 7-21　块中仪表性能的汇总

通过仪表功能与"转换块"和"功能块"的对应关系，有必要也有可能建立上述参数与转换块和功能块的对应关系（如图 7-22 所示）。在 Transducer Block 中包含了以参数形式出现的与仪表测量和调节原理特定的部分相关的所有信息与功能。在功能块中存放着以参数形式出现的各种测量值的处理功能。由于仪表识别信息既不能归入 Transducer Block 又不能归入 Function Block，因此这类信息（见表 7-12）的归宿是物理块（Physical Block）。

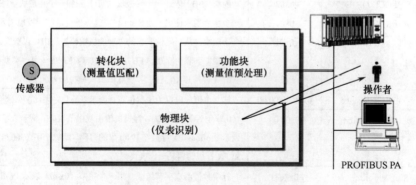

图 7-22　源于仪表中各类参数的划分

1. 参数定义

每一个行规参数是按照"一般性要求"（General Requirement）中规定的格式定义的，并将其存放在块参数表中。用户定义的新的块参数是对行规参数的补充，它们的特点是必须具备相应的属性。这些参数按照有关块的当前参数表得到下一个相对的空索引。由表 7-13 中可知新参数是怎样定义的。

表 7-13 制造厂特定参数的定义

参数属性	制造厂待定新参数	简 要 说 明
Relative Index	46	新定义的参数位于相对索引（Relative Index）为 46 的那一行中，被插入现有的块表中
Variable	New Parameter	参数的名称是"New Parameter"
Object type	Record	参数的数据类型是一个由标准数据类型组成的，称为 DS37 的记录（Record）。行规中使用的记录在"General Requirement"中
Data type	DS37	
Stone	S	该参数存入非易失存储器中，如果参数在一次写访问中改变，则标准块参数"ST_REV"必须增 1
Size	3	新参数由 3 个字节组成
Access	R, W	新参数可以读和写
Parameter	C	新参数是一个内部块参数
Type of Transoport	A	通信系统只能对该参数进行非循环访问
Default values	—	可以不设定初始值，因为此值在调试阶段才产生
Mandatory/Optional	M	此参数必须加以使用，它是一个强制性参数

2．标准参数"块对象（Block Object）"

参数块对象是每个单块标准参数组的组成部分。在块对象中，为了描述和识别所属的块，在 20 个字节内包含了所有信息。块对象是如何组成的，将在下表 7-14 举例说明。有关块对象的详细说明请参阅行规的"一般性要求"。

表 7-14 块对象的例子

字节	含义	A1 块例子	说 明
1	RESERVED	0xFF	在"一般性要求"中设有能识别各个块编码的表格。其中有一个功能块（FB）表、一个转换块（TB）表和一个物理块（PB）表。第一个字节尚未使用，为 Status（状态）保留。AI（模拟输入）块是一个功能块，从一般性要求的"功能块编码"表中可以查得。BLOCK OBJECT 字节为 0x02（FB），PARENT CLASS（亲体类型）字节为 0x01（输入），CLASS 字节为 0x01（模拟输入）
2	BLOCK OBJECT	0x02	
3	PARENT CLASS	0x01	
4	CLASS	0x01	
5～8	DD Reference	0x00 00 00 00	这 2 个值此时仅为保留位置，尚未规范化，因此，在数值中皆为 0（0 即是 NOT USED）。行规数值由双字节组成。第一个字节（0x40）表示 Profibus-PA 行规在 PNO 内的号码，第二个字节（0x81）表示按照 PA 行规归属某一仪表类型
9～10	DD Revision	0x00 00	
11～12	Profile	0x4081	行规数值由双字节组成，第一个字节（0x40）表示 Profibus-PA 行规在 PNO 内的号码，第二个字节（0x81）表示按照 PA 行规归属某一仪表类型。PA 行规中，简单型设备（如温度变送器）和紧凑型设备（如气相色谱仪）是有区别的
13～14	Profile Revision	0x0300	该参数含有行规当前的版本号（Version 3.0）
15	Execution Time	0x00	该数值此时仅为保留位置，尚未规范化
16～17	Number of Parameters	0x0051	此数值包含与块对应的参数数量（0x0051=81 参数）。提示：观察对象（Viewobjects）不是块参数，因此未被当作参数计入

（续）

字节	含义	A1 块例子	说　明
18~19	Adderss of View1	0x0310	此数值 Address of Views（观察地址）包含一个指向第 1 个观察对
20	Number of Views	0x02	象的 Slot Index 指针，参数 Number of Views 表示 Viewobjects 的数值，其余观察对象接于第 1 观察对象之后。本例中 View 1 Adress：Slot3 Index 16 View 2 Adress：Slot3 Index 17

3．标准参数"静态审查（Static Review）"（ST_REV）

一个块的诸多参数因操作员或某种应用而引起的变化可使测量值受到影响。因此，有必要将所有相应的参数变化记入控制系统。而标准参数 Static Review（ST_REV）是在 PA 行规中规定的报警处理（提示：在 3.0 版和 3.01 版中，报警处理仅存在于概念之中，尚未作出详细规定）的组成部分。标准参数 ST_REV 的工作原理如图 7-23 所示。如果用"访问（Access）"属性 W 和"存储（Store）"属性 S 来描述影响测量值的一个块参数，则所属块参数"ST_REV"的值增 1。与此同时，所属测量链的测量值状态被置入"Good_Update_Event"状态 10s。以此方式告知用户，仪表中进行了一次对受控块参数的写访问。如果测量值的状态不好，则被告知"Bad"状态，因此"Bad"状态的优先级高于"Good"状态的优先级。在行规"一般性要求"的文件中附有相应的优先级表。

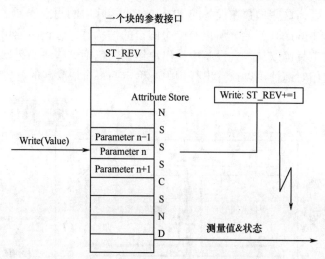

图 7-23　标准参数 ST_REV 的工作原理

4．标准参数"标志描述 Tag Description"（TAG_DESC）

此参数被提供给上位系统，用来将一个测量与调节点或称为 PLT 点的标志存入仪表中（例如 AKZ 或 KKS）。仪表为此在非易失性存储器中提供存储位置，但并不采取与文字有关的任何措施。

5．标准参数"观察对象 View Object"

标准参数"View Object"为行规使用者提供了用非循环服务，同时读出若干个块参数的可能性，从而可以达到两个目的：其一，减少访问次数，也就是减小总线的负载；其二，可以在同一时刻从仪表中读出变量与参数。参数在时间上的连续性可以导致获得额外的过程信息。

在行规文件中，按照块参数的定义可以看出在 View Object 中包括哪些块参数。由于 View Object 本身不是块参数，所以它可以排列在任意一个 Slot Index 位置上。在标准参数块对象（Block Object）中有对 View Object（Slot Index）的注释对于各个不同的块类型，View Object 的组成也不同。每个块可以拥有多个 View Object，它们一方面由行规（View 1-10）定义，另一方面由制造厂商定义。例如，一个 AI 块的 View_1 对象是由标准参数部分（参数 ST_REV、参数 MODE_BLK 和参数 ALARM_SUM）和块特定的参数部分（参数 OUT）组成的。所有这些参数都可以通过过程事件或操作事件加以改变，因而被称为动态参数。

7.5.2 设备管理（Device Management）

Profibus-PA 行规并没有规定在什么地址可以找到设备参数。行规更多的是描述块中某个参数的相对位置（在行规中以相对索引来定义）。设备管理如图 7-24。各个块与槽及其在槽中位置（即它的第一个索引）的对应关系除了少数规则外，都是由设备制造厂商自选的。因此，一个块实体的起始地址和一个参数在一个块中的相对索引确定了实际的参数地址。为了使参数地址能够自动地由一个软件工具来确定，应将设备特定的块结构和块实体的起始地址存入所谓"索引簿（Directory）"中。它就是设备的目录，由可读出的参数组成。因为这些参数在设备的 Slot Index 矩阵中的固定位置（索引簿在所有设备中均以 Slot1 和 Index0 开始）所以有一个固定的结构且包含设备的目录信息。软件工具，例如参数化工具可以从一台设备中读出块结构，包括这些块的起始地址。由块结构和行规中确定的相对地址可以计算出行规中所确定的每个块参数的位置。

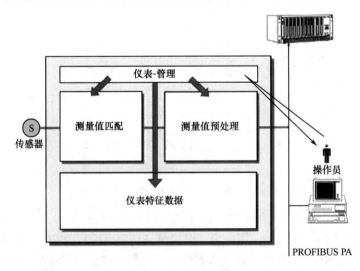

图 7-24 设备管理

在一个 PA 行规从站中，所有的设备数据以及所有的块参数都是按照在 DP-V1 中确定的 Slot Index 矩阵排列的（如图 7-25 所示）。

图 7-25 所示为一个 PA 行规从站，它包括一个物理块（Physical Block）、一个功能块（Function Block）和一个转换块（Tranducer Block）。这些块用目录（Directory）来加

以补充，它由以下 3 部分组成。

（1）目录索引（Directory_Object_Header）。

（2）设备中块类型一览表（Composite_List_Directory_Enties）。

（3）在 Slot-Index 矩阵中，每个块起始的基准点（Composite_List_Directory_Enties）。

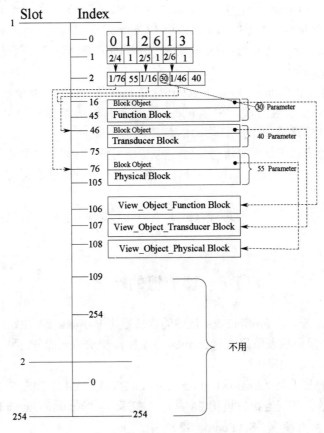

图 7-25　一个设备地址空间中各参数的排列（示例）

其次，仪表设备中还应有观察对象（Viewobjects）（每个存在的块都有一个）。正如所要求的那样，所有参数都安排在 Slot Index 矩阵中。由于选择了这样的排列，主站能够有目的地通过 Slot Index 寻址存取各个目录参数和各个块参数。目录在 Slot Index 矩阵中的位置对所有 Profibus-PA 仪表设备而言，都是相同的。因为主站在连接一个设备时除了目录位置外，其他的全然不知，它必须通过一步一步地读取才能够为自己生成目录参数。

下面的示例介绍的机制（如图 7-25 所示）被仪表设备制造厂商用来生成目录，进而生成目录参数的值。通过工具来分析目录信息，应遵循同样的机制。

（1）主站读出 "Directory_Object_Header"，并对其进行评审，其所处的位置总是在 Slot=1，index＝0 的位置。

① Dierctory Identification number（目录标识号）＝0。

② Revisionsnumber（修订号）＝1。

③ 由 Dierctory 所占 Indizes 的数＝2（Slot1 的 Index 1 和 Index2），Header 除外。

④ 在"Composite＿List＿Directory＿Entries"和"Composite＿Directory＿Entries"中的登录项＝6。

⑤ 第 1 个"Composite＿List＿Directory"在位置 1 的登录项。

⑥ 在"Composite＿Directory＿Entries"中登录项的数目＝3。

（2）主站读出"Composite＿List＿Directory＿Entries"，它始终处于 Slot=1，index＝1 的位置。通过对 Header 的评估，主站知道"Composite＿List＿Directory"应有 3 个登录项。主站在读出它之后才知道"Composite＿Directory＿Entries"在何处开始（index2），它包含了多少个登录项。

（3）主站读出"Composite＿Directory＿Entries"。其中的每个登录项都由一个 Slot-index 指针和一个数组成。Slot-index 指针指向块的起始位置（相当于块对象 Blockobject），其中的数是该块的块参数的数目。

（4）主站须读出各个块的"块对象"。它从"块对象"中可以得知块的类型、行规版本、块版本和指向有关"Viewobject"的指针。主站根据已知的块类型可以对块特定的参数进行存取。

主站不必在每次存取参数时进行以上 1 个～4 个步骤，它可以将已找到的数据就地存放。

7.6　调节值的输出

前面的章节给出了从 Profibus-PA 从站的传感器至 Profibus-PA 主站的测量值信号链示意图。但是，测量值的获取只是对 Profibus-PA 行规要求的一部分，另一部分要求则是输出调节值（例如，控制阀门）。

输出调节值的基础是"Analog Output Function Block，AO"（如图 7-26 所示）。主站循环地将调节值数据传送给执行机构 PA 从站。在那里，"Analog Output Function Block，AO"中的数据将存入参数"Set Point（SP）"中。

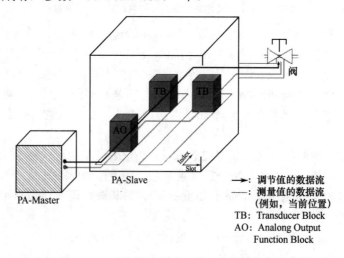

图 7-26　PA 行规中所表示的一个阀的数据流

　　参数 "Set Point" 是 Profibus-PA 从站中调节值信号链的输出点。由于调节值信号链的性能同测量值链的性能十分相似，仅次序相反，因此在这里不作详细探讨。在调节值信号链的结尾，经过处理的调节值向阀门输出。因为在阀门的定位控制过程中，主站必须知道阀门瞬间实际所在的位置，"Analog Output Function Block" 的附加功能是为阀门定位器准备当前位置。因此，模拟输出功能块（AOFB）是一个复杂的、由 2 个信号方向组合的功能块。其优点是，调整值输出的性能及其控制均被包含在唯一的一个块中。

　　阀门性能的相关特征表现在转换块（Tranducer Block）中，在这里将调节值的处理与调节值的适配分开进行。

7.7　行规参数的访问机制

　　在 7.5 节中定义的行规参数反映了不同的设备功能，它们被存储在设备中由制造厂自行设定的存储器位置上。为了让一个主站对 PA 行规从站进行访问，需要将行规参数映射到 Profibus 通信系统上。一个 Profibus-DP 主站可以非循环地（Acyclic）或循环地（Cyclic）对行规参数进行访问（如图 7-27 所示）。

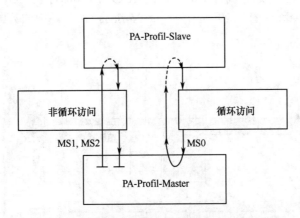

图 7-27　PA 行规主站与从站之间的访问类型

　　何种类型的参数访问是许可的，在属性为 "Type of Transport（传输类型）" 的参数定义表中有规定。所有 "Type of Transport" 属性为 "a" 的参数最终可以被非循环地传输。也就是说，主站在需要时以写（Write）和/或读（Read）服务对参数进行存取。所有在固定的时间间隔内必须供 1 类主站使用的参数均被循环地传输。这些参数的属性为 "cyc"，表示同主站进行循环数据交换。循环的参数也可以被非循环地写和/或读。

7.7.1　非循环数据交换

　　在 Profibus-DP 主站和 PA 行规从站之间进行非循环数据交换时，主站必须明白块参数放在从站中什么地方。为了让主站知道这些参数在何处，在从站中有个目录（Directory），如图 7-28 所示，它作为唯一的组成部分置于设备管理（Device Management）中。"Device Management" 在行规的 "映射" 文件中已作了详细叙述，本章 7.5.2 节中已作了简短说明。

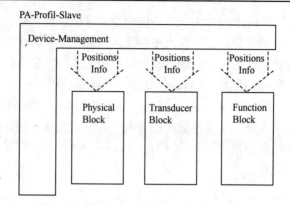

图 7-28　各类块以目录为基准

7.7.2　循环数据交换

在一个 Profibus-PA 从站中，有各种类型的块（物理块 PB、转换块 TB 和功能块 FB）。如前所述，转换块 TB 的作用是"适配测量/调节原理"，而功能块 FB 的作用则是"测量值预先/调节值后处理"。这种功能上的分工是导致只有功能块同 Profibus 主站循环交换测量值和调节值的原因。图 7-29 所示为一个 Profibus-PA 从站中的数据流。

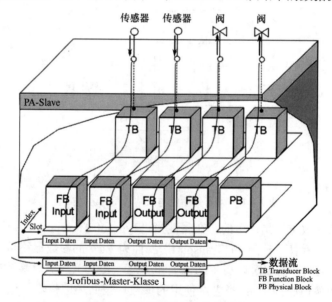

图 7-29　循环数据交换的数据流

同主站进行循环数据交换的方式有以下 2 种。

（1）测量值循环地从 DP 从站传输至 DP 主站。在此传输中，测量值的起点是传感器。测量值从传感器经过转换块 TB 流入属性为"cyc"的输入功能块（Input FB）的参数中。一个"仪表设备内部算法系统"获取此参数并将它置入循环报文中，该报文最后被送往一类 DP 主站。DP 主站可以处理当前的测量值。

（2）主站将调节值循环地传送至执行器。数据流的起点是一类主站。它将调节值放入循环报文中，该报文最后被送往从站。在从站中，"仪表设备内部算法系统"评估该报文并将调节值放入带属性"cyc"的输出功能块（Output FB）的参数中。输出功能块处理该调节值，并经过相关的转换块将它送往阀门。

主站、从站之间数据交换的这两种方式始终在保持给定的循环时间的条件下进行。数据交换的过程有以下 3 个阶段。

（1）建立循环数据交换。在初始化阶段（建立循环连接），主站与从站彼此明白，应当循环地交换哪些数据。初始化的基础构成单独的组态字节。一个组态字节是一个代码，它是专为每个循环功能组件参数定义的。

（2）数据交换阶段。在此阶段，主站与从站循环地传送参数。

（3）拆除（或中止）循环数据交换。循环数据传送因一类主站有目的的停止或因通信出错而被中断。根据以槽（Slot）和索引（Index）构成的 Profibus-DP 编址示意图所建立的广义模型，有3种不同的仪表设备类型：紧凑型（Compact）、软件模块型（Softwaremodular）和硬件模块型（Hard-modular）。物理块总是在 Slot0 的位置上，这一规则对所有类型都是相同的。紧凑型仪表有一个或多个模块，它们不被组态（GSD 关键字 modular_station＝0）。它们在 GSD 中被定义且被自动接受。循环数据交换在 GSD 中仅通过模块定义。当一个模块通过组件进一步结构化时，如 Profibus-PA 行规中所建议的那样，要指定一类元件（这里为功能组件）作为循环数据交换模块的代理模块。因此一个模块必须正好包含一个功能组件。该功能组件可以将 64 个字节收入报文中。在一个模块中，一个功能组件可以对应多个转换块。但这些转换块都占用各自的槽，以使模块能延伸多个槽。软件模块设备虽无物理上可插接的单元（GSD 关键字 modular_station=1），但却允许对模块进行组态。硬件模块仪表设备（GSD 关键字 modular_station=1）的插位规则如下。

（1）Slot 0 对应于仪表本身（头站）。

（2）Slot 1 至 254 可由模块占用。

（3）Slot 在组态中必须从 1 开始无空隙地排序。

（4）无模块的 Slot 应当明确地称为空槽（"Empty Slot 0"），但它不能超出最后一个所用的槽。

（5）一个模块要求占用一个或多个槽，其中也有"被覆盖"的空槽。

（6）一个模块在 GSD 中可以用一种标识格式来描述。

（7）可供主动循环数据交换使用的模块最多有 244 个，因为 Chk_Cfg 报文长度被限制为 244 个字节。

7.8　Profibus-PA 行规 V3.01 的修改

7.8.1　浓缩状态和诊断（Condensed Status and Diagnose）

1. 概述

机器、生产设备和自动化仪表的诊断是一个重要的创新领域，通过它可以在运行、维护与修理过程中形成节约费用的巨大潜力，尤其是测量与调节设备（现场仪表设备），因其已经具备的信号处理能力而为提供新的信息创造了良好的先决条件。例如，现场仪表可以提供有关它们磨损余度的信息，识别老化或辨别与过程相关的问题。但是，这些状态和诊断信息必须送达控制系统中的正确地点，而且在其含义上确凿无疑，以便从中作出控制、诊断和维护技术上的决定。

当今的控制系统通常要对控制系统中的这些设备信息进行诠释。这样做的好处是，借助于控制系统的组态工具完全可以调控和处理这些信息。这样做也是十分必要的，因为判定对现场仪表的状态或诊断评估报告是好是坏，取决于它在生产设备内的具体应用。不利的方面是，它没有利用现场设备的潜力，而现场设备由于更加接近过程和对未经处理数据的访问，从而能够更好地评估和更加适时地处理信息的产生。

2．应用方案之思考

在一个自动化系统中，现场设备信息的用户基本有3种，即控制器（PNK 近过程组件）、设备操作人员和维修人员（如图 7-30 所示）。当过程调控（这里不作进一步探讨）运行时，设备操作人员始终需要有关过程值的可用性与有效性的信息，以便在对过程引导的框架内推演他所需的处理方法（例如手动干预）。维修人员在需要的情况下要求获得有关地点、原因、紧迫性和可能的故障原因的信息，以便他对现场仪表设备或生产装置进行干预。

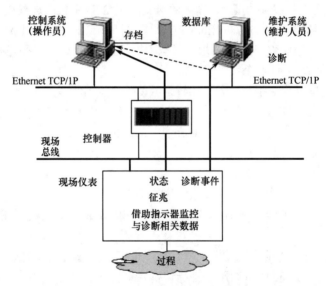

图 7-30　诊断事件的产生与利用

诊断既可以在现场设备中，又可以在维护系统中进行。在 VDI/VDE/NAMUR/WIB2650 中，谈到了作为现场设备诊断结果的仪表设备状态。该状态是通过对现场仪表中诊断事件的分类而得出的。其中有以下基本术语。

1）监控

（1）在一定程度上是一个连续的过程。

（2）将与诊断相关的仪表数据与过程数据同指示器进行比较（也就是说，参数的期望间隔、参数的运行或参数的组合）。

（3）提供状态信息。

2）诊断

分析与解释状态信息，即从征兆中推导出故障功能和偏差可能的原因，以提示采取行动。

3）征兆

监控的结果，即分类的状态信息。

4）状态

（1）状态在一定的程度上连续地表述关于过程值与仪表的状况与可靠性（例如，设有识别出错误、掉电、请求维护、功能控制）诊断信息的分类。

（2）状态是征兆的传送机制。

（3）状态在 Profibus-PA 设备中总是同每一个过程值，即以某一数据单位表示的测量值和调节值联系在一起的。

5）诊断事件

（1）当仪表中识别出可以辨认与给定状态有偏差的征兆时，诊断事件将即刻给出状态信息。

（2）在 Profibus 仪表中，一旦循环操作需要，便由从站仪表获取诊断。这一过程取代了对从站的一次循环读服务，从而导致一次循环实际值的损失。

6）错误

通常是某一单元无力实现所要求功能的状态。

维修与诊断术语的使用往往不是统一的。因此，一些重要的术语，如诊断、状态、监控、征兆、错误等，应该有一个统一的，不会引起误会的标准。本书中这些术语引自有关维修的标准[2]和标准[3]以及在 VDI/VDE/NAMUR/WIB2650 准则中专门关于现场仪表的标准[4]。从用户方面还应强调以下术语。

（1）磨损余度。

在规定的使用情况下，存在于观察单元之中可能实现功能的余度。

（2）维修。

维持和重建给定状态以及判定实际状态所采取的措施。维修分为计划维修和面向状态的维修以及其他的维修策略。措施包括维护、检查和维修以及薄弱环节的消除。

3. Profibus-PA 的解决方案

对 Profibus-PA 设备而言，提供诊断的机制有以下 3 种（如图 7-31 所示）。

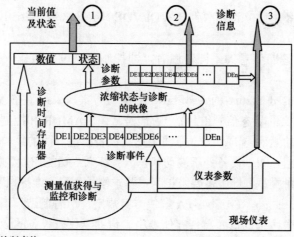

图 7-31　Profibus-PA 诊断事件的处理

1）连续提供诊断

测量转换器和执行器中现场总线的接口取代了 4mA～20mA 信号。过程参数循环地由 Profibus 传输。与循环的和数字的测量值始终相伴的是一个以状态形式出现的质量说明。测量值与状态两者是连续的，而且按照上面所述，它们是现场设备中监控与诊断的一个结果。根据 VDI/VDE/NAMUR/WIB2650 准则，这就是设备的状态。其主要特征是连续提供状态，即使没有诊断事件发生也是如此。因此，数值"Good"也是为状态定义的，它并未在规则中列出，是对已知错误没有出现而发出的信号。在 4mA～20mA 技术中，人们不需要这类说明，因为信号的出现本身就已经暗示"Good"的表述。

2）在发生事件时给出诊断报告

除了上面评定过程值的状态说明以外，当出现诊断事件时，还提供一项专门的诊断报告（高优先级的数据交换服务），向主站陈述事件的存在。主站接着借助特定的服务（Slave Diag）从现场设备中获取所收集到的诊断参数。对该参数的各个诊断比特在 PA 行规中按事件类别作了定义，且可以按制造厂商的要求加以补充。这样就可以限制从设备内部诊断算法中推导出来的错误根源。

3）在需要时询问诊断状态

到目前为止，所叙述的信息通常不足以准确地判断错误的原因并推导出维护或修理的措施。因此，可以有目的地增加对设备参数、制造厂商特定的诊断事件和测试例行程序的访问来限制问题的范围。

对于 Profibus-PA 设备而言，有两种状态定义，其中之一包含在行规 V3.01 版（和 V3.0 版）中，另一个则包含在修改文本 2（Amendment 2）中。两种状态定义的基础是相同的，这在 7.3.9 节中已经作了说明。

但是，应当强调指出，行规 V3.0 的状态定义中状态信息量之大，在控制系统中不能简单地加以评定。所以根据使用 Profibus-PA 行规 5 年的经验再次对状态（Status）进行修改。由此提出的解决方案称之为"Condensed Status（浓缩状态）"，它具有以下主要特征。

（1）将状态与诊断信息减至最小，可以跨越制造厂的界限，在语义上毫不含糊地加以使用。

（2）在现场设备中建立诊断事件与 VDI/VDE/NAMUR/WIB2650 准则状态信号参数化的对应关系。

（3）对状态与诊断信息的不同使用者，即控制器、设备操作人员和维修人员加以区别。

借助于 Condensed Status 的 Profibus-PA 解决方案，采纳了在 VDI/VDE/NAMUR/WIB2650 准则中定义的状态信号组。它一方面是从由 NAMUR 和控制系统制造厂商的代表共同进行的广泛检索而得的；另一方面则是从仪表制造厂商的经验中获得的。这些状态信号分为以下几组，即"设备处于被动状态"、"坏"、"功能控制"和"超出规范"，并按其紧迫性分为 3 种类型，即"需要维护"、"要求维护"和"维护报警"。对以上各类加以细分也是允许的。此外，Profibus-PA 解决方案规定，所有制造厂商特定的诊断时间，首先要记入一个仪表内部的诊断事件存储器中。借助于仪表设备的参数化可以列出制造厂商特定的诊断事件与期望的状态组别之间的应用对应关系。

除了将现场仪表的诊断时间按照循环状态重组外，还要将它反映到诊断参数上。如

图 7-32 所示，每一个独立的诊断事件可以分别按照诊断参数和状态排列。为此，可使用物理块参数 DIAG_EVENT_SWITCH。

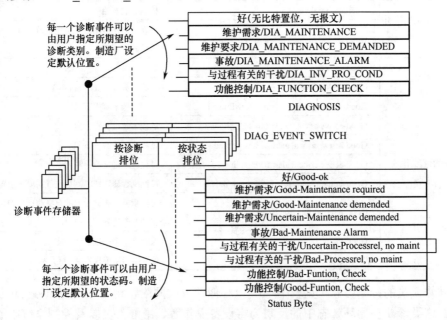

图 7-32　诊断事件参数化按状态和诊断服务划分

在图 7-30 中，系统中有不同的诊断信息接收者。考虑到这一点，在确定"Condensed Status"中的诊断信息时，可以分别按照设备操作者和维修人员来进行分类。表 7-15 左端所示为 VDI/VDE/NAMUR/WIB2650 的设备状态，它除了所提及的"Good"类之外，还扩充了"设备处于被动"类。后者首先是在特殊的操作阶段（例如，维修、调试和批处理）所需要的，以免控制系统和维修操纵台被诊断信息不必要的"淹没"。表 7-15 右端列出浓缩状态的类别及其说明，且根据准则对状态信息作了详细的解释。应当指出，过程参数的报警极限值控制和警戒极限值控制以及设备控制有类似的特殊作用，而且都是被传输的对象。由此产生在"Good"条件下状态类别的数目较大的结果。

表 7-15　设备操作者的诊断报告

设备操作员的看法	状 态 字 节	举 例
设备处于被动状态	Bad-device passivated（diagnostic alerts inhibited）	设备未在过程中使用。设备无法给出诊断或其他状态的报告
功能控制/数值无效	Bad-function check/local override，value not usable	对设备进行维护、清洁。测量值与过程值不符
事故/数值无效	Bad-maintenance alarm, more diagnostics available	设备有故障
事故/数值无效	Bad-out of specification，no maintenance	仪表正常，但测量不可能正常进行，例如流量转换器，管道中无介质
超出规范/数值的应用与用途有关	Uncertain-substitute set	仪表在故障情况下提供预置的替代值
超出规范/数值的应用与用途有关	Uncertain-Maintenance demanded	仪表给出磨损报告（第 2 级），测量值超标
超出规范/数值的应用与用途有关	Unertain-Simulated value，start	启动一次仿真，例如在调试中进行的循环测试
超出规范/数值的应用与用途有关	Unertain-Simulated value，end	仿真结束

（续）

设备操作员的看法	状态字节	举例
超出规范/数值的应用与用途有关	Unertain-intial value	接通后的初始值
	Unertain-out of specification，no maintenance	仪表正常，但测量不可能正常进行，例如测量值的精确度降低
好/数值可用	Good-ok	好
	Good-update Event	更改示数（Audit Trailing）
	Good-active advisory alarm，low limited	过程值低于警报下限
	Good-active advisory alarm，high limited	过程值超过警报上限
	Good-active critical alarm，low limited	过程值低于警戒下限
	Good-active critical alarm，high limited	过程值超过警戒上限
	Good-initiate fail safe（for actuator only）	控制执行器，使之到达设置的安全位置
	Good-internal function check	对测量值无明显影响的自身测试（例如，与安全相关的应用）
	Good-maintenance required	仪表给出磨损报告（1级）测量值
	Good-maintenance demanded	仪表给出磨损报告（2级）测量值

　　维修人员的诊断信息（见表7-16）以相似的方式同浓缩状态（Condensed Status）相对应。这类诊断在循环状态中的反映为将设备操作者、维修人员以及控制系统中的信息区分开提供了可能性。在仔细地研究设备操作者和维修人员的状态类别时发现，若干坏的状态，例如"设备处于被动"、"超出规范"，对于维修人员来说，可视为"Good"，因为对他而言，没有处理的必要。

表 7-16　维修人员的诊断报告

维修人员的看法	状态字节	举例
事故	Bad-maintenance alarm，more diagnostics available	仪表中有故障
	Uncertain-substitute set	仪表在故障情况下提供预置的替代值
功能控制	Unertain-Simulated value，start	启动一次仿真，例如在调试中的循环测试
维护要求	Uncertain-Maintenance demanded	在超标情况下，仪表给出磨损报告（2级）测量值
	Good-maintenance demanded	仪表给出磨损报告（2级）测量值
维护需要	Good-maintenance required	仪表给出磨损报告（1级）测量值
好	Bad-device passivated （diagnostic alerts inhibited）	仪表未在过程中使用，仪表无法给出诊断或其他状态报告
	Bad-function check/local override，value not usable	对仪表进行维护、清洁，测量值与过程值不符
	Bad-out of specification，no maintence	仪表正常，但测量不可能正常进行，例如流量转换器，管道中无介质
	Unertain-Simulated value，end	仿真结束
	Unertain-intial value	接通后的初始值
	Unertain-out of specification，no maintenance	仪表正常，但测量不可能正常进行，例如测量值的精确度下降

（续）

维修人员的看法	状 态 字 节	举 例
好	Good-ok	好
	Good-update Event	更改示数（审查跟踪）
	Good-active advisory alarm，low limited	过程值低于警报下限
	Good-active advisory alarm，high limited	过程值超过警戒上限
	Good-active critical alarm，low limited	过程值低于警报下限
	Good-active critical alarm，high limited	过程值超过警戒上限
	Good-initiate fail safe（for actuator only）	控制执行器使之到达参数化的安全位置
	Good-internal function check	对测量值无明显影响的自身测试（例如，与对安全相关的应用）

为了根据在 VDI/VDE/NAMUR/WIB 2650 准则中所述的状态信号对测量值状态进行评定，在 PA 行规中建议采用表 7-17 中的对应关系。与"PNO NE 107"对应的各列中的黑体字均被写入 Profibus 规范，上述准则的主要部分也被 NAMUR Empfehlung NE 107（德国化工测量与调节技术标准化委员会推荐标准化文件 NE 107）所采纳。

表 7-17　PA 行规状态与 VDI/VDE/NAMUR 状态的对应关系

十进制	二进制		十六进制	名称：PA 行规 3.01/修改版 2 PCS/DCS/Maintenance Station	PNO NE 107
0～3	**0000**	**00xx**	**0**	**Bad/nonspecific**	**Failure**
4～7	0000	01xx	4	Bad/configuration error	Failure
8～11	0000	10xx	8	Bad/ not connected	Failure
12～15	0000	11xx	C	Bad/device failure	Failure
16～19	0001	00xx	10	Bad/sensor failure	Failure
20～23	0001	01xx	14	Bad/no communication	Failure
24～27	0001	10xx	18	Bad/no communication	Failure
28～31	0001	11xx	1C	Bad/out of service	Check
32	0010	0000	20	——	Failure
33	0010	0001	21	——	Failure
34	0010	0010	22	——	Failure
35	0010	0011	23	Bad/Passivated	Failure
36～39	**0010**	**01xx**	**24**	**Bad/Maintenance alarm**	**Failure**
40～43	0010	10xx	28	Bad/process related	Failure
44～47	0010	11xx	2C	——	Failure
48～51	0011	00xx	30	——	Failure
52～55	0011	01xx	34	——	Failure
56～59	0011	10xx	38	——	Failure
60～63	**0011**	**11xx**	**3C**	**Bad/function check, local override**	**Check**
64～67	0100	00xx	40	——	Failure
68～71	0100	01xx	44	Unertain/last usable value	Failure
72～75	0100	10xx	48	Uncertain/substitute-set	Failure
76～79	0100	11xx	4C	Uncertain/initial value	Failure

（续）

十进制	二进制		十六进制	名称：PA 行规 3.01/修改版 2 PCS/DCS/Maintenance Station	PNO NE 107
80～83	0101	00xx	50	Uncertain/sensor conversion not accurate	Maintenance
84～87	0101	01xx	54	Uncertain/engineering unit violation	Failure
88～91	0101	10xx	58	Uncertain/subnormal	Failure
92～95	0101	11xx	5C	Uncertain/configuration error	Failure
96～99	0110	00xx	60	Uncertain/Simulated value	Check
100～103	0110	01xx	64	Uncertain/sensor calibration	Checkc
104～107	0110	10xx	68	Uncertain/Maintenance demanded	**Maintenance**
108～111	0110	11xx	6C	——	Failure
112～119	0111	0xxx	70	Uncertain/simulated value start	Check
120～123	**0111**	**10xx**	**78**	**Uncertain/process related**	**Out of spec**
124～127	0111	11xx	7C	——	Failure
128～131	**1000**	**00xx**	**80**	**Ok/Good**	**Good**
132～135	1000	01xx	84	Good/Update Event	Good
136～139	1000	10xx	88	Good/active advisory alarm	Good
140～143	1000	11xx	8C	Good/active critical alarm	Good
144～147	1001	00xx	90	Good/unacknowledged update event	Good
148～151	1001	01xx	94	Good/unacknowledged advisory alarm	Good e
152～155	1001	10xx	98	Good/unacknowledged critical alarm	Good
156～159	1001	11xx	9C	——	Failure
160～163	1010	00xx	A0	Good/initial fail save	Check
164～167	**1010**	**01xx**	**A4**	**Good/maintenance required**	**Maintenance**
168～171	**1010**	**10xx**	**A8**	**Good/maintenance demanded**	**Maintenance**
172～175	1010	11xx	AC	——	Failure
176～183	1011	0xxx	B0	——	Failure
184～187	1011	10xx	B8	——	Failure
188～191	1011	11xx	BC	Good/function check	Good

注：1. 表中未列出的状态码予以保留；
2. 标以"—"的状态码不应使用

7.8.2　I&M 功能

当今生产设备的特点是其高度的复杂性，而且专门应对当时的生产任务。这一点保证了按照生产技术和投资标准达到优化生产过程。除了纯粹的过程控制任务外，在管理和优化设备使用方面的功能具有日益重大的意义。这一点也尤其适用于在生产过程中使用的仪表和设备。在线资产管理（Online Asset Management）的出发点是：例如，维修计划的优化、出现干扰的最小化、过程诊断与过程控制的改进和通过充分利用设备中的潜力为提高产量创造可能。

通过通信网络掌握来自一个自动化系统各个设备的当前信息，是在线资产管理的基础。这些信息包括仪表设备的识别数据、有关仪表设备在自动化系统中的作用说明以及状态信息。此外，在各种设备数据的基础上获取其他信息源，如定货信息、参数化与设计数据、维护信息、校准规程、手册等，也能如人所愿。最后每台设备都有一段历史，它在资产管理中同样起着重要的作用。

自动化设备的应用范围极为广泛，并且对仪表设备的性能提出了极不相同的要求。这些导致形成了不同的设备类别，它们是为特殊的用途而设计和优化的。因此，上述可用于资产管理的信息是按照设备类别塑造而成的。这些信息按照仪表设备类别代表不同的语义，有不同的名称，按照不同的结构存放在仪表设备中。

设备行规实现了某种程度上的统一，它至少为有关设备类别规定了统一的定义，也部分地确定了问询功能。但是，运用行规也只是部分地解决上述问题，因为各信息量与问询功能从行规到行规是在变化的。在 Profibus-PA 中有一系列的信息存放在物理块中，它们可以满足上述要求。例如，属于这类情况的参数有：DEVICE_MAN_ID、DEXICE_ID、DEVICE_SER_NUM、DEVICE_INSTAL_DATE 或 DESCRIPTOR。除此之外，还有功能块和转换块中的标准块参数，如 TAG_DESC 或 ST_REV。其他行规具有类似的参数，但它们是以不同数据结构的形式保存下来的。

也就是说，还缺乏一种统一的语义和统一的存取方法。因此，虽然这些信息是存在的，但只有采用专用工具和经过部分费用很高的组态之后才可以使用。

1. Profibus 中的识别与维护功能（I&M）

Profibus 用户组织（PNO）在制订行规的框架内发布了"Guidelines I&M Functions（I&M功能指南）"，它对于所有Profibus和PROFINET仪表设备均具有约束力[PB_I&M]。该 I&M 功能定义了上述仪表设备信息的统一语义、结构和存取功能。借助 I&M 功能便能够从仪表设备中提取相关的、统一的信息，而与仪表设备类型和行规无关。

各数据（I&M 参数）按其含义排列成数据记录（I&M Records）。这些记录（Records）由一个 I&M Index 编址且可借助非循环存取从设备中读与写（Records 65001～Records 65004）。表 7-18 列出这些参数的含义及其与各个记录的对应关系。

表 7-18　一般的 I&M 参数，含义与对应关系

I&M-Parameter	I&M Index	含　　义
MANUFACTURER_ID	65000	制造厂商（2byte）
ORDER_ID	65000	订货号（20hyte）
SERIAL_NUMBER	65000	序号（16byte）
HARDWARE_REVISION	65000	硬件版次
SOFTWARE_REVISION	65000	固件版本（4byte）
REVISION_COUNTER	65000	版本计数器（2byte）
PROFILE_ID	65000	行规（2byte）
PROFILE_SPECIFIC_TYPE	65000	设备类别（2byte）
IM_VERSION	65000	IM 版本（2byte）
TAG_FUNCTION	65001	功能标识符（32byte）
TAG_LOCATION	65001	地点标识符（22byte）
INSTALLATION_DATE	65002	安装日期（16byte）
DESCRIPTOR	65003	描述（54byte）
SIGNATURE	65004	代码（54byte）

I&M 参数可按其功能分类如下。

1）设备特定的基本信息

该信息的组成部分主要是一个确凿无疑的资产（Asset）标识符、由 PNO 分配的 Manufacturer ID、制造厂特定的订货名称及单独的设备生产号。在生产时刻可供使用的重要信息，例如硬、软件版本以及和一定行规（Profile ID）的隶属性，是对资产标识（Asset Identification）的补充。

2）示例特定的信息

一旦某个设备应用于某个明确的任务，有关它的用途的信息就很重要了。例如，地点标志、功能标志（Tags）或安装日期就属于这类信息。有关调整到当前参数组的一个安全码也可以安排到 I&M 功能中，而且以此来支持跨越企业的审查跟踪（Audit Trailing）。

3）行规特定的信息

在定义仪表设备行规时，可以确定附加的、行规特定的 I&M 信息。这些信息是在制订行规时定义的，因此对所有符合行规要求的设备均有效，通过 Profil ID 可以明确地查询这类信息。

4）制造厂特定的信息

I&M 功能为制造厂特定的信息保留了一定的空间，这些信息可供用户及特定的用户群（例如，生产厂的服务人员）使用。对这类信息的获取可按照同样的机制进行，其结果可以减少制造厂和用户的费用。

2．对 I&M 数据的存取

在 Profibus 中，对 I&M 数据的存取总是根据全部的 I&M Records 借助 Call Service（调用服务）来进行的，该项服务又是通过装载地域状态机（Load Region State Machine，或简称 LR State Machine）来实现的。LR State Machine 是 FSPMS（Fieldbus Service Protocol Machine Slave 现场总线服务协议机从站）的组成部分（IEC 61158）。

Call Service 是根据 Profibus Slot/Index 编址模型的 Index255 通过一个写/读序列来实现的（如图 7-33 所示）。此时，在 Call Request 中调用的参数（I&M Index 和在对 I&M 数据进行写操作的情况下被写的 I&M 记录）被送入一个 Write Request PDU 中。在给出成功的 Write Response 之后，有一个 Read Request 出现在 Slot 255 上。它的 Response PDU 原本是 Call Response，在对 I&M Records 进行读取的情况下包含了结果数据。

3．I&M 数据的解释与评估

除了存放在仪表中的信息以外，PNO 为了提供专用于解释设备信息的文件而创立了一个基于 Web 的信息平台。为此，与规程 XML@Profibus［PB_XML］相一致的 XML 文件被安置在 Profibus Web Server 上。它既包含了当日最新的 Manufacturer 和 Profil-IDs，也包含了 I&M 信息本身统一的、机械可读取的描述。这些文件可从软件工具上下载、使用或本地存放。除了通过工具进行处理外，这些文件也以 HTML 格式提供使用，这种格式是借助于格式变换软件（Stylesheet Transformation）生成的。

I&M 参数描述的评估是解释从设备中读取数据的起始点，如图 7-34。除了 I&M Records 和数据结构的存取信息之外，各个参数的名称以多种语言存放在描述文件中。借助 Profil ID 可以从 Profibus Web Server 装载行规特定的 XML 文件，它包含行规特定的扩充语义与结构。相应的软件工具借此可以在运行时提取、解释和显现这些增补的、行规特定的信息。

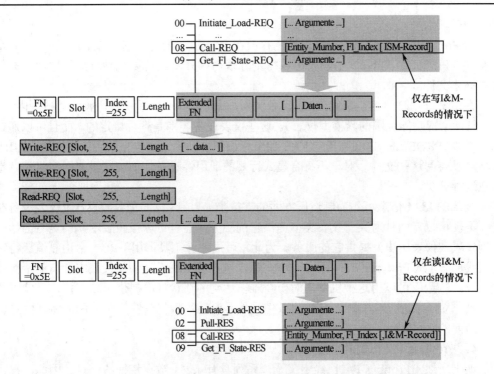

图 7-33　存取 I&M Records 的调用服务（Call Service）

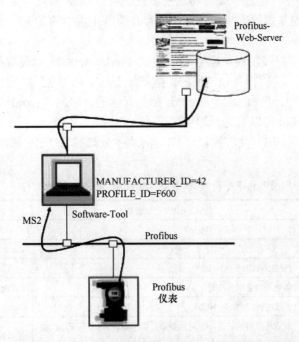

图 7-34　借助 XML 描述文件存取和评估 I&M 数据

　　Manufacturer-ID 可以用另一文件（Man_ID_Table）解开，而制造厂正文名称以及附加信息，如主页或 Customer-Support 均可供使用。企业自己可以通过一个 Web 界面随时在线更新企业特定的信息。在每次更改内容之后，将自动重新生成 XML 文件，使其始终处于最新水平。

对 Profil-ID 进行解码的表格同样也存放在 Web 服务器上。它由 PNO 负责维护。从该文件（Profile_D_Table）中除了可以得到行规名称外，还可以找到行规特定的补充信息的描述文件。

在定义行规时，经常要确定仪表设备类别，以此来将一个行规的功能范围模块化（例如，包括全部功能范围的紧凑型仪表）。这些仪表设备类别是行规特定的，而且可以通过 I&M 参数 PROFILE_SPECIFIC_TYPE 加以标识和借助描述文件来解码。通过 Profil-IDs 表格可以查阅这些文件。对于不符合显式行规的通用性设备，如控制器或网络组件，也存在这种分类。

全部的 I&M 信息可作为制造厂方面的支持来加以利用。也就是说，一个仪表设备制造厂不仅可以专门针对某一仪表类型提供它的服务，而且可以按照版本，甚至专门针对个别仪表（仪表历史）提供它的服务。为此，可用软件工具调用 URL，它由制造厂特定的组成部分（从 Profibus Web Server 上的 XML 文件可以读出）和从仪表中读出的示例数据组成。制造厂可以用这种机制来对至今难以达到的质量标准提供单独支持，且使用软件工具以统一的方法来实现。其先决条件当然是制造厂根据最终用户的利益将其信息保持在当前的水平。

4．Profibus-PA 行规的扩展

如上所述，Profibus-PA 已经定义了一系列具有 I&M 数据特征的信息。因此，在行规第 3 次修改（PA_I&M）中，描述了如何将这些参数映射为 I&M 参数以及其他的行规特定参数。此情况下确定的基本原则是，信息源是存在于各个块中的参数，通过映射而成为 I&M 参数。

Profibus-PA 仪表设备支持强制性数据组 I&M0（IM Index 65000）以及数据组 I&M1 和 I&M2，它们对 PA 行规而言同样是强制性的。数据组 I&M3 是可选的，数据组 I&M4 不予支持。在 Profibus-PA 中，所有 I&M Records 都是只读的。I&M Records 在 Slot0 中是强制性的，而对其他的 Slot 可以有选择地实现。

物理块（PB）、功能块（FB）及转换块（TB）的块参数按照表 7-19 被映射为各个 I&M 参数。

表 7-19　Profibus-PA 行规参数在 I&M 数据上的映像

组元	I&M 参数	Profibus-PA 行规参数	数据类型
		I&M0	
0	Header（reserviert）	——	Octet String（10）
1	MANUFACRURER_ID	PB.DEVICE_MAN_ID	Unsigned16
2	ORDER_ID	制造厂特定的订货号	Visible String（20）
3	SERIAL_NUMBER	PB.DEVICE_SER_NUM	Visible String（16）
4	HARDWARE_REVISION	制造厂特定的。若不支持此参数，则标识符为 0xFFFF，此值可以在行规特定的扩展 PA_I&M0 中使用	Unsigned16
5	SOFTWARE_REVISION	制造厂特定的。若不支持此参数，则标识符为 V, 0xFF, 0xFF（V255.255.255），此值可以在行规特定的扩展 PA_I&M0 中使用	Record Visible String（1），Unsigned8（3）
6	REV_COUNTER	如同标准参数 ST_REV	Unsigned16
7	PROFILE_ID	0x9700	Unsigned16

（续）

组元	I&M 参数	Profibus-PA 行规参数	数据类型
		I&M0	
8	PROFILE_SPECIFIC_TYPE	Byte 0：BLOCK_OBJECT.BlockObject Byte 1：BLOCK_OBJECT.ParentClass	Octet String（2）
9	IM_VERSION	1.1（version 1.1）	Unsigned8（2）
10	IM_SUPPORTED	0b 0000 0000 0000x11 x=0：I&M3 不支持 x=1：I&M3 支持	Octet String（2）
		I&M1	
0	Header（reserviert）	——	
1	TAG_FUNCTION	FB/TB/PB：TAG_DESC 若在 Slot 中存在一个功能组件，则用其 TAG_DESC，否则使用转换块（TB）的 TAG_DESC。在 Slot 0 中使用物理块（PB）的 TAG_DESC	Visible String（32）
2	TAG_LOCATION	无映像，以空字符填充	Visible String（22）
		I&M2	
0	Header（reserviert）	——	Octet String（10）
1	DATE	PB.DEVICE_INSTAL_DATE	Visible String（16）
2	reserviert		
		I&M3	
0	Header reserved		
1	DESCRIPTOR	PB.DESCRIPTOR	Visible String（54）

除了映射外，在修订中也定义了一个行规特定的 I&M Record。它的各个组元如表 7-20 所示。该 I&M Record 通过 I&M Index 65016 编址，它除了包含扩展的版次识别符之外，也有关于是否支持其他行规特定的 I&M Record（版本 Version 1.0 不支持）以及是否支持制造厂特定数据的说明。

表 7-20　行规特定的 I&M Record 的 I&M 数据 PA_I&M0

	参数名	说　　明	Profibus-PA 行规参数	数据类型
0	Header	保留	——	Octet String（10）
1	PA_IM_VERSION	行规特定扩展的版本 Octet 1（MSB）为主版号 Octet 2（MSB）为副版号	1.0（Version 1.0）	Unsigned 8（2）
2	HARDWARE_REVISION	相应物理组件的硬件版本	Physical Block：HARDWARE_REVISION	Visible String（16）
3	SOFTWARE_REVISION	相应物理组件的固件版本	Physical Block：SOFTWARE_REVISION	Visible String（16）
4	Reservisert		——	Octet String（18）
5	PA_IM_SUPPORTED	bit15~bit1：PA_I&M15~PA_I&M1 支持（为以后的扩展保留）bit0=1：制造厂特定的 I&M 数据存在	0b 000 0000 0000 000x	Octet String（2）

针对此行规特定的扩展，也有一个 XML 描述文件，可通过 Profil-ID 获取。其结构与一般 I&M 记录的描述相同，且可由软件工具解释。

7.8.3 安全（Safety）

1. 危险、风险、保护措施

1）危险与风险

在日常生活中，我们总是处于各种危险之中。这些危险的广度包括从轻伤到严重损害人类健康和环境的重大灾难。我们并不总是能够避开一种危险和与之相连的风险。例如，地球上的许多居民正在经历着地震或洪水泛滥的危险。目前还没有防止这类事件发生的保护措施，但是已有对这类事件所造成的灾难性后果的防护措施（例如，堤坝或抗震建筑物）。

2）风险的减少

在平日里有许多危险要按其风险来进行评估，并相应地作出接受或不接受的决定。假如有人要远行，他可以通过有目的地选择交通工具来改变一次车祸的风险。旅行者可以将危险减少至他可以接受的残余风险。百分之百的保护是没有的。

3）保护措施

在我们这个由技术主宰的世界里，我们有可能借助电子系统来识别危险并减少人类和环境的风险。举一个简单的例子，为了减少火灾的损失风险，可以在一个建筑物中采取各种保护措施（如图 7-35 所示）。因此，在房屋初步设计时就可以适当地规定紧急出口和安全通道。烟气传感器可以发出警报，它向建筑物内外的人群发出一个危险的信号。装有防火闸门和使用耐火材料可以阻止火灾进一步蔓延。自动灭火装置可以灭大火，控制火势，手持灭火器同样有灭火的作用。这个例子表明，有许多可以减少风险的途径。这当中保护措施应满足有关的要求，因为一个金库所面临的风险不同于一个住宅。

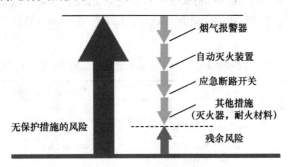

图 7-35　风险减少的例子

4）工业中的保护措施

工业中有许多机器和设备，他们面临着不同程度的危险。为了使人和环境，也为了使机器和设备免遭损害，要查明风险并采取适当的保护措施，以减少风险（如图 7-36 所示）。减少风险的各项措施有一部分可能十分简单，但也有部分相当复杂。

（1）建筑上的措施（例如，在生产设备四周砌起一垛混凝土围墙）。

（2）将危险分散。

（3）拟定撤离或疏散计划。

（4）采用安全的控制与保护装置。

（5）其他措施。

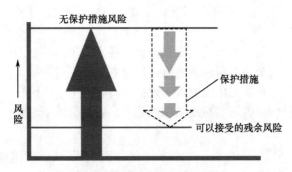

图 7-36　风险减少示意图

最终采取何种措施，往往决定于允许接受的残余风险有多高和必须花费多大的开支，也要考虑投资的方式。安全控制与保护装置在机器与设备中可以对风险的减少发挥巨大的作用。

2. 功能安全（Functional Safety）

由于危险的根源以及避免它发生的技术措施不尽相同，人们可以对各种安全方式通过说明可能发生的危险的有关原因而加以区别。当表达防护因电气产生危险时，人们称之为"电气安全"，或当安全依赖于具体的功能时，则称之为"功能安全"。

自动化技术系统承担与安全相关的任务越来越多。今天的生产过程正是人和环境所面临的危险的发源地，因此它们都是由安全系统来监控的。当故障发生时，这些安全系统干预过程，从而减少某个危险状况的风险。功能安全也就是这类装置具体的功能化。

迄今为止，实施了安全技术设备的设计、制造和操作的国家标准。例如，在德国市场上，这类设备制造厂商和用户引用的安全标准是 DIN/VDE 19250，DIN/VDE 19251 和 DIN/VDE 801。借助这些标准可以根据要求等级（Anforderunqsklassen，AK1～AK8）来说明与安全相关装置的设计。

由于许多国家在安全装置的具体功能方面有不同的标准，因此在 1998 年颁布了一个在全球通用的 IEC 功能安全基础标准。由此标准又派生出一系列标准，其中对安全技术设备及其付诸实施规定了组织上和技术上的要求。

2004 年 8 月 1 日，公布了一个过程工业设备的统一标准。对过程仪表化而言，以下两个标准具有重要意义（如图 7-37 所示）。

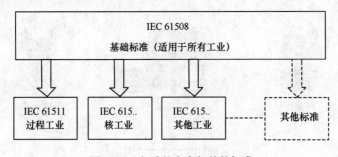

图 7-37　与功能安全相关的标准

（1）IEC 61508（基础标准）。它作为安全技术（电气、电子和可编程电子）系统（安全仪表系统 SIS）规范，设计与操作的基础，在全球通用。

（2）IEC 61511（过程工业专用标准）是 IEC 61508 为过程工业而转换的标准。

1）与 IEC 61508 相关

根据危险与风险分析，必须查明源自一台设备及其附属控制系统的全部危险。为此要分析是否需要功能安全，以保证适当地防护已查明的危险。如果是这种情况，则必须以适当的方式和方法将必要的措施引入该设备的研发之中。

IEC 61508 可以应用到与安全相关的系统中，若这类系统包含一个或多个下列仪表设备的话。

（1）电气仪表（E）。

（2）电子仪表（E）。

（3）可编程电子仪表（PE）。

遵循标准，也就是说，已完成的安全功能和过程掩盖了因一台设备个别部件的故障可能引发的风险。没有掩盖则是因 E/E/PE 仪表本身引起了危险，如电击。标准通常可应用于和安全相关的 E/E/PE 系统，而与当时的应用无关。

2）安全仪表系统（Safety，Instrumented Systemes，SIS）

使用一个安全仪表系统（SIS）的目的在于防止一个危险过程发生意外和减少一个严重事故的风险。

过程仪表是安全仪表系统的组成部分。该系统是由一个完整的安全过程单元（如图 7-38 所示）的主要组元组成的，具体如下。

（1）传感器。

（2）控制器。

（3）执行器。

图 7-38　完整的安全过程单元

所有部件组合在一起构成一个 SIS（如图 7-39 所示）。为了能够评估一个 SIS 的功能安全，必须考虑整个处理链（从传感器至执行器），必要的时候还需要考虑通信组元。

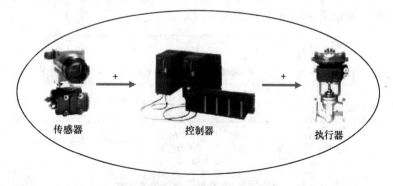

图 7-39　一个安全仪表系统（SIS）示意图

在一个 SIS 范围内，可以应用多个传感器、执行器或控制器。在一个设备范围内，与安全相关的和与安全不相关的部件有可能彼此相连（如图 7-40 所示）。对 SIS 而言，只考虑与安全有关的部件，它们在安全功能方面同属于一个作用链。

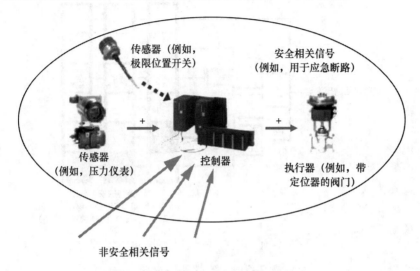

图 7-40　一个设备中有待处理的信号

3. 安全完整性等级（Safety Integrated Level，SIL）

各种风险来源于设备或设备的各个部分。随着风险的增加，对安全仪表系统故障安全的要求也随之增长。标准 IEC 61508 和 IEC 61511 确定了 4 个不同的安全等级，它们描述为了控制这些部件的风险所采取的措施。这 4 个安全等级就是所谓安全完整性等级 SIL（Safety Integrated Level）。

安全完整性等级（SIL）的数值越高，风险减少的程度就越大。因此，SIL 是安全系统在一定的时空内能够具体完成所要求的安全功能概率的大小。

1）推断所要求的 SIL

推断一台设备或某个分设备所要求的 SIL，有各种不同的依据。在标准 IEC 61508 和 IEC 61511 中，列出了确定 SIL 的各种方法。由于这个议题相当复杂，以下对它的表述仅仅是为了使读者有基本的了解。

一种定量的方法：一个危险过程的风险是由在无现有保护措施的情况下可能出现一次意外事故的频度乘危险事件的后果来决定的。可以推断能够导致一个危险状态的风险频度有多高。此风险频度可以使用定量风险评定方法作出估量，并以一个极限数值来确定。

频度可以由以下几方面来确定。

（1）对可比状态中事故率的分析。

（2）从相关的数据库中获取的数据。

（3）使用合适的预测方法进行的计算。

在此不可能对详细的计算方法进行深入的探讨，读者如有需要可查阅 IEC61508 Part 5。

一种定性的方法：这种定性的方法是一个简化的模型，它清楚地表示在何种危险下要求哪一级 SIL（如图 7-41 和表 7-21 所示）。

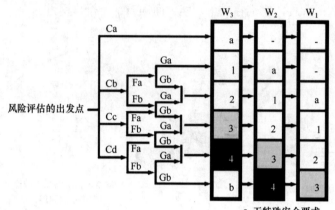

a. 无特殊安全要求
b. 单个 SIS 是不够的
1，2，3，4 安全完整性等级（SIL）

图 7-41　根据"定性法"推断 SIL

表 7-21　"定性法"说明

损 伤 程 度	
Ca	轻伤一人，对环境的有害影响较小
Cb	一人重伤或死亡
Cc	多人死亡
Cd	很多人死亡
一人在危险区停留的期限	
Fa	很少至经常
Fb	经常至持久
危险的避免	
Ga	在一定的条件下有可能
Gb	几乎不可能
出现的概率	
W1	很小
W2	小
W3	相当高

2）低要求与高要求模式（Low Demand and High Demand Mode）

由于在过程工业与制造业中的应用极不相同，因而对 SIS 也提出了不同的要求。由于这个原因，这两个工业部门中的任何一个都有一个不同的系统，在其中确定对 SIS 的要求率。在此情况下，人们根据所要求的故障概率（Probability of failure on Demand，PFD）来区别系统。

低要求模式（Low Demand）：对安全系统提出低要求率的操作方式（见表 7-22）。安全系统每年不得被要求一次以上。

表 7-22　以低要求率的操作方式运行的安全功能的故障极限值（Low Demand）

SIL	PFD	SIS 最大可接受的故障
SIL1	$\geqslant 10^{-2}$ 且 $< 10^{-1}$	10a 中有一次危险事故
SIL2	$\geqslant 10^{-3}$ 且 $< 10^{-2}$	100a 中有一次危险事故
SIL3	$\geqslant 10^{-4}$ 且 $< 10^{-3}$	1000a 中有一次危险事故
SIL4	$\geqslant 10^{-5}$ 且 $< 10^{-4}$	1000a 中有一次危险事故

高要求模式（High Demand）：对安全系统提出高要求率或连续要求的操作方式（见表 7-23）。安全系统连续地工作或每年不止一次地被要求。

表 7-23　以高要求率或连续要求率的操作方式运行的安全功能
故障极限值（High Demand）

SIL	PFD（每小时）	SIS 最大可接受的故障
SIL1	$\geqslant 10^{-6}$ 且 $< 10^{-5}$	100000h 中有一次危险事故
SIL2	$\geqslant 10^{-7}$ 且 $< 10^{-6}$	1000000h 中有一次危险事故
SIL3	$\geqslant 10^{-8}$ 且 $< 10^{-7}$	10000000h 中有一次危险事故
SIL4	$\geqslant 10^{-9}$ 且 $< 10^{-8}$	100000000h 中有一次危险事故

在制造业中，大多应用高要求模式（Continuos Mode）。在这里经常需要对工作过程连续地进行监控，以便确保人与环境的安全。

在过程工业中，低要求模式（On Demand）的应用有其独特的方式，紧急断路系统就是一个典型的例子，该系统仅当过程失控时才起作用。这种情况通常一年当中很难出现一次。因此，对于过程仪表化而言，高要求模式在大多数情况下变得毫无意义。

以下讨论均与低要求系统（Low Demand System）有关。

3）SIL（IEC 61508）和 AK（DIN 19250）之间的比较

应用要求等级（Anforderungsklassen，AK）的基本原则是：整个系统因某一个要求等级的仪表的单独使用也能满足此要求等级。也就是说，在使用标准 DIN 19250 的情况下，对一台设备的各个部件要单独地加以考虑，可以直截了当地进行组合。而在使用标准 IEC 61508 时，则必须对整个处理链加以考虑。

在使用 SIL 时要考虑以下两个方面：

（1）系统出错的考虑。如同使用 AK 的情况一样，在这里某一 SIL 等级所有重要部件的链接应使整个系统也满足被列入 SIL 等级的要求。

（2）偶然出错的考虑。这里对整个测量链加以考虑。此时可能会出现这种情况，即虽然所有仪表均被列入同一个 SIL 等级，也并不满足要求。

SIL：全盘考虑测量链。必须算出事故概率以及 SIL 等级。为此要将所有在测量链中使用的部件的各自事故概率叠加在一起。因此，可能出现这种情况，即虽然只使用 SIL2 部件，却在测量链中达不到 SIL2 级。此外，必须将整个测量链的系统错误一并考虑进去。

AK：在一个测量链中只考虑计算器部件。例如，为了设计一台符合 AK4 的设备，必须使所有相关的部件至少达到 AK4。表 7-24 所示为 AK 和 SIL 的对照。

表 7-24　AK（DIN 19520）和 SIL（IEC 61508）的对照表

DIN19250 要求等级（AK）	IEC61508 安全完整性等级（SIL）
AK1	未定义
AK2 AK3	SIL1
AK4	SIL2
AK5 AK6	SIL3
AK7 AK8	SIL4
注：个别情况下可能与该表不符	

4）与 SIL 分等级相关的因素

SIL 分等级与所有必须履行安全技术职责的人员有关，见表 7-25。

表 7-25　必须履行安全技术职责的相关人员

设备操作员	向安全技术组元的供货商提出要求，他们必须提供有关残余风险大小的证明
设备制造者	必须设计符合要求的设备
供货商	证实其产品的类别
保险、行政当局	要求开具足够减少设备残余风险的证明

5）仪表在 SIL 等级应用中的选择

为了能够达到一个等级（SIL1～SIL4），整个测量链必须满足对系统错误（尤指软件）和对偶然错误（硬件）的要求。所以，整个测量链的计算结果必须符合所要求的 SIL。

在实践中，这一点首先取决于设备及测量回路的设计结构，因而在一台 SIL3 生产设备中也可以使用 SIL2 仪表。使用 SIL1 仪表通常不能满足要求。

在许多情况下，使用 2 个传感器是有好处的，因为设备操作者出于可使用性方面的原因要求采用冗余技术。其中有个小小的正面作用，这就是 2 台 SIL2 仪表的费用在大多数情况下比一台 SIL3 仪表的费用少。

采用常规仪表是不能够实现 SIL4 的。

6）对 2 台 SIL2 仪表进行冗余操作

不能自动达到 SIL3。其基本原则是整个测量链的故障概率必须经过计算判断是否达到 SIL3。SIL2 仪表的冗余操作可以使偶然出错的故障概率减少，但能否达到 SIL3 的要求，必须通过对系统的和偶然的错误考虑推算而得。这种方法也同样适用于其他 SIL 等级。

4．设计与错误类别

在一个安全仪表系统（SIS）中，偶然错误和系统错误有所不同。为了达到所要求的 SIL 等级，必须单独对这 2 种错误进行研究。

1）偶然错误

偶然错误并非在供货时形成。它由硬件错误产生，且偶尔在操作过程中出现。偶然错误的例子有：短路，中断，一个元件的数值漂移等。错误和与之相关的故障概率是可以计算的。这要求对一个测量链的各个硬件部分进行计算。由此得出的结果以 PFD 值（要求的故障的平均概率，Average Probability of Failure on Demand）表示，它是用来推断 SIL 值的基础。

2）系统错误

系统错误在供货时已经在每台供货的仪表中形成。典型的系统错误是研发错误、结构中或设计中的错误。软件出错，错误的尺寸，测量仪表的错误设计等。仪表软件方面的错误占据系统错误的最大份额。对系统软件错误研究的结果表明，在编程中的错误也能够导致生产过程中的某个错误。

仪表设备制造厂商必须提供有关系统错误被列入 SIL 等级的说明。这些说明通常放在各个仪表设备的一致性声明之中。根据 SIL 的大小，这些说明还应包括由外界独立组织机构，如 TUV 出具的认证，或由专业检验机构，如 Exida 出具的检验证明。这些说明并非详细的计算数据，而仅仅是根据系统错误将仪表列入 SIL 等级的说明。为了在一定的 SIL（例如 SIL3）下满足对系统错误的要求，整个测量链都必须按照这些要求进行设计。在此情况下，最简单的考虑就是按照系统错误使全部部件均达到 SIL3 级。

系统错误下的分散式冗余（Diversity Redundance）：

但是，只要采取措施，不让一个系统错误保持在 SIL2 等级上，也有使用 SIL2 组件的可能性。假如要将 SIL2 压力测量仪表用在一个 SIL3 测量链中，则必须考虑使用不同的仪表软件。例如，可以通过使用 2 台不同的仪表，最好是不同厂家（分散式冗余）的来达到此目的。如果使用不同的技术（只要可行）来取代不同的仪表，例如使用一台压力测量仪表和一台温度测量仪表，那么分散式冗余（Diversity Redundance）也同样适用。

5. 审核与证明

1）尽量提高 SIL 是否有益

设备操作者对证实其设备的功能安全负有责任。是为其设备谋求一个高的还是一个低的 SIL，他们自己往往没有把握。在推断出源于设备的残余风险的同时，也产生对一定的 SIL 的要求。原则上要谋求一个尽可能低的 SIL。由此带来的不仅仅是费用上的好处，而且也提供了较大的仪表选择空间。

只有在万般无奈的情况下，或在能够节约额外费用的其他方面出现减少花费的优势时（例如，省去昂贵的结构上的额外措施），才可以力求高的 SIL。

2）拥有一台符合 SIL/SIS 的生产设备对操作者有利的原因

拥有一台符合 SIL/SIS 的生产设备会使设备操作者便于获得法律上所要求的风险减少证明。他需要这份证明，以便获得设备的操作许可。虽不强迫要求使用者按 SIL 分类的产品，但是因此而大大简化了证据的提供，因为在这类产品中残余风险是已知的（而且是确凿无疑的）。

3）制造厂家对仪表的评估

（1）根据 IEC 61508 进行评估

IEC 61508 涵盖了从创意到一个产品发布的整个产品生命周期。为了按照该标准研发一个部件，必须从开发到制造采取并审核在标准中所规定的办法和附加的技术措施。由于这部分额外费用，研发一个故障安全产品要比一个无 SIL 证件的标准部件花费更多。

各类仪表不可以在发布后按照 IEC 61508 来分类。

（2）根据 IEC 61511（运行考验）进行评估

当今只有少量仪表是完全根据标准 IEC 61508 开发的。为了能够提供切实可行的选择仪表的办法，在 IEC 61511 中提供了对仪表实施运行考验的可能性。实际上，仪表已成功地使用了多年。因此，通过对故障统计数字的研究，在某些情况下也足以说明功能安全性。目的是无可置疑地推断所要求的功能安全是否确实存在。出具证明必须提供足够的件数以及有关运行持续时间和使用条件的说明。在一定的最少运行时间的条件下，最少的使用时间为 1 年。运行考验仅对要证实的产品版本/发放有效。所有产品日后的更改必须遵循 IEC 61508 进行。

4）签发要求

对 SIL2 以下（含 SIL2），有制造厂家根据 IEC 61511 作出的声明就足够了。由一家受委派的检验单位签发这类证书既非法律所明文规定，亦非标准所要求。这纯属供货厂家的自愿行为，他们试图以此来强调其诚信度。这类证书的作用是值得怀疑的。一方面获得这样一份证书可能要支付很高的费用，另一方面用户也未必从中深受其益。用户通常只接受制造厂的声明。

SIL3 以上（含 SIL3）必须由一家独立的组织机构进行评估，通常要出具一份认证书。这种证书只有经一家受委派的权威组织机构（例如，TUV 德国技术监督联合会）进行审查通过之后才能签发。

一台生产设备所要求的安全性越高，签署一份功能安全评估报告的人员必须更具独立性（如表 7-26 和表 7-27 所示）。

表 7-26　SIL 的评估

SIL 1	独立的个人
SIL 2	独立的部门
SIL 3	独立的组织
SIL 4	独立的组织

表 7-27　可能出具的证明

一致性声明	制造厂商应证明根据他的审核和计算，或根据可靠性达到了一定的 SIL 等级。审核通常是由另一个检验机构，例如 Exida 或 TüV
合格证书	由一个独立的被授权的组织出具（例如，TüV）

6. 过程自动化功能安全小结

下面再次归纳有关 SIL 议题的要点。

（1）仪表设备供货商对生产设备 SIL 等级的划分没有影响。

（2）为了能评估从何时起测量链保持所要求的一个 SIL 级，必须经常地计算偶然错误的故障概率。

（3）所用部件的故障概率值对设备操作者具有重要意义。仪表设备的 SIL 等级划分因此经常在计算时只当作依据来考虑。

（4）测量链必须满足对系统误差的要求。

（5）对某个仪表 SIL 等级的说明只表示原则上有可能将其用于具有相应 SIL 等级的生产设备中。

（6）标准要求评估功能安全。SIL2 级以下（含 SIL2 级）的证书既非标准所要求，亦非法律所规定。

（7）适用于过程工业的应用标准是 IEC 61511。

（8）根据 IEC 61508 开发仪表具有日益重要的意义，因为仪表版次的快速更替（硬件与软件）使得根据运行考验进行的评估日益困难。

7. PROFIsafe

1）PROFIsafe 的作用

PROFIsafe 是遵循 IEC 61508 准许在同一根总线上实现标准的和与安全相关通信的第一个通信标准。

如果将一个处理链（传感器、控制器和执行器）中通信的残余错误概率评估为占 1%的份额，那么 PROFIsafe 的残余错误概率小于 10^{-9}/h，相当于或超过 SIL3（安全完整性等级 3）。由此可见，PROFIsafe 能够满足制造业和过程工业的最高要求。Profibus-DP 应用 Profibus-PA 不同的传输技术扩大了分散式自动化在安全领域中的延续，直入过程工业。

PROFIsafe 以一种统一的解决方案支持制造业与过程工业不同的通信要求。

2）多种可能的、开放的解决方案

PROFIsafe 属于基于标准现场总线安全通信中开放的解决方案。许多安全部件的制造厂和安全技术的最终用户都参与了标准的制订，标准中规定的接口和方法可以十分灵活地用在数量不断增长的安全仪表与系统中。

安全通信与标准通信在同一根总线上进行（如图 7-42 所示）。这不仅在布线和零部件的多样性方面有巨大的节省潜力，而且为实现技术改造（Retrofit）创造了有利的条件。

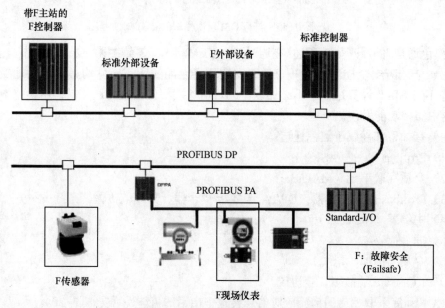

图 7-42　安全通信与标准通信在同一根总线上进行

PROFIsafe 配备已有的标准通信部件，如电缆、芯片（ASICs）和标准软件包。

使用标准部件具有以下优点。

（1）不加改变地使用标准安装规程，如屏蔽器件和避雷器的安装。

（2）实现故障安全冗余系统。

（3）对于总线站点的数量和通信功率没有影响。

（4）不用双倍库存安装部件。

3）安全通信原理

PROFIsafe 起源于铁道技术。铁路部门对于减少大量旅客运输风险的要求由来已久。故障安全功能，例如电子执行机构的故障安全功能，是由数据安保机制和检验机制来实现的。传输路程保持原样。所有在传输路程上出现的差错均由附设机构加以识别（如图 7-43 所示）。传输路程本身不必满足专门的安全要求。就对安全技术的关系而言，传输路程也就是所谓的"黑色通道"。检验机制处于 OSI 7 层之上。

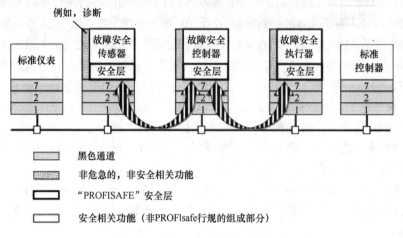

图 7-43 符合 OSI 层次模型的结构

"黑色通道"的原理如下所述：在通过 PROFIsafe 协议交换数据的 2 个终端节点之间，例如在一个故障安全控制器与一个故障安全现场之间的所有部件均必须自动地受到保护，而且在 SIL L 计算过程中不必加以考虑。由这些部件引发的通信错误将由终端节点安全层中监控功能发现。

主要有如下部件属于黑色通道：

（1）Profibus 芯片（ASICs）；

（2）介质存取单元（MAUs）；

（3）Profibus 网络转换器（DP/PA 连接器/耦合器、无线电传输、光纤……）；

（4）中继器（Repeater）；

（5）插件；

（6）介质（例如，电缆）。

4）PROFIsafe 的故障安全协议

PROFIsafe 采取相应的措施应对信息传输中出错的可能性（见表 7-28）。

2005 年颁布了 PROFIsafe 第 2 版（V2）。第 2 版（V2）也支持通过 PROFINET 的故障安全通信。由于 PROFINET 基于以太网（Ethernet），该将交换机循环存储器中未被识别的错误潜在风险额外地减少至允许的程度。V2 版协议与 V1 版略有不同。V1 和 V2 两者均可并列地在一根总线上使用。

表 7-28　可能的通信错误种类和识别措施

错误类型防范措施	序列号	接收超时	发送器与接收器的标识符	循环冗余检验 CRC
重复	×			
丢失	×	×		
插入	×	×	×	
错序	×			
信息失真				×
延迟		×		
地址掺假			×	
安全相关数据与标准数据混淆（伪装）		×	×	×
注："×"代表可用的表示防范措施				

由于协议的透明度较好，这里仅讲述 PROFIsafeV1。当读者需要时，可以再查阅 PROFIsafe 行规中的有关部分，很快就能学到有关 V2 的知识。

报文结构是针对安全的。PROFIsafe 将 Profibus 各项服务用在安全通信上。在一个故障安全控制器和一个故障安全仪表之间，除了要交换有用数据外，也要交换状态信息与控制信息。PROFIsafe 规定用 1 个字节（它紧挨着有用数据）来进行状态/控制字节的信息交换。PROFIsafe V1 的报文结构如图 7-44 所示。

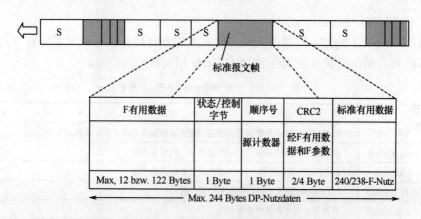

F有用数据	状态/控制字节	顺序号	CRC2	标准有用数据
		源计数器	经F有用数据和F参数	
Max, 12 bzw. 122 Bytes	1 Byte	1 Byte	2/4 Byte	240/238-F-Nutz

Max. 244 Bytes DP-Nutzdaten

图 7-44　PROFIsafe V1 的报文结构

另外一个附加的字节包含一个报文发送器登录的顺序号（源计数器）。

Profibus 在通常情况下总是跟踪优化数据通过量的目标。PROFIsafe 因此提供 2 种不同的 F 有用数据长度（如图 7-44 所示）。一种有用数据长度最大为 12 字节，且要求一个 2 字节 CRC 紧靠在顺序号旁。另一种最大为 122 字节，且要求一个 4 字节 CRC。

（1）故障安全有用数据。

故障安全有用数据（F 有用数据）是按照 GSD 描述设置的，完全符合 Profibus 标准。Profibus-PA 使模块描述与 GSD 描述相互一致。这样做的好处是，不必按照 IEC 61508 对一个故障安全控制器的设备专用驱动器进行编程。控制系统中故障安全驱动器按照 Profibus 行规包含了安全层，是同故障安全设备相对应的。

1 组故障安全的功能元件相当于 5 个功能块，即模拟输入（Analog Input）、离散输入（Discrete Input）、模拟输出（Analog Output）、离散输出（Discrete Output）和加法求和（Totaliser），有了它们就能够将所有符合 Profibus-PA 行规的仪表设备借助 PROFIsafe 集成到一个故障安全控制器中。

（2）控制字节。

在从主站发往从站的报文中，紧靠着故障安全有用数据的是一个控制字节（Control Byte）。其各个位（比特）控制着 PROFIsafe 仪表设备中的重要信息（见表 7-29）。

表 7-29　PROFIsafe 控制字节

比特	名　称	含　义
0	iPar_EN	释放独立参数设置。设备的特定参数可以更改
1	0A_Req	其用途是：例如，借助仪表上的发光二极管显示对设备操作员提出的应答要求，该比特（位）的使用是可选的，且不是安全相关的
2	Res	保留
3	Res	保留
4	Activate_FV	控制信号用来激活一个故障安全仪表设备的替代值，仪表设备必须进入故障状态
5	Res	保留
6	Hs	在仪表设备中可以按照制造厂的约定使用
7	Hs	在仪表设备中可以按照制造厂的约定使用

（3）状态字节（Statusbyte）。

在报文中同一个地方，沿着由从站指向主站的方向设有状态字节（见表 7-30）。其各个位（比特）给出有关仪表设备的 PROFIsafe 相关状态的信息。

表 7-30　PROFIsafe 状态字节

比特	名　称	含　义
0	iPar_OK	仪表显示对独立参数设置的释放，在结束参数化过程之后，此比特复位（0）
1	Device_Fault	仪表错误，该仪表识别出一个安全相关的错误功能
2	CRC_CN	PEOFIsafe 通信错误，CRC 错误或报文错误号出错
3	WD_timeout	PEOFIsafet 通信错误，例如看门狗超时
4	FV_activated	仪表显示它处在故障安全状态
5	Res	保留
6	Res	保留
7	Hs	在仪表设备中按照制造厂的约定使用

（4）顺序号。

PROFIsafe 报文的顺序编号设在接于状态字节之后的字节中。顺序号代表一定信息。该信息表示：是否在一个芯片的一个控制器部件中实现了一次软件循环或一个硬件电路，还是正在进行之中，尤其是当有用数据本身没有改变时。顺序号始终由控制系统中的驱动器实现增量。在最初的报文中，顺序号为 0，增加到 255 后，计数器从 255 跳至 1，然后计数又重新增大。

（5）CRC2。

每一帧循环的 PROFIsafe 报文都是用一个 CRC（Cyclic Redundancy Check，循环冗

余校验）码，即 CRC2 来加以防护的。有用数据和状态及控制字节均被送入 CRC2 中，顺序号在 CRC2 生成过程中通常不予考虑。

一同被送进 CRC2 原始码中的还有 F 参数（F-Parameter）。

根据 F 有用数据的长短，当 F 有用数据的最大长度为 12 字节时，需要一个 2 字节 CRC2。当 F 有用数据的最大长度为 122 字节时，则需要一个 4 字节 CRC2。Profibus-PA 仪表设备中通常每个 Slot（虚拟的）有 5 字节长的 F 有用数据。

5）F 参数化

F 参数化在这里是为了 PROFIsafe 网络的故障安全组态而设置的。F 参数描述循环主站与从站之间点对点的关系。F 参数的结构总是相同的，在 Profibus 设备中借助 GSD 来描述，且在启动时以 Set_Prm 报文发送给从站。

（1）一个 F 仪表设备的 GSD。

PROFIsafe 支持虚拟或物理模块化的 F 仪表设备。Profibus-PA 仪表设备符合这类结构。从 GSD 第 4 版起定义了 PROFIsafe 所需要的专用关键字（见表 7-31）。

表 7-31　PROFIsafe 专用 GSD 关键字

关　键　字	说　　明
F_Ext_Module_Prm_Data_Len	显示 F 参数块的长度，以字节数表示，此参数块的标准长度为 14
F_Ext_Module_Prm_Data_Const（<offset>）	用此关键字可以给一个常数赋予一个 F 参数.此 F 参数用偏移量（offset）来标识（0～13）
F_Ext_Module_Prm_Data_Ref（<offset>）	用此关键字可以在组态时由用户决定一个可选的值，且将它赋予一个 F 参数，该 F 参数用偏移量（offset）来标识（0～13）
F_ParamDescCRC	为了使安全相关参数在一个存储器介质的生命周期内免遭受未被觉察的更改，采用一个 16 位 CRC 来保护这些参数。此值不被送往仪表，它仅用来验证在组态过程中的 GSD 的安全相关参数的数据连贯性

（2）F 参数。

① F_Source_Add/F_Dest_Add。

在一个网络内所赋予的与安全相关的部件地址必须是唯一的。每一个 F 仪表设备必须安全保存着在组态时已确立的源/目的地址关系。在循环操作中，要不断地对这一关系进行检验。源/目的地址在 1 和 0xFFEh 之间，可以由用户在组态时自由设定。此地址与 Profibus 站号一一对应。

② F_WD_Time。

为了验证源/目的地址关系，一个 F 仪表设备要使用一个监控时钟（看门狗）。每当 F 仪表发送一帧 PROFIsafe 报文时，它都要启动一次看门狗。

仪表设备制造厂商在其提供的 GSD 文件中，首先将设备循环时间（扫描速率）作为默认值分配给参数 F_WD_Time，然后解释 GSD 的工程设计工具，计算出必要的当前值，并从整个组态中计算出响应时间。

监控时间至少为最慢 Profibus 循环时间的 4 倍，后者则是从整个组态最坏情况（Worst Case）的计算中得出的结果。

F_WD_Time 的数据类型为 Unsigned 16（无符号十六进制），且以 ms 为单位。

③ F_Prm_Flag1。

标记表格 1 包括以下与 PROFIsafe 相关的参数，见表 7-32。

表 7-32　标记表格 1

比特	名　称	含　义
0	F_Check_SeqNr	表示顺序号是否必须进入 CRC 密钥中（1），或相反（0）
1	F_Check_iPar	表示独立仪表设备参数 CRC3 是否必须进入 CRC2 密钥（1）中，或相反（0）。CRC1 计算的起始值当 F_Check_iPar=0 时为 0，当 F_Check_iPar=1 时，起始值为 CRC3
2+3	F_SIL	SIL 级别，有不同的安全完整性等级，仪表设备将此参数用来进行审核。若组态后的 SIL 级别较高，则状态位 Device_Fault 置位，仪表设备取安全位置。 0：SIL1 1：SIL2 2：SIL3 3：NoSIL（根据 NAMUR NE79）
4+5	F_CRC_Length	被传输的 CRC2 或为 2 字节，或为 4 字节，取决于 F 有用数据的长度。 0：保留 1：2 字节 CRC 2：4 字节 CRC 3：保留
6+7	Reserved	保留

④ F_Prm_Flag2

标记表格 2 包括以下与 PROFIsafe 相关的参数，见表 7-33。

表 7-33　标记表格 2

比　特	名　称	含　义
0+1+2	Reserved	
3+4+5	F_Block_ID	为了能够区分未来的 PROFIsafe 参数，设置了以下参数。 0：F-Host/F 设备关系的参数组 1~7：保留
6+7	F_Par_Version	PROFIsafe 操作方式版本号 0：PROFIsafe V1.00~V1.99 1~3：保留给今后的版本

⑤ F_Par_CRC（用 F 参数生成的 CRC1）

16 位 CRC1 是由工程工具使用 F 参数生成的，其初始值为 0。生成的 CRC1 又构成 CRC2 的初始值。

F 参数块：

F 参数被归纳为一个参数块（见表 7-34）。

6）CRC 代码。

图 7-45 说明了各个 CRC 之间的关系。

表 7-34　F 参数块

组	字节	名　称	备　注
F_Prm Block	0	块长	标准长为 14
	1	结构类型=5	PROFIsafe F 参数结构的代码
	2	槽（Slot）	相应功能块的槽
	3	说明符（Specifier）	0
	4	F_Prm_Flag1	Unsigned8
	5	F_Prm_Flag2	Unsigned8
	6	F_Source_Add	Unsigned16
	7		
	8	F_Dest_Add	Unsigned16
	9		
	10	F_WD_Time	Unsigned16
	11		
	12	F_PAR_CRC（=CRC1）	Unsigned16
Ende_F_Prm_Block	13		

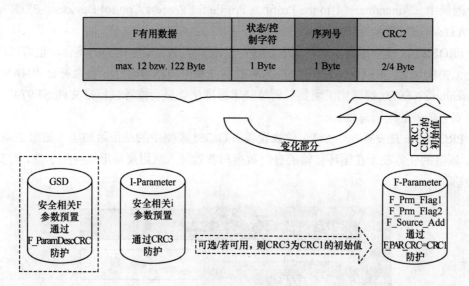

图 7-45　CRC 生成

（1）F_ParamDescCRC。

F_ParamDescCRC 确保在一个存储器介质的生命周期中 GSD 的连贯性。PROFIsafe 行规描述了 16 位 CRC 生成固有的规律。F_ParamDescCRC 的用途仅此而已。

（2）CRC1。

16 位 CRC1 存放在参数 F_Par a r_CRC 之中，对 F 参数起到保护的作用。

（3）CRC2。

CRC2 用每帧报文传送，且在接收器中同计算出来的值进行比较。如果传送 12 字节以上的 F 有用数据，则用生成多项式 0x1F4ACFB13 产生 32 位 CRC2。在此情况下，CRC2 的初始值由 0x0000cccc 组成，其中 cccc=CRC1。

（4）CRC3。

与安全相关的 i 参数（i-Parameter），受到 32 位 CRC3 的保护。Profibus-PA 仪表通常与解释 GSD 的组态工具没有直接的连接。因此，CRC3 在这里不用做 CRC1 的初始值（F_Check_iPar=0）。

所有 16 位 CRC 都用生成多项式 0xx14EAB 来计算。

西门子股份公司（西门子 AG）可以提供一种称为"GSD CRC Calc"的服务程序，该程序既可以用来计算 F_ParamDesdCRC，又可以用来计算 CRC1。

8．PROFIsafe 在过程自动化中的应用

原则上讲，PROFIsafe 行规可以原封不动地用于过程自动化的 Profibus-PA 仪表设备中，因为它们使用的是同一个 Profibus-DP 协议。

但是，Profibus-PA 仪表设备的制造厂家有责任使仪表设备的使用性能与 PROFIsafe 行规协调一致，从而便于用户使用部分相当复杂的仪表设备，且简化控制系统的集成。这些仪表设备遵循 PA 行规（Profile for Process Control Devices）。在应用 PROFIsafe 的情况下，为了确保这一准则不变，又增加了一些规定，并写入了 PA 行规的一个附录中（Amendment 1 to the Profibus Profile for Process Control Devices，PROFIsafe for PA Devices）［PA_SAFE］。

PROFIsafe 行规描述了一种仪表设备，它既可以用于安全相关的场合，也可以用于安全无关的场合。PROFIsafe 可以根据需要在仪表中被激活。这一特性符合"NAMUR Empfehlung NE97（德国化工测量与调节技术标准化委员会推荐性标准文件 NE97）"，即解决安全任务的现场总线。

PROFIsafe 是安插在一个 PA 仪表设备 ISO/OSI 模型中的一个附加层（如图 7-46 所示）。该层的任务在于在循环传输的有用数据和参数进入应用层被继续使用之前，对其进行检验。

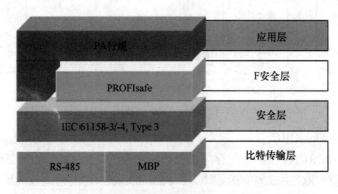

图 7-46　层次模型

图 7-47 所示为一台 F 仪表设备调试过程的方法与数据流，其详细情况将在下面的章节介绍。

1）i 参数化

所谓 i 参数化（如图 7-47 中①所示）是指对一台 F 仪表设备安全相关参数的单独设定，所指的安全相关参数也就是对仪表设备的安全相关功能起作用的参数。

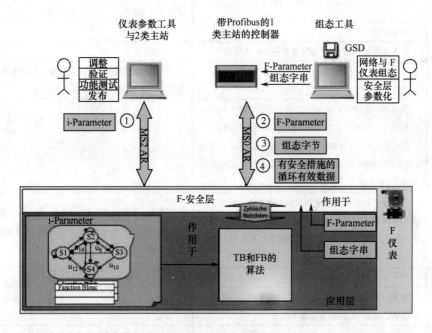

图 7-47　仪表设备调试过程的方法与数据流

在工厂自动化中多数使用的仪表设备或者在启动时配给 i 参数（Set_Prm，在 MS0 应用关系时），或者借助非循环服务并通过循环主站（MS1 应用关系）获得其参数数组。

过程自动化仪表设备的参数化通常与控制器的调试无关。因此，各个测量点的仪表参数在大多数情况下也是在设备调试之前设定的。由于此时循环主站还未工作，故从站仪表通过 MS2 支持非循环服务。

仪表参数的设定对功能，尤其对安全相关功能有重大影响。在这里要考虑标定数据、刻度和物理单位。

在安全应用方面，一台仪表调试的典型方法按以下顺序进行：

（1）仪表设定/参数化；

（2）锁定仪表；

（3）从仪表中重读参数；

（4）将读出的参数同写入仪表中的参数进行比较；

（5）在使用中检验仪表；

（6）确认检验（Inspection）；

（7）运行。

为了支持这种方法，定义了一个自动状态机（如图 7-48 所示），它一方面指导用户进行调试，另一方面尽量避免因误操作导致的运行故障（见表 7-35）。

表 7-35　符合规定的调试

动作	调试人员	仪表
1		初始化状态（状态 1），非安全操作，没有写保护。对安全有用数据的交换作出负面回应
2	调整参数	
3	进入状态 2 的指令（"预置安全操作，不检验"）	
4		状态 2：预置安全操作，不检验。自动接通写保护，对安全有用数据的交换作出负面回应
5	读出并验证参数：读出由仪表生成的 CRC3 并同由参数化工具生成的 CRC 进行比较，进行功能测试。 若参数 OK，并且调试人员验证 CRC 等同以及对功能测试予以肯定，则调试人员可以发出转入状态 4 的指令（"安全操作，检验"）	
5a	在指令的传输不足以达到故障安全要求的情况下，例如不可能利用附加的 CRC4 和非循环服务来达到安全的目的，此时调试人员放弃动作 5，而将转向状态 3 的指令发送至仪表（"预置安全操作，检验"）	状态 3：预置安全操作，检验。写保护被激活，对安全有用数据交换作出负面的回应，将定时器调至固定的时间（例如 60s）且使之启动
5b		
5c	在定时器时间以内，用户必须将过度到状态 4（"安全操作，检验"）的指令发送至仪表	
6		状态 4：仪表进入安全操作过程。从此时起准备好同故障安全 PLC 交换有用数据，写保护被激活

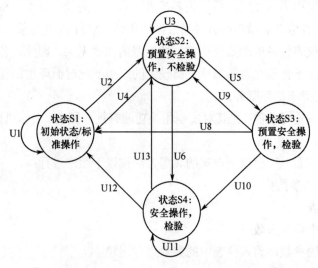

图 7-48　应用 PROFIsafe 的 Profibus-PA 仪表设备调试用自动状态机

　　动作（Action）5 和 5a 至 5c 是有区别的。这种区别就在于可以选择（见动作 5）在参数传输中再一次以一个 CRC，这里称之为 CRC4 来保护逐一的读、写访问。下表中以"st"表示安全传送，以"ut"表示非安全传送。

　　状态值存放在参数 INSPECTION（检验）中（见表 7-36）。

表 7-36　自动状态机调试所对应的状态过渡表

条　件				结　果	
过渡	检验先前状态	写保护（先前状态）	用户反映 ut 表示非安全传输 st 表示安全传输	状态	写保护
U1	S1	*	过渡 INSPECTICON=S3 或 S4 的指令 错误报告 "access/invalid rang"	S1	同先前
U1	S1	*	st：任意参数 错误报告 "access/write length error"	S1	同先前
U1	S1	*	取消写保护指令，或输入正确密码 WRITE_LOCKING，即等于 DIN	S1	非写保护
U1	S1	*	接通写保护的指令或输入错误密码 WRITE_LOCKING，即大于或小于 DIN	S1	写保护
U1	S1	非写保护	更改除密码与指令以外的参数 （WRITE_LOCKING 或 INSPEC_TION）	S1	非写保护
过渡	检验先前状态	写保护（先前状态）	用户反映 ut 表示非安全传输 st 表示安全传输	状态	写保护
U2, U9	S1, S3	*	过渡到 INSPECTICON=S2 的指令	S2	写保护
U3	S2	写保护	过渡到状态 INSPECTICON=S2 的指令，非安全指令传输（ut），参数更改被仪表以 "access/invalid rang" 拒绝	S2	写保护
U4, U8	S2, S3	写保护	过渡到 INSPECTICON=S1 的指令	S1	与写保护状态有关（WRITE_LOCKING）
U5	S2	写保护	过渡到 INSPECTICON=S3 的指令→启动定时器 S3	S3	写保护
U6	S2	写保护	过渡到 INSPECTICON=S4 的指令，安全指令传输（st）	S4	写保护状态有关
U9	S3	写保护	定时器（Timer）运行时间终止（60s）	S2	写保护
U10	S3	写保护	过渡到 INSPECTICON=S4 的指令	S4	与写保护状态有关
U11	S4	*	过渡到状态 INSPECTICON=S3 的指令，由仪表以 "access/invalid rang" 拒绝	S4	同先前
U11	S4	非写保护	更改密码与过渡到安全传输（st）另一状态的指令以外的参数	S4	非写保护
U11	S4	*	通过输入正确密码（WRITE_LOCKING=DIN）取消写保护，安全传输（st）	S4	非写保护
U11	S4	*	接通写保护指令，或输入错密码（WRITE_LOCKING<>DIN）安全传输	S4	写保护
U11	S4	非写保护	更改除过渡到无安全传输（ut）另一状态的指令以外的参数，参数更改被仪表以 "access/invalid rang" 拒绝	S4	非写保护
U12	S4	*	过渡到 INSPECTICON=S1 的指令	S1	同先前
U13	S4	*	过渡到 INSPECTICON=S2 的指令	S2	写保护

注：*代表状态无影响

2）Profibus-PA 中的 F 参数化

在 F 参数化过程中（如图 7-47②所示），设有 F_SIL 参数。检验此参数要凭借在仪表中固定存储的参数值 DEVICE_SIL。在这里并非比较在 F_SIL 和 DEVICE_SIL 中各不相同的编码，更确切地说，是检验它们的优先级（见表 7-37）。

表 7-37 F_SIL 和 DEVICE_SIL 的优先级

优先级	F_SIL	DEVICE_SIL	优先级	F_SIL	DEVICE_SIL
1	NoSIL	NoSIL	3	SIL2	SIL2
2	SIL1	SIL1	4	SIL3	SIL3

在表 7-38 中说明了仪表设备对参数化报文（SET_PRM）的反应。对参数化报文的反应主要取决于参数 PROFISAFE_ENABLE（PROFISAFE 使能）的预置。调试人员可以用此参数来确定仪表的通信方式。他可以在循环的标准 Profibus-DP 协议和循环的 PROFIsafe 协议之间选择。可操作性满足"NAMUR Empfehlung NE97 第 2.3 节"中所规定的选择激活的要求。

表 7-38 F 参数化之后的数值状态

条 件			结 果	
检验 （INSPECTION）	PROFISAFE 使能 （PROFISAFE_ENABLE）	F 参数化（SET_PRM）	循环有用数据 的数值状态	对 SET_PRM 的应答
*	Disabled	不接收 F 参数	根据 PA 行规	PRM_OK
*	Disabled	接收 F 参数	根据 PA 行规	Diag.Prm_Fault
*	Enabled	不接受 F 参数	根据 PA 行规	Diag.Prm_Fault
*	Enabled	优先级[F_SIL]>[DEVICE_SIL]	根据 PA 行规	Diag.Prm_Fault
<>S4	Enabled	优先级[F_SIL]>=[DEVICE_SIL]	BAD 配置错误	PRM_OK
S4	Enabled	优先级[F_SIL]<=[DEVICE_SIL]	根据 PA 行规	PRM_OK

3）组态

在正确的参数化之后（PRM_OK），F 仪表设备等待一次组态（如图 7-47③所示）。这一先后顺序同标准的 Profibus 仪表设备一样。一旦组态报文送到，仪表设备就凭借它的能力和所存储的参数检验组态的可信度。表 7-39 给出了组态之后的数值状态。

表 7-39 组态之后的数值状态

条 件			结 果	
检验 （INSPECTION）	PROFISAFE 使能 （PROFISAFE_ENABLE）	PROFIsafe 式的组态接收 标识符串（DDLM_CHK_CFG）	循环有用数据 的数值状态	DDLM_CHK_CFG
*	Disabled	no	根据 PA 行规	ok
*	Disabled	yes	根据 PA 行规	Not ok
*	Enabled	no	BAD 功能检验	Not ok
<>S4	Enabled	yes	BAD 功能检验	ok
S4	Enabled	yes	根据 PA 行规	ok

从 1 类主站发送来的组态串（Configuration）可以按照 PA 行规排列，此时仪表设备用作系统中的标准仪表设备，或组态串是 PROFIsafe 识别串（PROFIsafe identifier strings），

它描述与 PROFIsafe 相一致的循环有用数据。

可能出现下列情况：完全不一致，当组态以"Not ok"向 1 类主站作出负面回应时，或仪表设备正处于安全运行的调试阶段。

使用 PROFIsafe 的 Profibus-PA 仪表设备的组态串：

为了在 PA 仪表设备中应用 PROFIsafe，定义了下列各组态串，它们符合没有 PROFIsafe 的 PA 行规中的有关规定（见表 7-40）。

每一个 F 模块，也就是每一个功能块按照 PA 行规模型表示为一个模块的循环通信接口的示例都是一个组态串。一个故障安全功能块的组态串由表 7-40 所列的各部分组成。

表 7-40　Profibus PA-PROFIsafe 组态串的基本组成

符合 IEC 61158-6 的 Header	1 字节
符合 IEC 61158-6 的 I/O	1 字节
符合 IEC 61158-6 的 I/O（如果有必要）	1 字节
符合 IEC 61158-6 的输出参数的数据类型代码（如果存在）	n 字节
输出参数的 F 报文跟踪（PROFIsafe..CRC）	1 字节
输入参数（IEC 61158-6）的数据类型代码（如果存在）	m 字节
输入参数的 F 报文跟踪（PROFIsafe..CRC）	1 字节
符合 PA 行规的块代码	1 字节
符合 PA 行规的循环参数组合 ID	1 字节

以下说明最主要的组态串（见表 7-41）。PROFIsafe 有关规定简化了故障安全控制器和控制系统的集成，因为有用数据的数量和意义是统一的。

表 7-41　用于 PA 仪表设备的最重要的 PROFIsafe 组态串

块（Block）	顺序	循环有用数据	Input/Output（从控制器的角度看）	数据类型（Index）	组态串（Configuration Strings）
Analog Output（A0）					0xca, 0x88, 0x8D
	1	SP	0	DS33（101）	0x55
		(PROFIsafe···.CRC)	0	Octet String[4]	0x6E
	2	READBACK	1	DS33（101）	0x65
	3	POS_D	1	DS34（102）	0x66
	4	CHECK_BACK	1	Octet String[3]（10）	0x05, 0x05, 0x05
		(PROFIsafe···.CRC)	1	Octet String[5]	0x6E
					0xb2, 0xb3
Analog Input（AI）					0xc5, 0x83, 0x88
		(PROFIsafe···.CRC)	0	Octet String[4]	0x6E
	1	OUT	1	DS33（101）	0x65
		(PROFIsafe···.CRC)	1	Octet String[4]	0x6E
Discrete Input（DI）					
		(PROFIsafe···.CRC)	0	Octet String[4]	0x6E
	1	OUT_D	1	DS34（102）	0x66
		(PROFIsafe···.CRC)	1	Octet String[4]	0x6E
					0x83, 0x81

（续）

块（Block）	顺序	循环有用数据	Input/Output（从控制器的角度看）	数据类型（Index）	组态串（Configuration Strings）
Discrete Output（DO）					0xc9, 0x85, 0x88
	1	SP_D	0	DS34（102）	0x66
		（PROFIsafe….CRC）	0	Octet String[4]	0x6E
	2	READBACK_D	1	DS34（102）	0x66
	3	CHECK_BACK_D	1	Octet String[3]（10）	0x05, 0x05, 0x05
		（PROFIsafe….CRC）	1	Octet String[4]	0x6E
					0x84, 0x93

4）调试的参数描述与属性

以下所述各个参数，有的置于物理块（F 仪表设备）中，有的则存放在有关的功能组件（F 模块）中（见表 7–42 和表 7–43），这视仪表设备的模型而定。

表 7–42 调试参数说明

参数	说明
CRC3	安全相关（由仪表设备制造厂确定）的 i-Parameter 由一个 32 位 CRC 加以保护，生成多项式为 0x1F4ACF13。CRC 计算的参数顺序是由各块的顺序所决定的，如同它们存放在 Device Managerment 中的 Composite_Directory_Entries 一样。在各块内部，次序排列是由递增的索引（Index）所决定的。参数 INSPECTION 和 WRITE_LOCKING 不允许在 CRC3 中加以考虑
DEST_ADDR	F 模块的目的地址，对 F-Parameter F_Dest_Add 进行检验，允许范围是 1~65534（0xFFFE）
DEVICE_SIL	表示仪表设备/模块的 SIL。代码是不可变更的。 0：NoSIL，使用 PROFIsafe 通信 1：SIL1，使用 PROFIsafe 通信 2：SIL2，使用 PROFIsafe 通信 3：SIL3，使用 PROFIsafe 通信
PROFISAFE_ENABLE	0：Disabled，不打算使用循环 PROFIsafe 通信 1：Enabled，希望使用 PROFIsafe 通信 在循环操作过程中，若所描述的值偏离当前值，对这些参数的非循环访问以错误报告代码"application invalid range"而被拒绝.

表 7–43 参数属性

相对索引	参数名	数据类型	存储	字节	访问	初始值
hs	DEST_ADDR	Unsigned16	S	2	r/w	-
hs	PROFISAFE_ENABLE	Unsigned8	N	1	r/w	0
hs	DEVICE_SIL	Unsigned8	C	1	r	-
hs	CRC3	Unsigned32	N	1	r	-

注 hs：制造厂特殊规定；

S：仪表设备中静残余存储。它的变化会影响静态修正计数器；

N：仪表设备中非易失性残余存储；

C：常数；

r/w：可读、可写的；

r：只读的

5）物理块附加规定

以下参数是物理块中（F 仪表）额外需要的（见表 7-44 和表 7-45）。

表 7-44　物理块中附加参数的说明

参　数	说　明
CRC3	参见 7.8.3 中调试的参数描述与属性
DIN	1：仪表设备写保护（WRITE_LOCKING<>DIN） 1~65534：保留
INSPECTION	显示仪表设备和 F 模块的调试情况 为此，使用以下位模（bitmuster）。 0x4EAB：S1 表示初始状态/标准操作 0x9D56：S2 表示预置安全操作，不检验 0xD3FD：S3 表示预置安全操作，检验 0x7407：S4 表示安全操作，检验
I_PAR_MASK	显示仪表设备 i 参数化方面的能力 bit i=0：各参数无安全传输 bit i=1：各参数安全传输（使用 CRC4） bit i 0（LSB）：Read Response（读响应），状态 S1 中（固定为 0） bit i 1：Read Response（读响应），状态 S2 中 bit i 2：Read Response（读响应），状态 S3 中 bit i 3：Read Response（读响应），状态 S4 中 bit i 4：Read Request（写响应），状态 S1 中（固定为 0） bit i 5：Read Request（写响应），状态 S2 中 bit i 6：Read Request（写响应），状态 S3 中 bit i 7：Read Request（写响应），状态 S4 中
I_PAR_MODE	对 i 参数化的读、写机制进行调整 bit i=0：各参数使用 CRC4 的安全传输被解除激活 bit i=1：各参数使用 CRC4 的安全传输被激活 bit i 0（LSB）：Read Response（读响应），状态 S1 中（固定为 0） bit i 1：Read Response（读响应），状态 S2 中 bit i 2：Read Response（读响应），状态 S3 中 bit i 3：Read Response（读响应），状态 S4 中 bit i 4：Read Request（写响应），状态 S1 中（固定为 0） bit i 5：Read Request（写响应），状态 S2 中 bit i 6：Read Request（写响应），状态 S3 中 bit i 7：Read Request（写响应），状态 S4 中
SOURCE_ADDR	给出进行循环数据传输的主站的源地址，源地址在 F 参数化中被传送到仪表设备上.该参数允许通过 MS2_AR（MS2 应用关系）读出传输的值

6）写保护机制

一旦 Profibus_ENABLE 被激活，则仪表设备必须支持针对 PA 行规扩展的写保护机制。这类附加措施能够防止恶意更改参数，但不是防止破坏的较好的安全措施（Security）。

表 7-45　附加物理块参数的参数属性

相对索引	参数名	数据类型	储存器	字节	访问	初始值
标准参数见 "一般要求（General Requirements）"						
物理模块参数见 "一般要求与数据表格分析（General Requirements and Data Sheet Analayer）"						
Additional Phsical Block Parameters 附加物理块参数						
hs	DIN	Unsigned16	S	2	r/w	r:0 w:2457
hs	INSPECTION	Unsigned16	S	1	r/w	0x4EAB
hs	I_PAR_MASK	Unsigned8	C	1	r	-
hs	I_PAR_MODE	Unsigned8	S	1	r/w	-
hs	SOURCE_ADDR	Unsigned16	D	2	r	-
hs	PORFISAFE_ENABLE	Unsigned8	N	1	r/w	0
hs	DEVICE_SIL	Unsigned8	C	1	r	-
hs	CRC3	Unsigned32	N	1	r	-

注　D：动态的、易失性存储；

　　hs：制造厂特殊规定。

在 PA 行规中定义了参数 WRITE_LOCKING，从总线的视角来看，它对于仪表设备的锁定状态是十分重要的。代码 2457 表示未锁定，代码 0 表示锁定。在 PROFIsafe 的上下关系中，与此参数相关的特性以如下方式扩展（见表 7-46）。

表 7-46　参数 WRITE_LOCKING 的扩展定义

WRITE_LOCKING	DIN	仪表设备的锁定状态
0	*	锁定
1～32767	=WRITE_LOCKING	取决于： · INSPECTION； · iPAR_EN； · HW_WRITE_PORTECTION
1～32767	<>WRITE_LOCKING	锁定
32768～65535	*	锁定

由于 DIN 是不可读出的，这就为用户设置密码提供了可能性。PROFIsafe 修订本让制造厂自行决定用户怎样重新得到不被锁定的仪表设备。除了 WRITE_LOCKING 以外，还有其他导致锁定的条件（见表 7-47）。

表 7-47　其他的锁定条件

优先级	锁　定	备　注
1（最高）	HW_WRITE_PORTECTION ==loder==2	阻止对所有安全相关参数以及对 INSPECTION、WRITE_LOCKING 的存取
2	IPAR_EN==0	阻止对所有安全相关参数以及对 INSPECTION、WRITE_LOCKING 的存取
3	INSPECTION=S2 oder=S3	阻止对所有安全相关参数以及对 WRITE_LOCKING 的存取
4（最低）	WRITE_LOCKING<>DIN	阻止对所有安全相关参数的存取

附　录

附表 A　S7300 组织块一览表

OB 编号	启动事件	默认优先级	说　明
OB1	启动或上一次循环结束时执行 OB1	1	主程序循环
OB10～OB17	日期时间中断 0～7	2	在设置的日期和时间起动
OB20～OB23	时间延迟中断 0～3	3～6	延时后起动
OB30～OB38	循环中断 0～8，默认的时间间隔分别为 5s，2s，1s，500ms，200ms，100ms，50ms，20ms 和 10ms	7～15	以设定的时间为周期运行
OB40～OB47	硬件中断 0～7	16～23	检测到来自外部模块的中断请求时起动
OB55	状态中断	2	DPV1 中（Profibus-DP 中断）
OB56	刷新中断	2	
OB57	制造厂商特殊中断	2	
OB60	多处理器中断，调用 SFC35 时起动	25	多处理器中断的同步操作
OB61～OB64	同步循环中断 1～4	25	同步循环中断
OB70	I/O 冗余错误	25	冗余故障中断，只用于 H 系列 CPU
OB72	CPU 冗余错误，例如一个 CPU 发生故障	28	
OB73	通信冗余错误中断，例如冗余连接的冗余丢失	25	
OB80	时间错误	26，起动时为 28	异步错误中断
OB81	电源故障	26，起动时为 28	
OB82	诊断中断	26，起动时为 28	
OB83	插入/拨出模块中断	26，起动时为 28	
OB84	CPU 硬件故障	26，起动时为 28	
OB85	优先级错误	26，起动时为 28	
OB86	扩展机架、DP 主站系统或分布式 I/O 站故障	26，起动时为 28	
OB87	通信故障	26，起动时为 28	
OB88	过程中断	28	
OB90	冷、热启动、删除块或背景循环	29	背景循环
OB100	暖启动	27	启动
OB101	热启动	27	
OB102	冷启动	27	
OB121	编程错误	与引起中断的 OB 有相同的优先级	同步错误中断
OB122	I/O 访问错误		

附录 B　Profibus I/O 配置数据与"代码"对照表

代码	说　明	代码	说　明
	byte input，Byte 完整		byte input，全部输入/输出完整
0x10	1 byte input，Byte 完整	0x90	1 byte input，全部输入/输出完整
0x11	2 byte input，Byte 完整	0x91	2 byte input，全部输入/输出完整
0x12	3 byte input，Byte 完整	0x92	3 byte input，全部输入/输出完整
0x13	4 byte input，Byte 完整	0x93	4 byte input，全部输入/输出完整
0x14	5 byte input，Byte 完整	0x94	5 byte input，全部输入/输出完整
0x15	6 byte input，Byte 完整	0x95	6 byte input，全部输入/输出完整
0x16	7 byte input，Byte 完整	0x96	7 byte input，全部输入/输出完整
0x17	8 byte input，Byte 完整	0x97	8 byte input，全部输入/输出完整
0x18	9 byte input，Byte 完整	0x98	9 byte input，全部输入/输出完整
0x19	10 byte input，Byte 完整	0x99	10 byte input，全部输入/输出完整
0x1A	11byte input，Byte 完整	0x9A	11byte input，全部输入/输出完整
0x1B	12yte input，Byte 完整	0x9B	12byte input，全部输入/输出完整
0x1C	13 byte input，Byte 完整	0x9C	13 byte input，全部输入/输出完整
0x1D	14byte input，Byte 完整	0x9D	14 byte input，全部输入/输出完整
0x1E	15 byte input，Byte 完整	0x9E	15 byte input，全部输入/输出完整
0x1F	16 by6te input，Byte 完整	0x9F	16 byte input，全部输入/输出完整
	byte output，Byte 完整		byte output，全部输入/输出完整
0x20	1 byte output，Byte 完整	0xA0	1 byte output，全部输入/输出完整
0x21	2 byte output，Byte 完整	0xA1	2 byte output，全部输入/输出完整
0x22	3 byte output，Byte 完整	0xA2	3 byte output，全部输入/输出完整
0x23	4 byte output，Byte 完整	0xA3	4 byte output，全部输入/输出完整
0x24	5 byte output，Byte 完整	0xA4	5 byte output，全部输入/输出完整
0x25	6 byte output，Byte 完整	0xA5	6 byte output，全部输入/输出完整
0x26	7 byte output，Byte 完整	0xA6	7 byte output，全部输入/输出完整
0x27	8 byte output，Byte 完整	0xA7	8 byte output，全部输入/输出完整
0x28	9 byte output，Byte 完整	0xA8	9 byte output，全部输入/输出完整
0x29	10 byte output，Byte 完整	0xA9	10byte output，全部输入/输出完整
0x2A	11 byte output，Byte 完整	0xAA	11byte output，全部输入/输出完整
0x2B	12 byte output，Byte 完整	0xAB	12byte output，全部输入/输出完整
0x2C	13 byte output，Byte 完整	0xAC	13byte output，全部输入/输出完整
0x2D	14 byte output，Byte 完整	0xAD	14byte output，全部输入/输出完整
0x2E	15 byte output，Byte 完整	0xAE	15byte output，全部输入/输出完整
0x2F	16 byte output，Byte 完整	0xAF	16byte output，全部输入/输出完整
	byte input/output，Byte 完整		byte input/output，全部输入/输出完整
0x30	1byte input/output，Byte 完整	0xB0	1byte input/output，全部输入/输出完整

（续）

代码	说　明	代码	说　明
0x31	2byte input/output，Byte 完整	0xB1	2byte input/output，全部输入/输出完整
0x32	3byte input/output，Byte 完整	0xB2	3byte input/output，全部输入/输出完整
0x33	4byte input/output，Byte 完整	0xB3	4byte input/output，全部输入/输出完整
0x34	5byte input/output，Byte 完整	0xB4	5byte input/output，全部输入/输出完整
0x35	6byte input/output，Byte 完整	0xB5	6byte input/output，全部输入/输出完整
0x36	7byte input/output，Byte 完整	0xB6	7byte input/output，全部输入/输出完整
0x37	8byte input/output，Byte 完整	0xB7	8byte input/output，全部输入/输出完整
0x38	9byte input/output，Byte 完整	0xB8	9byte input/output，全部输入/输出完整
0x39	10byte input/output，Byte 完整	0xB9	10byte input/output，全部输入/输出完整
0x3A	11byte input/output，Byte 完整	0xBA	11byte input/output，全部输入/输出完整
0x3B	12byte input/output，Byte 完整	0xBB	12byte input/output，全部输入/输出完整
0x3C	13byte input/output，Byte 完整	0xBC	13byte input/output，全部输入/输出完整
0x3D	14byte input/output，Byte 完整	0xBD	14byte input/output，全部输入/输出完整
0x3E	15byte input/output，Byte 完整	0xBE	15byte input/output，全部输入/输出完整
0x3F	16byte input/output，Byte 完整	0xBF	16byte input/output，全部输入/输出完整
	word input，word 完整		word input，全部输入/输出完整
0x50	1 word input，word 完整	0xD0	1 word input，全部输入/输出完整
0x51	2 word input，word 完整	0xD1	2 word input，全部输入/输出完整
0x52	3 word input，word 完整	0xD2	3 word input，全部输入/输出完整
0x53	4 word input，word 完整	0xD3	4 word input，全部输入/输出完整
0x54	5 word input，word 完整	0xD4	5 word input，全部输入/输出完整
0x55	6 word input，word 完整	0xD5	6 word input，全部输入/输出完整
0x56	7 word input，word 完整	0xD6	7 word input，全部输入/输出完整
0x57	8 word input，word 完整	0xD7	8 word input，全部输入/输出完整
0x58	9 word input，word 完整	0xD8	9 word input，全部输入/输出完整
0x59	10 word input，word 完整	0xD9	10 word input，全部输入/输出完整
0x5A	11word input，word 完整	0xDA	11 word input，全部输入/输出完整
0x5B	12word input，word 完整	0xDB	12 word input，全部输入/输出完整
0x5C	13word input，word 完整	0xDC	13 word input，全部输入/输出完整
0x5D	14word input，word 完整	0xDD	14 word input，全部输入/输出完整
0x5E	15word input，word 完整	0xDE	15 word input，全部输入/输出完整
0x5E	16word input，word 完整	0xDF	16 word input，全部输入/输出完整
	word output，word 完整		word output，全部输入/输出完整
0x60	1 word output，word 完整	0xE0	1 word output，全部输入/输出完整
0x61	2 word output，word 完整	0xE1	2 word output，全部输入/输出完整
0x62	3 word output，word 完整	0xE2	3 word output，全部输入/输出完整
0x63	4 word output，word 完整	0xE3	4 word output，全部输入/输出完整
0x64	5 word output，word 完整	0xE4	5 word output，全部输入/输出完整

（续）

代码	说　明	代码	说　明
0x65	6 word output，word 完整	0xE5	6 word output，全部输入/输出完整
0x66	7 word output，word 完整	0xE6	7 word output，全部输入/输出完整
0x67	8 word output，word 完整	0xE7	8 word output，全部输入/输出完整
0x68	9 word output，word 完整	0xE8	9 word output，全部输入/输出完整
0x69	10 word output，word 完整	0xE9	10 word output，全部输入/输出完整
0x6A	11word output，word 完整	0xEA	11word output，全部输入/输出完整
0x6B	12word output，word 完整	0xEB	12word output，全部输入/输出完整
0x6C	13word output，word 完整	0xEC	13word output，全部输入/输出完整
0x6D	14word output，word 完整	0xED	14word output，全部输入/输出完整
0x6E	15word output，word 完整	0xEE	15word output，全部输入/输出完整
0x6F	16word output，word 完整	0xEF	16word output，全部输入/输出完整
	word input/output，Word 完整		word input/output，全部输入/输出完整
0x70	1 word input/output，Word 完整	0xF0	1 word input/output，全部输入/输出完整
0x71	2 word input/output，Word 完整	0xF1	2 word input/output，全部输入/输出完整
0x72	3 word input/output，Word 完整	0xF2	3 word input/output，全部输入/输出完整
0x73	4 word input/output，Word 完整	0xF3	4 word input/output，全部输入/输出完整
0x74	5 word input/output，Word 完整	0xF4	5 word input/output，全部输入/输出完整
0x75	6 word input/output，Word 完整	0xF5	6 word input/output，全部输入/输出完整
0x76	7 word input/output，Word 完整	0xF6	7 word input/output，全部输入/输出完整
0x77	8 word input/output，Word 完整	0xF7	8 word input/output，全部输入/输出完整
0x78	9 word input/output，Word 完整	0xF8	9 word input/output，全部输入/输出完整
0x79	10 word input/output，Word 完整	0xF9	10 word input/output，全部输入/输出完整
0x7A	11word input/output，Word 完整	0xFA	11word input/output，全部输入/输出完整
0x7B	12word input/output，Word 完整	0xFB	12word input/output，全部输入/输出完整
0x7C	13word input/output，Word 完整	0xFC	13word input/output，全部输入/输出完整
0x7D	14word input/output，Word 完整	0xFD	14word input/output，全部输入/输出完整
0x7E	15word input/output，Word 完整	0xFE	15word input/output，全部输入/输出完整
0x7F	16word input/output，Word 完整	0xFF	16word input/output，全部输入/输出完整

附录 C　Profibus 智能从

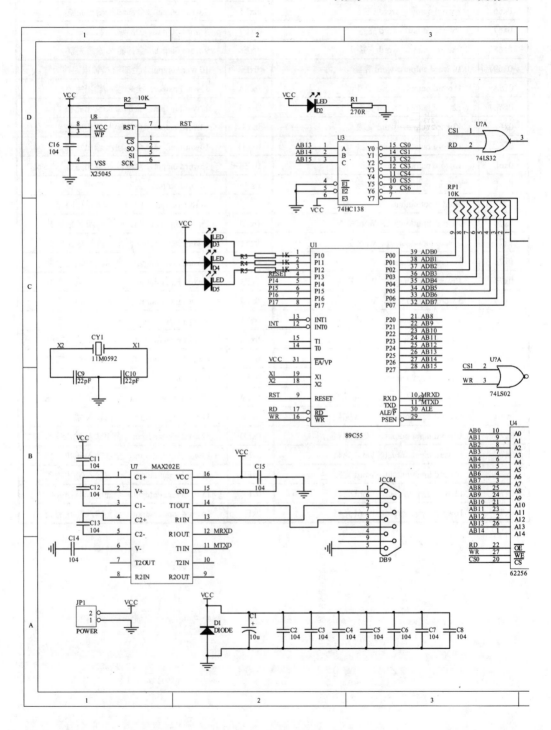

站参考硬件电路图

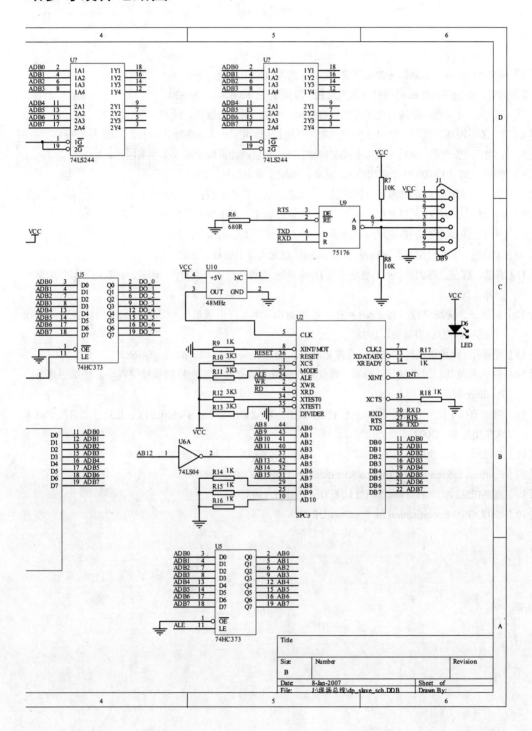

参 考 文 献

［1］杨宪惠. 工业数据通信与控制网络. 北京：清华大学出版社，2003.

［2］周鸣，曲凌. Profibus 总线技术及其应用. 煤炭工程. 2006，4：99-530.

［3］骆德汉. 可编程控制器与现场总线网络控制. 北京：科学出版社，2007.

［4］李正军. 现场总线与工业以太网及其应用系统设计. 北京：人民邮电出版社，2006.

［5］夏继强，邢春香. 现场总线工业控制网络技术. 北京：北京航空航天大学出版社，2005.

［6］廖常初. S7-300/400 PLC 应用技术. 北京：机械工业出版社，2005.

［7］胡学林. 可编程控制器教程（提高篇）. 北京：电子工业出版社，2005.

［8］胡学林. 可编程控制器教程（实训篇）. 北京：电子工业出版社，2005.

［9］于庆广. 可编程控制器原理及系统设计. 北京：清华大学出版社，2004.

［10］宋君烈. 可编程控制原理及应用. 沈阳：东北大学出版社，2002.

［11］张戟，程旻，谢剑英. 基于现场总线 DeviceNet 的智能设备开发指南. 西安：西安电子科技大学出版社，2004.

［12］唐济扬. 现场总线（Profibus）技术应用指南. 北京：中国机电一体化技术应用协会现场总线（Profibus）专业委员会，1998.

［13］夏德海. 现场总线技术讲座第五讲 Profibus. 自动化与仪表，2006，2：64-68.

［14］中华人民共和国机械行业标准. 测量和控制数字数据通信工业控制系统用现场总线第三部分：Profibus 规范.

［15］西门子（中国）有限公司自动化与驱动集团. 深入浅出西门子 S7-300 PLC. 北京：北京航空航天大学出版社，2004.

［16］苏昆哲. 深入浅出西门子 WinCC V6：北京：北京航空航天大学出版社，2004.

［17］Profibus International. Profibus Specification（Edition 1.0），1998.

［18］SIEMENS AG. SPC3 and DPC2 User Description. 1998.

［19］PNO. GSD-Specification for Profibus-DP.1998.